NOB'S AIRCRAFT GRAFFITI

Shimoda Nobuo

下田信夫

新装版

全

Nobさんの飛行機グラフィティ

潮書房光人新社

コンベア XFY-1 ポゴ垂直離着陸戦闘機 (米)

コンベア F2Y シーダート水上戦闘機（米）

イングリッシュ・エレクトリック ライトニング F.1 戦闘機（英）

スーパーマリン ウォーラス 1 水陸両用飛行艇（英）

三菱零式艦上戦闘機二一型（日）

グラマン F3F-1 艦上戦闘機（米）

ダグラス A-1H スカイレイダー艦上攻撃機(米)

サーブ JA37 ビゲン戦闘機 (スウェーデン)

川崎三式戦闘機「飛燕」一型改丙（日）

Nob's AIRCRAFT GRAFFITI

Nob（ノブ）さんの飛行機グラフィティ

下田信夫

全

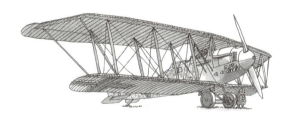

目次

Nobさんの飛行機グラフィティ〈1〉………011
Nobさんの飛行機グラフィティ〈2〉………127
Nobさんの飛行機グラフィティ〈3〉………243
合本版あと描き………………………………356

イラスト：下田信夫
ブックデザイン：天野昌樹

目次

水上戦闘機① 画期的専業水戦の登場　018

・中島二式水上戦闘機（日）・イドラヴィオン号（仏）・カーチス式水上機（米）・ソッピース・タブロイド水上機／タブロイド単座偵察機／シュナイダー水上戦闘機（英）・アルバトロスW4水上戦闘機（独）・ハンザ・ブランデンブルグCC戦闘飛行艇（独）・ローナーL飛行艇（墺）・ニューポール・マッキM7戦闘飛行艇（伊）・ハンザ・ブランデンブルグW29複座水上戦闘機（独）・ゴータ・ウルジヌス複葉単座水上戦闘機（独）

水上戦闘機② シュナイダー杯のレーサーたち　022

・サボイアS.21（伊）・カーチスCR-3／R3C-2アーミーレーサー（米）・マッキM.33（伊）・スーパーマリンS.4（英）・カーチスF6C-3（米）・マッキM.39（伊）・ショート・クルーセイダー（英）・グロスターⅣ（英）・スーパーマリンS.5（英）・ピアッジョP.7（伊）・マッキM.67（伊）・スーパーマリンS.6／S.6B（英）・マッキM.72（伊）

水上戦闘機③ 太平洋に吹いたゲタバキ機旋風　026

・中島九五式水上偵察機（日）・中島二式水上戦闘機（日）・川西水上戦闘機「強風」（日）・カント25M戦闘飛行艇（伊）・メリジオナリRo44水上戦闘機（伊）・グラマンF4F-3ワイルドキャット改造試作水上戦闘機（米）・スピットファイアMk.VB／Mk.IX改造水上戦闘機（英）・ソーンダース・ローSR.A1（英）・コンベアXF2Y-1／YF2Y-1シーダート水上戦闘機（米）

巨人爆撃機① ロシアで誕生した無敵の巨人機　030

・イリヤ・ムーロメッツE-Ⅱ（Yeh）（露）・ハンドレページV／1500（英）・カプロニCa42（伊）・ツェッペリン・シュターケンV.G.O.I／シュターケンR.Ⅳ／シュターケンR.XIVa（独）・ジーメンス・シュッケルトR.Ⅶ／シュッカートR.Ⅷ（独）・リンケ・ホフマンR.Ⅰ／R.Ⅱ（独）

巨人爆撃機② "冬の時代"の巨人爆撃機　034

・タラント・ティバー（英）・丁式二型爆撃機（日）・バーリングXNBL-1（米）・カプロニCa90（伊）・三菱九二式重爆撃機：キ20（日）・ツポレフANT6（ソ）・カリーニンK-7（ソ）・ファルマンF222.1（仏）・ボーイングXB-15（米）

巨人爆撃機③ 真打ち登場！　038

・ショート・スターリング（英）・ピアッジオP108（伊）・ペトリヤコフPe8（ソ）・B-29スーパーフォートレス（米）・コンベアB-32ドミネーター（米）・ダグラスXB-19（米）

日＝日本
米＝アメリカ
英＝イギリス
独＝ドイツ
仏＝フランス
伊＝イタリア
露＝旧ロシア
ロ＝現ロシア
蘭＝オランダ
墺＝オーストリア・ハンガリー

巨人爆撃機④ B-29をパクったソ連Tu-4　042

- ツポレフTu-4（ソ）・ボーイングB-50スーパーフォートレス（米）・ノースロップYB-35（米）・コンベアXB-36／B-36D／YB-60／NB-36H／RB-36（米）

軍用グライダー グライダー王国の「巨人の星」　046

- メッサーシュミットMe323ギガント（独）・ゴータGo242（独）・DFS230（独）・ジェネラルエアクラフトG.A.L.49ハミルカー1（英）・エアスピードA.S.51ホルサ1（英）・ワコーCG-4（米）・ブリストルXLRQ-1水陸両用グライダー（英）・日国航空ク-7-Ⅱ試作輸送滑空機（日）・日国航空ク-8-Ⅱ陸軍四式特殊輸送滑空機（日）・ユンカースJu322マムート（独）・ブローム・ウント・フォスBV40（独）

重武装軍用機① 魔法の"同調発射装置"誕生　050

- モラーン・ソルニエN型（仏）・フォッカーE.Ⅳ（独）・ボアザン1917年型爆撃機（仏）・アームストロング・ホイットワースF.K.12（英）・スーパーマリンP.B.31E（英）・ウエストランドF.29/27（英）・ヴィッカース・タイプ161改造型戦闘機（英）・グリゴロヴィッチIP-1（ソ）・ツポレフANT-29（ソ）・ポリカルポフVIT-2（ソ）・ポテーズ630（仏）・SNCASE100（仏）・メッサーシュミットBf110（独）・フォッカーG1a（蘭）・ベルYFM-1（米）

重武装軍用機② 第2次大戦の"対かん巨砲"機　054

- ノースアメリカンB-25Hミッチェル（米）・ロッキードXP-58チェーン・ライトニング（米）・ビーチXA-38（米）・デ・ハビランド・モスキートFB.XⅧ（英）・ヘンシェルHs129B（独）・ユンカースJu88P-1（独）・Me262A-1a/U4（独）・バッヘムBa349ナッター（独）・二式単座戦闘機「鍾馗」（日）・陸上爆撃機「銀河」多銃装備型（日）・キ109特殊防空戦闘機（日）

重武装軍用機③ 究極の重武装"空対空核ミサイル"　058

- ツポレフTu-2Sh（ソ）・ノースロップF-89スコーピオン（米）・シュド・ウェストSO4050ボーツールⅡN（仏）・ロッキードF-104Aスターファイター（米）・ダグラスAC-47（米）・フェアチャイルドAC-119K（米）・ロッキードAC-130Eハーキュリーズ（米）・ボーイングAH-64Dアパッチ・ロングボウ（米）・ノースロップA-9A（米）・フェアチャイルドA-10サンダーボルトⅡ（米）

銀幕の名（迷）優機 なんでもこなした名優テキサン　062

- バルティーBT-13／BT-15／SNVバリアント〔零戦、九九艦爆役〕（米）・ノースアメリカンT-6／SNJテキサン〔九七艦攻、フォッカーDXXI、タイフーン1B、P-47、Fw190役〕（米）・エアスピードA.S.51ホルサ（英）・スーパーマリン・スピットファイア（英）・ホーカー・ハリケーン（英）・CASA.D.2111-D〔He111役〕（スペイン）・イスパノHA-1112-M1L〔Me109役〕（スペイン）・イスパノHA-1109-K1L〔Me109F-4/Trop役〕

潜水艦搭載水上機 潜水艦の目となったゲタバキ機　066

◆ ハンザ・ブランデンブルグW-20飛行艇（独）◆ カスパーU-1水上機（独）◆ 横廠式一号水上偵察機（日）◆ コックス-クレミンXS-2水上機（米）◆ バーナル・ベトー水上機（英）◆ MB411水上機（仏）◆ アラドAr231水上機（独）◆ フォッケ・アハゲリスFA330バッハシュテルシェ（独）◆ 九一式水上偵察機（日）◆ 九六式水上偵察機（日）◆ 零式小型水上偵察機（日）◆ 十七試攻撃機「晴嵐」（日）

艦上攻撃機① "海の王者"に対抗するもの　072

◆ ソッピーズ・クックー（英）◆ 三菱一三式艦上攻撃機（日）◆ ダグラスDT-1（米）◆ マーチンT3M-1（米）◆ ダグラスT2D-1（米）◆ 三菱七試双発艦上攻撃機（日）◆ 三菱八九式艦上攻撃機（日）◆ 中島試作七試艦上攻撃機（日）◆ T.S.R.2（英）◆ フェアリー・ソードフィッシュ（英）◆ 空廠式九六式艦上攻撃機（日）◆ ダグラスTBDデヴァステーター（米）◆ フェアリー・アルバコア（英）◆ 中島九七式一号艦上攻撃機（日）◆ 三菱九七式二号艦上攻撃機（日）

艦上攻撃機② 真珠湾の立役者とそのライバル　076

◆ 中島九七式三号艦上攻撃機（日）◆ 中島艦上攻撃機「天山」（日）◆ 愛知艦上攻撃機「流星」（日）◆ グラマンTBF（TBM）アベンジャー（米）◆ ボートTBU（米）◆ フェアリー・バーラクーダ（英）◆ ブラックバーン・ファイアブランド（英）◆ フェアリー・スピアフィッシュ（英）◆ ダグラスXBTDデストロイヤー（米）◆ ダグラスTB2D（米）◆ グラマンXTB3F-1（米）◆ カーチスXBTC-2（米）◆ マーチンBTM（米）◆ ダグラスAD-2スカイレーダー（米）

艦上攻撃機③ 魚雷から対艦ミサイルの攻撃へ　080

◆ ノースアメリカンAJ-2サベージ（米）◆ ダグラスA2Dスカイシャーク（米）◆ ウエストランド・ワイバーン（英）◆ ダグラスA3Dスカイウォリア（米）◆ ダグラスA-4スカイホーク（米）◆ ノースアメリカンA3J（A-5）ビジランティ（米）◆ ホーカーシドレー・バッカニア（英）◆ グラマンA-6イントルーダー（米）◆ ダッソー・エタンダールⅣM（仏）◆ ダッソーブレゲー・シュベルエタンダール（仏）◆ ボートA-7コルセアⅡ（米）◆ BAe/マクダネルダグラスAV-8ハリアー（英）◆ マクダネルダグラスF/A-18ホーネット（米）◆ ロッキード・マーチンX-35B／X-35C（米）◆ ボーイングX-32A（米）

親子飛行機① 数タイプあった親子の結合方式　084

◆ 世界初の親子飛行機〔ポート・ベイビー飛行艇＋ブリストル・スカウトC戦闘機〕（英）◆ 世界初の「空中航空母艦」〔飛行船「アクロン」「メイコン」号＋カーチスF9C-2スパローホーク戦闘偵察機〕（米）◆ ヴァクミストロフZ-1複合機〔ツポレフTB-1爆撃機＋ツポレフI-4戦闘機〕（ソ）◆ SPB（合体急降下爆撃機）〔ツポレフTB-3爆撃機＋ポリカルポフI-16改造急降下爆撃機〕（ソ）◆ ミステル1〔ユンカースJu88A-4爆撃機＋メッサーシュミットBf109F2/F4戦闘機〕（独）◆ ミステルS3C〔ユンカースJu88G-10爆撃機＋フォッケウルフFw190A-9戦闘機〕（独）◆ 一式陸上攻撃機二四丁型＋桜花（日）

親子飛行機② 超重爆の腹下の超音速ロケット　　088

◆ベルX-1実験機＋EB-29（米）◆DFS346超音速研究機＋B-29（ソ）◆ノースアメリカンX-15実験機＋B-52（米）◆ルダックO10実験機＋SE161（仏）◆マクダネルXF-85ゴブリン戦闘機＋B-29爆撃機（米）◆リパブリックF-84E戦闘機＋コンベアGRB-36F（米）◆トムトム計画〔リパブリックRB-84F＋コンベアRB-36F、リパブリックEF-84B＋ボーイングETB-29A〕（米）◆AQM-34リアルタイム偵察ドローン＋ロッキードDC-130E（米）◆無人偵察機D-21＋ロッキードM-12「マザーグース」（米）◆スペースシャトル＋ボーイング747（米）◆ブラン＋アントノフAn-225（ソ）

垂直離着陸機① VTOL機実現までの紆余曲折　　092

◆ロッキードXFV-1（米）◆コンベアXFY-1ポゴ（米）◆フォッケウルフ・トリューブフリューゲル（独）◆ライアンX-13バーティジェット（米）◆SNECMA C450-01コレオプテール（仏）◆パイアセッキVZ-8P／VZ-8Bスカイカー（米）◆カーチスライトVZ-7（米）◆ヒラーVZ-1／VZ-1E（米）◆ウィリアムス・フライングプラットホーム（米）◆アブロカナディアVZ-9アブロカー（カナダ）◆月着陸船シミュレーターLLRV（米）◆ライアンVZ-3（米）◆カマンK-16B（米）◆ベルXV-3（米）◆ヒラーX-18（米）◆ベルX-22（米）◆カーチスライトX-19（米）

垂直離着陸機② VTOL機ブームに生まれた迷機と名機　　096

◆フォッケ・アハゲリスFa269（独）◆ドルニエDo29（西独）◆VAK-191（西独）◆EWR VJ101（西独）◆ドルニエDo31E（西独）◆ロッキードXV-4Aハミングバード／XV-4BハミングバードⅡ（米）◆ベル・ロケット・ベルト／ジェット・ベルト（米）◆ライアンXV-5バーティファン（米）◆ダッソー・ミラージュⅢV（仏）◆カナディアCL-84（カナダ）◆LTV／ヒラー／ライアンXC-142（米）◆ホーカーP.1127／「ケストレル」（英）

垂直離着陸機③ 走り幅跳びに転向した海の鷹　　100

◆マクドネルダグラスAV-8Aハリアー（米）◆ホーカーシドレー・ハリアーGR.3（英）◆ホーカーシドレー・シーハリアー（英）◆マクドネル／ブリティッシュ・エアロスペースAV-8BハリアーⅡ／ハリアーGR5／7（米英）◆マクドネルダグラスAV-8BハリアーⅡプラス（米）◆ヤコブレフYak-36（ソ）◆ヤコブレフYak-38フォージャー（ソ）◆ヤコブレフYak-141（ソ）◆ショートSC.1（英）◆ベル／ボーイングXV-15（米）◆ベル／ボーイングV-22オスプレイ（米）◆ボーイングX-32B（米）◆ロッキード／マーチンX-35B（米）

短距離離着陸機① STOL機を生んだ高揚力装置　　104

◆フィーゼラーFi156シュトルヒ（独）◆シーベルSi201（独）◆バイエリッシBf163（独）◆陸軍三式指揮連絡機（日）◆神戸製鋼テ号試作観測機（日）◆ヘリオU-10B（米）◆ドルニエDo27（西独）◆ピラタスPC-6ポーター（スイス）◆デ・ハビランド・カナダC-7カリブー（カナダ）◆スコティッシュ・パイオニア／ツインパイオニア（英）◆ブレゲー941／941S（仏）◆ハンティングH.126（英）◆防衛庁技術研究本部X1G3（日）◆新明和UF-XS（日）

短距離離着陸機② 海・空自衛隊のSTOL機など　108

◆新明和PS-1対潜哨戒飛行艇（日）◆新明和US-1救難飛行艇（日）◆川崎C-1輸送機（日）◆低騒音STOL実験機（日）◆マクドネルダグラスYC-15（米）◆ボーイングYC-14（米）◆アントノフAn-72（ソ）◆ボーイング・マクドネルダグラスC-17グローブマスターⅢ（米）◆スホーイT-58VD（ソ）◆MiG-21PD（ソ）◆スホーイT-6-1（ソ）◆MiG-23PD,23-01（ソ）

可変翼（VG翼）機① 航空ショーでデビューした新種　112

◆MiG-23-11（ソ）◆スホーイT-6-2I（ソ）◆スホーイS-22I（ソ）◆MiG-23MF（ソ）◆MiG-23B（ソ）◆MiG-23D（ソ）◆スホーイSu-17M4／Su-22M4（ソ）◆スホーイSu-24MR（ソ）◆ツポレフTu-22M（ソ）◆ツポレフTu-160（ソ）

可変翼（VG翼）機② 史上初の実用可変翼戦闘機　116

◆メッサーシュミットMeP1101（独）◆ベルX-5（米）◆グラマンXF10Fジャガー（米）◆ジェネラルダイナミックスF-111A／F-111B／FB-111（米）◆ジェネラルダイナミックス／グラマンEF-111レイブン（米）◆グラマンF-14トムキャット（米）◆ロックウェルB-1／B-1Bランサー（米）◆パナビア・トーネードGR.1／ADV／ECR（国際協同）

可変翼（VG翼）機③ バラエティ豊富な可変翼機　120

◆マコーニン可変翼機1931年型／1935年型（仏）◆バリボル・ゲラン可変翼機（仏）◆RK-1伸縮翼原型機／伸縮翼高速戦闘機（ソ）◆ニーチキンIS1／IS2／IS4折りたたみ翼戦闘機（ソ）◆トマシュビッチ・ペガサス軽攻撃機（ソ）◆ヒルソン・バイモノ試験機（英）◆ヒルソンF.H.40Mk.1（英）◆ノースアメリカンXB-70バルキリー（米）◆ブローム・ウント・フォスP.202可変翼計画機（独）◆NASA AD-1斜め翼実験機（米）◆ボートF-8クルーセイダー／F8U-3クルーセイダーⅢ

Nobさんの"ぬり絵"飛行機グラフィティ……070

あと描き……124

主な参考文献……126

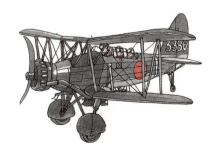

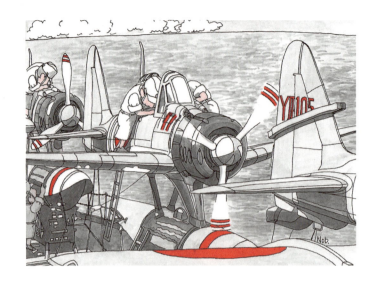

水上戦闘機❶
◆ 画期的専業水戦の登場 ◆

　ライト兄弟が1903年に世界初の動力飛行に成功してから100年余りが過ぎました。飛行機は1909～1911年ごろには、各国の軍隊でも採用されるようになりましたが、軍事用にどのようにこの「文明の力」を使うか、まだ模索状態でした。

　このようにスタートした軍用機の現在にいたる進化の道を本流、傍流、袋小路、本家に分家、元祖に家元、ご先祖様と、たどります。まずは根絶種、「水上戦闘機・戦闘飛行艇」です。

　水上機の降着装置はフロートか艇、あるいは水上スキーです。艇はフロートと胴体が合わさり一体化したものと見なすことができます。

　水上機の元祖は、1910年に飛行したアンリ・ファブルの「イドラヴィオン」号、先尾翼のフロートつき水上機ですが、1年ほどで開発は中止され、以後の発展はありませんでした。

　世界最初の実用水上機は1911年に完成したカーチス水上機です。本機はカーチス陸上機の降着装置を単フロート式に改造した機体で、カーチス陸上機の分家になります。

　1912（明治45・大正1）年、日本海軍はアメリカからカーチス水上機を1機購入して、モ式水上機と共に12月12日の横浜沖観艦式に空中より参加させました。これが海軍の公式初飛行であります。

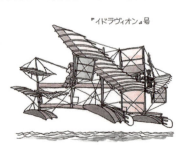
『イドラヴィオン』号

『カーチス式水上機』

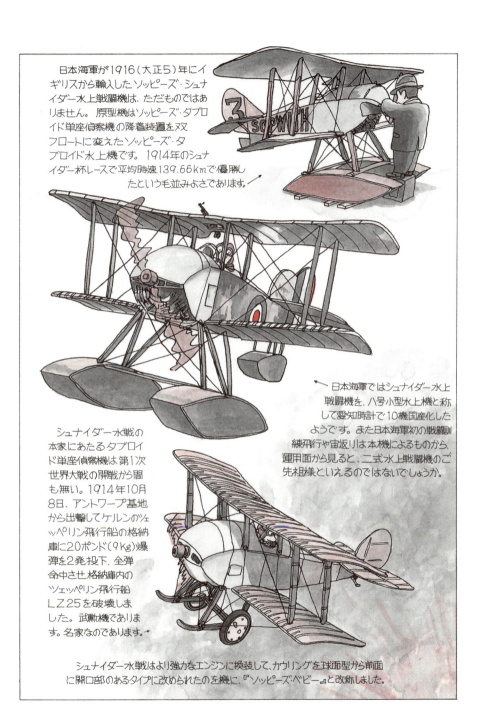

日本海軍が1916(大正5)年にイギリスから輸入したソッピーズ・シュナイダー水上戦闘機は、ただものではありません。原型機はソッピーズ・タブロイド単座偵察機の降着装置を双フロートに変えたソッピーズ・タブロイド水上機です。1914年のシュナイダー杯レースで平均時速139.66kmで優勝したという毛並みのよさであります。

→ 日本海軍ではシュナイダー水上戦闘機を、八号小型水上機と称して愛知時計で10機国産化したようです。また日本海軍初の戦闘訓練飛行や宙返りは本機によるものから、運用面から見ると、二式水上戦闘機のご先祖様といえるのではないでしょうか。

シュナイダー水戦の本家にあたるタブロイド単座偵察機は第1次世界大戦の開戦から間も無い。1914年10月8日、アントワープ基地から出撃してケルンのツェッペリン飛行船の格納庫に20ポンド(9kg)爆弾を2発投下、全弾命中させ格納庫内のツェッペリン飛行船LZ25を破壊しました。武勲機であります。名家なのであります。

シュナイダー水戦はより強力なエンジンに換装して、カウリングを球面型から前面に開口部のあるタイプに改められたのを機に、『ソッピーズ・ベビー』と改称しました。

水上戦闘機❶   019

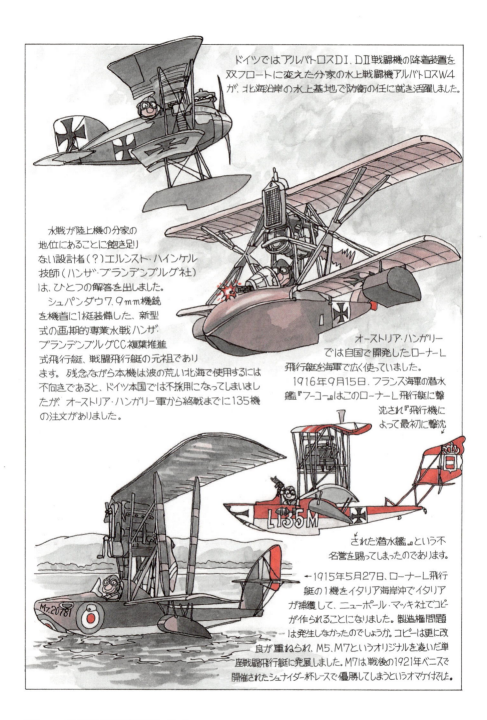

ドイツではアルバトロスDI、DⅡ戦闘機の降着装置を双フロートに変えた分家の水上戦闘機アルバトロスW4が、北海沿岸の水上基地で防衛の任に就き活躍しました。

水戦が陸上機の分家の地位にあることに飽き足りない設計者(?)エルンスト・ハインケル技師(ハンザ・ブランデンブルグ社)は、ひとつの解答を出しました。シュパンダウ7.9mm機銃を機首に1挺装備した、新型式の画期的専業水戦ハンザ・ブランデンブルグCC複葉推進式飛行艇、戦闘飛行艇の元祖であります。残念ながら本機は波の荒い北海で使用するには不向きであると、ドイツ本国では不採用になってしまいましたが、オーストリア・ハンガリー軍から終戦までに135機の注文がありました。

オーストリア・ハンガリーでは自国で開発したローナーL飛行艇を海軍で広く使っていました。1916年9月15日、フランス海軍の潜水艦『フーコー』はこのローナーL飛行艇に撃沈され『飛行機によって最初に撃沈された潜水艦』という不名誉を賜ってしまったのであります。

←1915年5月27日、ローナーL飛行艇の1機をイタリア海岸沖でイタリアが捕獲して、ニューポール・マッキ社でコピーが作られることになりました。製造権問題は発生しなかったのでしょうか。コピーは更に改良が重ねられ、M5、M7というオリジナルを凌いだ単座戦闘飛行艇に発展しました。M7は戦後の1921年ベニスで開催されたシュナイダー杯レースで優勝してしまうというオマケ付きでした。

　ハインケルは波の荒い北海で活躍できる本流の水上戦闘機を用意しておりました。ハンサ・ブランデンブルグ複座水上戦闘機群です。複葉型のW12、W19、単葉型のW29へと発達しました。尾翼が胴体の上に突出していない形態が各型共通の特徴です。

　1921(大正10)年に来日したイギリス航空教育団は水上偵察機を持ってきていませんでした。そこでドイツから船で到着した第1次世界大戦の戦利品の中にあったハンザブランデンブルグW29水戦を使うことにしました。1922(大正11)年からハンザ式水上偵察機として制式化して、中島と愛知で約310機製作され、昭和の初期まで主力水偵として使われました。横廠式ロ号甲型水偵とともに、水偵の家元のひとつであります。

　水上機は陸上機に比べてフロートや艇の重量や空気抵抗のハンデがあります。その解決策を1916年に具現したのが、新機軸を盛り込んでゴータ社で試作された期待の星『ウルジヌス複葉単座水上戦闘機』でした。エンジンは重心位置に置かれ、延長軸を介して機首のプロペラを回します。本機の最大の売りは、何といっても特徴のある降着装置です。離水後、双フロートは胴体下面に格納されるという仕組みになっていました。引込み脚式(?)水上戦闘機の元祖・家元であります。しかしテスト中に壊われて、計画はオジャンに。本種は敢無く根絶種になってしまいました。

水上戦闘機❶　　021

水上戦闘機❷

◆ シュナイダー杯のレーサーたち ◆

　今回は水上機の発達に欠かすことのできないシュナイダー・トロフィ・レース出場機に、ちょっと寄り道です。
　シュナイダー・トロフィ・レースは、水上機の性能向上を目的に、フランスのジャック・P・シュナイダーが提唱、トロフィと賞金を提供して、1913年から第1次世界大戦のブランクをはさんで毎年、その後、隔年開催された水上機のレースであります。
　レースの主催は前回優勝国の航空クラブが行ない、5年間で3回優勝した国が25,000フラン相当のトロフィを、永遠に保持できるという規定でした。イタリアは1920～21年と優勝し、トロフィに王手をかけましたが、22年のレースではイギリスに優勝をさらわれ、3連覇はなりませんでした。23年は初参加のアメリカがカーチス・レーサーで優勝。
　1924年のレースは1年延期となって、25年はドーリトル搭乗のカーチスR3C-2アーミーレーサーで優勝して、アメリカのマジックナンバーが『1』となりました。26年はイタリアがマッキM.39で優勝。この時点では、5年間で3回優勝の規定により、まだアメリカのマジックナンバー『1』は消えていませんでしたが、最後のチャンスの27年のレースは、残念ながら準備が整わず参加することすらできず、不戦敗でありました。
　1927年の勝者はイギリスのスーパーマリンS.5でした。29年はスーパーマリンS.6でイギリスの連覇。31年にはスーパーマリンS.6Bが距離350kmを平均時速547.31kmで飛行して優勝、3連覇でトロフィは永遠にイギリスが保持することでシュナイダー・トロフィ・レースの幕は閉じられたのであります。
　またS.6Bはその半月後には時速654.9kmの世界速度記録を樹立しました。当時の陸上機の最高記録は時速490kmでしたので、これは大記録であります。
　フラップが実用化される以前は、離着水（陸）距離の制限の無い水上機は翼面荷重を高くすることができ、フロート等のハンデがあっても陸上機より速度の面で有利だったのです。

022　Nobさんの飛行機グラフィティ1

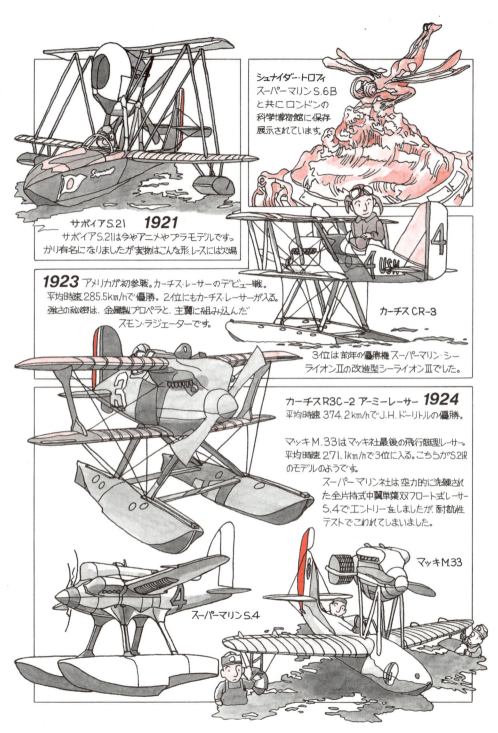

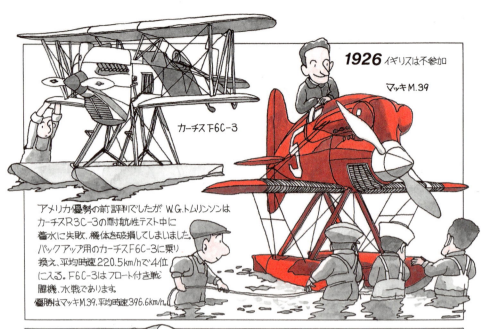

1926 イギリスは不参加

マッキM.39

カーチスF6C-3

アメリカ優勢の前評判でしたが、W.G.トムリンソンはカーチスR3C-3の耐航性テスト中に着水に失敗、機体を破損してしまいました。バックアップ用のカーチスF6C-3に乗り換え、平均時速220.5km/hで4位にる。F6C-3はフロート付き戦闘機、水戦であります。
優勝はマッキM.39、平均時速396.6km/h。

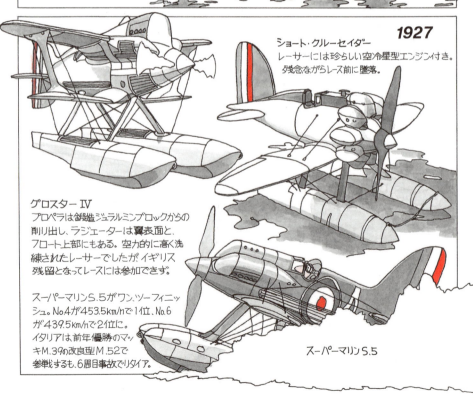

1927

ショート・クルーセイダー
レーサーには珍らしい空冷星型エンジン付き。
残念ながらレース前に墜落。

グロスターIV
プロペラは鍛造ジュラルミンブロックからの削り出し、ラジエーターは翼表面と、フロート上部にもある。空力的に高く洗練されたレーサーでしたが、イギリス残留となってレースには参加できず。

スーパーマリンS.5がワン、ツーフィニッシュ。No.4が453.5km/hで1位、No.6が439.5km/hで2位に。
イタリアは、前年優勝のマッキM.39の改良型M.52で参戦するも、6周目事故でリタイア。

スーパーマリンS.5

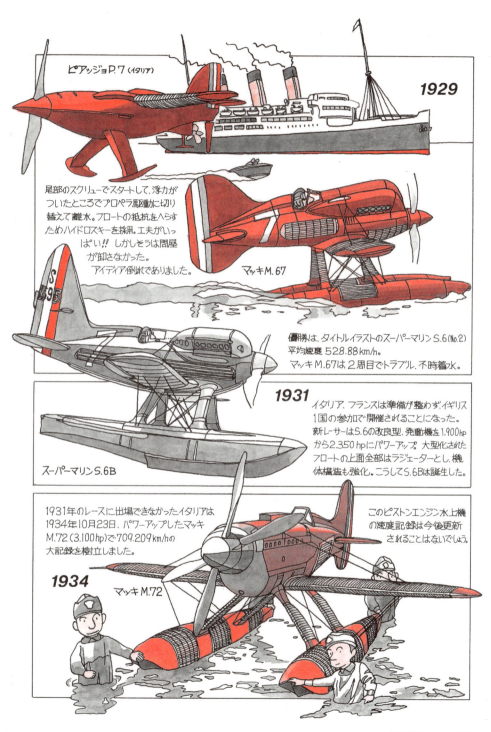

水上戦闘機 ❸
◆ 太平洋に吹いたゲタバキ機旋風 ◆

　大戦間、水上機はシュナイダー・トロフィ・レースで一躍脚光を浴びました。しかし、本題の水上戦闘機に目を転じてみると、欧米諸国では陸上／艦上戦闘機の降着装置をフロートに変えたコンバート組が主流で、空中戦闘専門機はイタリアの戦闘飛行艇ぐらいでありました。

　最初に採用した戦闘機がソッピーズ・シュナイダー水上戦闘機で、水戦との因縁浅からずのわが海軍でありましたが、本機の操縦性に懲りたのか、その後海軍は水戦に興味を示すことはありませんでした。

　時は昭和12（1937）年、日華事変最中、九五式水上偵察機は軽快なその運動性能によって空戦で敵機を撃墜するという予想外の働きをしたのであります。これに海軍は驚き刺激をうけ、複座の水偵の戦訓から空中戦闘専門の水上機ならば、さらなる戦果は夢でないと思い、まして水戦ならば飛行場の無い島や占領直後の要地での航空隊本隊到着までの間の、防空・制空の露払い任務にあたることができる。

　水戦はいいことづくめ、ゲタを履かされた評価のプラス思考で、昭和15年9月、ここに十五試水上戦闘機を開発することになりました。のちの「強風」であります。

　しかし、海軍当局としてはいいことづくめの水戦を「強風」の就役まで待ってはいられない。そこで16年初めに急ぎ中島飛行機に発注したのが、零式艦上戦闘機一一型を水上機にコンバートしたピンチヒッター、二式水上戦闘機であります。二式水戦は血筋と、作戦空域の特殊性で活躍の機会に恵まれ、327機も生産されました。

　それに引き替え本命の十五試水上戦闘機「強風」は、やっと昭和16年12月に制式化されましたが、すでに想定された活躍の場は無く、19年初め97機で生産は終了しました。第2次世界大戦で水上戦闘機の部隊を使用したのは日本海軍だけでありました。

　第2次大戦後、ジェット機まで進化した水上戦闘機ではありましたが、実用化されることは無く、今日では全くの根絶種となってしまったのであります。

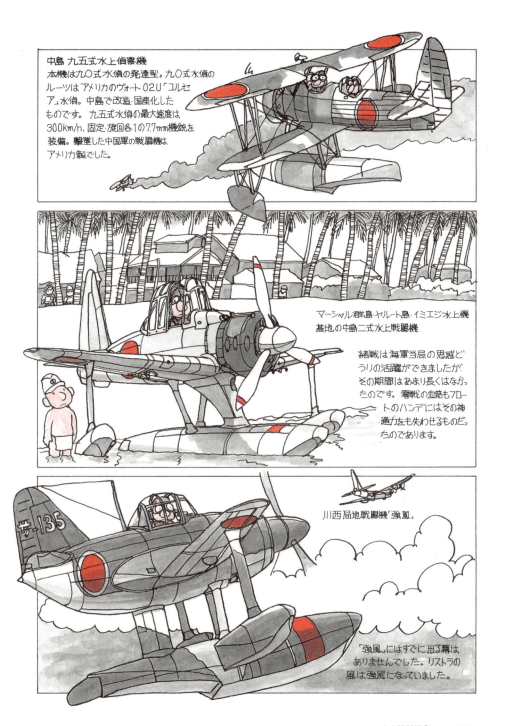

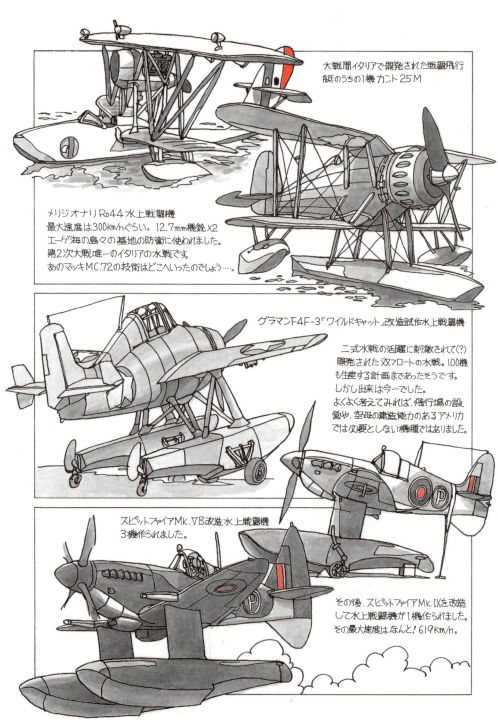

大戦間イタリアで開発された戦闘飛行艇のうちの1機 カント25M

メリジオナリRo.44水上戦闘機
最大速度は300km/hぐらい。12.7mm機銃×2
エーゲ海の島々の基地の防衛に使われました。
第2次大戦唯一のイタリアの水戦です。
あのマッキMC.72の技術はどこへいったのでしょう…。

グラマンF4F-3「ワイルドキャット」改造試作水上戦闘機

二式水戦の活躍に刺激されて(?)
開発された双フロートの水戦。100機
も生産する計画まであったそうです。
しかし出来は今一でした。
よくよく考えてみれば、飛行場の設
営や、空母の建造能力のあるアメリカ
では必要としない機種ではありました。

スピットファイアMk.VB改造水上戦闘機
3機作られました。

その後、スピットファイアMk.IXを改造
して水上戦闘機が1機作られました。
その最大速度はなんと！619km/h。

028　Nobさんの飛行機グラフィティ1

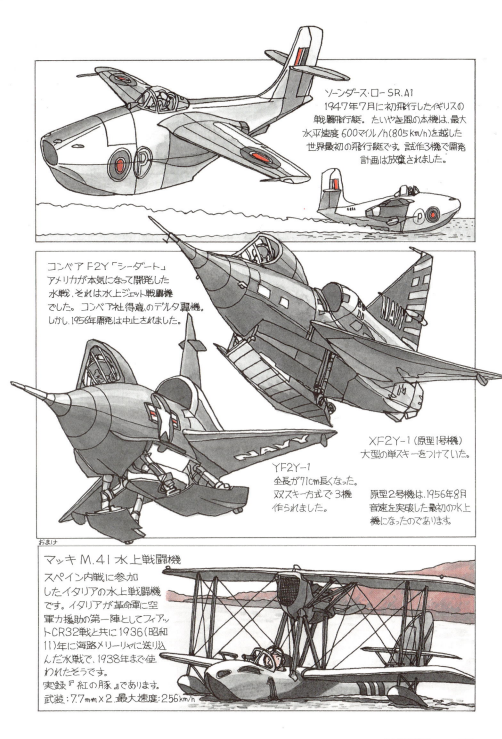

水上戦闘機❸   029

巨人爆撃機 ❶
◆ ロシアで誕生した無敵の巨人機 ◆

　ライト兄弟が「ライトフライヤー1号機」で、世界初の動力飛行に成功してから10年後の1913（大正2）年5月13日に、ロシアの大地から1機の飛行機が飛び立ちました。
　その名は「ル・グラン（でかい奴）」、エンジンを2基ずつタンデムに配置した世界初の4発複葉機で、設計者は近代ヘリコプターの元祖、イゴール・シコルスキーであります。
　「ル・グラン」はさらに大型化しアカぬけした「イリヤ・ムーロメッツ」に進化し、さらに、本機を原型として爆撃機型が開発され、各型合わせて約80機量産されたそうです。
　第1次世界大戦では1915年2月15日の初出撃以来、ロシア革命で作戦行動が終了する1917年11月までに400回の出撃回数を記録し、しかも、ドイツ軍機の迎撃による損害はたったの1機だけだったのであります。
　「イリヤ・ムーロメッツ」のシリーズ中最大のYeh型は、4つの220hpエンジンを装備した、全幅33m、全長17.1m、最大速度130km/h、航続距離630kmの雄姿でありました。無敵の巨人爆撃機の登場でありました。
　ドイツ軍も手をこまねいていたわけではありません。飛行船で有名なツェッペリン伯とその設計チームによる「ツェッペリン・シュターケンV.G.01」に始まるRシリーズと呼ばれる巨人爆撃機が数多く開発され、東部戦線、西部戦線、ロンドン空襲へと出撃して行ったのであります。
　Rシリーズは「大男総身に知恵が回りかね」とはならぬよう、設計者の腕の見せどころの創意工夫がいっぱいでありました。

イリヤ・ムーロメッツ E-Ⅱ (Yeh) (1917)

操縦席の床と背後は厚さ10mmの防弾鋼板張りでした。

ハンドレーページ V/1500 (イギリス・1918)
全幅38.4m、全長19.5m、総重量11,180kg。
最大速度166km/h。
最大3.3トンの爆弾を積むことのできるベルリン爆撃用の巨人爆撃機です。

255機発注されましたが、3機完成したところで終戦。

平和時には本機は「無用の長物」と判断されてしまい、全機生産中止ということになってしまいました。

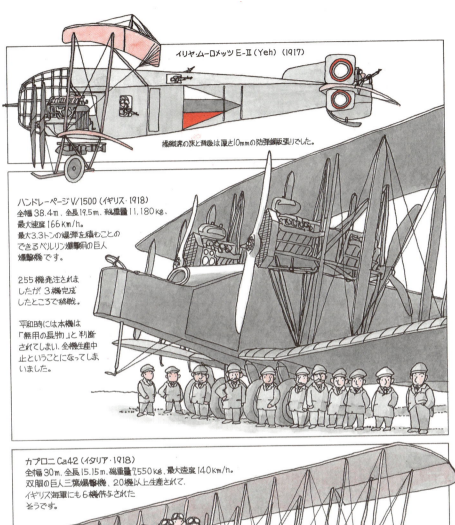

カプロニ Ca42 (イタリア・1918)
全幅30m、全長15.15m、総重量7,550kg、最大速度140km/h。
双胴の巨人三葉爆撃機、20機以上生産されて、イギリス海軍にも6機供与されたそうです。

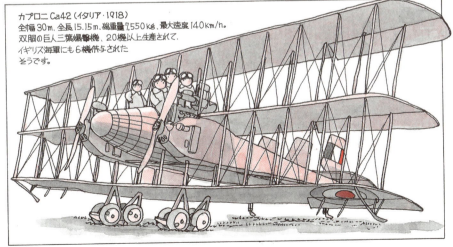

巨人爆撃機❶

ツェッペリン・シュターケンV.G.O.I (1915)
ツェッペリン巨人爆撃機の1号機(原型)です。5号機までは試行錯誤の連続でした。
R.Ⅵになってやっと実用機になりました。

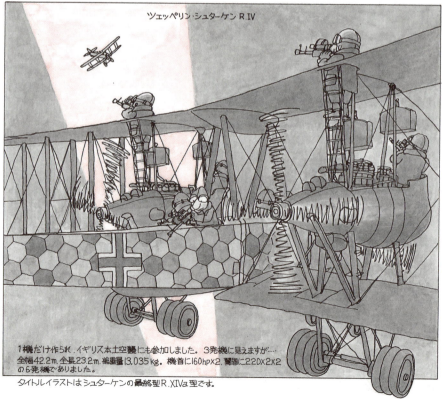

ツェッペリン・シュターケンR.Ⅳ

1機だけ作られ、イギリス本土空襲にも参加しました。3発機に見えますが…
全幅42.2m、全長23.2m、総重量13,035kg、機首に160hp×2、翼間に220×2×2
の6発機でありました。
タイトルイラストはシュターケンの最終型R.ⅩⅣa型です。

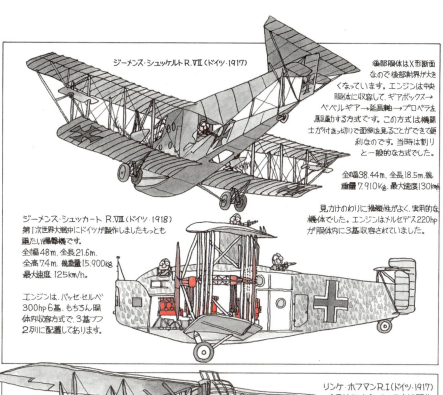

ジーメンス・シュッケルト R.Ⅶ（ドイツ・1917）

後部胴体はX形断面なので後部射界が大きくなっています。エンジンは中央胴体に収容して、ギアボックス→ベベルギア→延長軸→プロペラを駆動する方式です。この方式は機関士が付きっ切りで面倒を見ることができて便利なのです。当時は割りと一般的な方式でした。

全幅38.44m、全長18.5m、総重量7,910Kg、最大速度130km/h

ジーメンス・シュッカート R.Ⅷ（ドイツ・1918）
第1次世界大戦中にドイツが製作しましたもっとも重たい爆撃機です。
全幅48m、全長21.6m、全高7.4m、総重量15,900kg、最大速度125km/h。
エンジンは、バッセ・セルベ300hp6基、もちろん胴体収容方式で、3基ブブ2列に配置してあります。

見かけのわりに操縦性がよく、実用的な機体でした。エンジンはメルセデス220hpが胴体内に3基収容されていました。

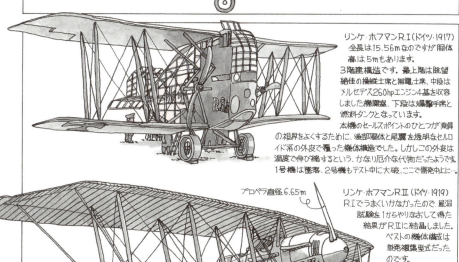

リンケ・ホフマン R.Ⅰ（ドイツ・1917）
全長は15.56mなのですが胴体高は5mもあります。
3階建構造です。最上階は眺望絶佳の操縦士席と無電士席、中段はメルセデス260hpエンジン4基を収容しました機関室、下段は爆撃手席と燃料タンクとなっています。
本機のセールスポイントのひとつが乗員の視界をよくするために、後部胴体と尾翼を透明なセルロイド系の外皮で覆った機体構造でした。しかしこの外皮は温度で伸び縮するという、かなり厄介な代物だったようです。
1号機は墜落、2号機もテスト中に大破、ここで開発中止に…。

プロペラ直径6.65m

リンケ・ホフマン R.Ⅱ（ドイツ・1919）
R.Ⅰでうまくいかなかったので、風洞試験を1からやりなおして得た結果がR.Ⅱに結晶しました。ベストの機体構成は単発複葉型式だったのです。
全幅42.16m、全長20.316m、総重量12,000Kg。エンジンは胴体内にメルセデス260hpを2基ブブ並列にして収容してあります。

巨人爆撃機❶　　033

巨人爆撃機❷
◆ "冬の時代" の巨人爆撃機 ◆

　第1次世界大戦が終結するとともに敗戦国はもちろん、戦勝国でも無敵の「巨人爆撃機」に対する評価は急降下しました。
「無用の長物」のレッテルを貼られ、リストラの対象となり、新人は採用内定どころか採用決定までもが取り消されるという、軍縮時代の到来、失業であります。

　路頭に迷う巨人が続出するなか、1918年の登場で大戦には間に合わなかったフランスのファルマンF-60ゴリアト（巨人）双発爆撃機は目端がききました。

　その頃のヨーロッパでの大型軍用機を民間機に転用して、民間航空路を開設するという機運の高まりは、ゴリアト爆撃機にとって転職のチャンスです。さっそく12席の客席をもらったゴリアト旅客機に仕立て直して、民間に天下ったのであります。

　「巨人」は1920年3月20日にパリ～ロンドン間の定期航空に初就航、航空輸送の先駆者の1人となりました。仲間は総計約60機生産。

　このゴリアト旅客機の搭載量に目を付けたのが日本陸軍でした。さっそくフランスのファルマン社に本機の改造型夜間爆撃機の計画を提案し発注。

　F-60ゴリアトは再び爆撃機にコンバートであります。本機は6機輸入され、丁式二型爆撃機として制式化されました。

　なんと日本爆撃機の開祖は「巨人爆撃機」だったのであります。

　大戦間のドルニエDo-Xやチャイナ・クリッパーを始めとするクリッパー・シリーズの「巨人飛行艇」やユンカースG38、ハンドレページHP42等の「巨人旅客機」が登場し活躍した民間航空の"空の黄金時代"でしたが、「巨人爆撃機」には"冬の時代"でありました。

　その冬の時代に数百機の「巨人爆撃機」を保有していた国がありました。冬将軍の国、ソ連であります。

034　Nobさんの飛行機グラフィティ1

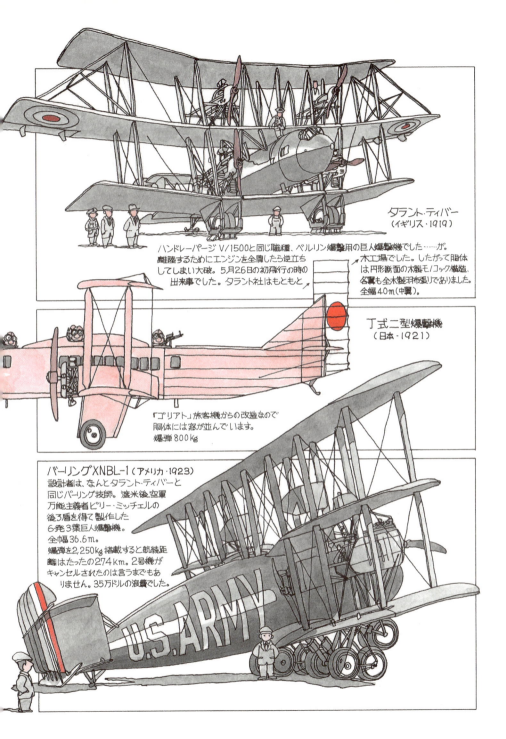

タラント・ティバー
（イギリス・1919）

ハンドレーページ V/1500と同じ職種、ベルリン爆撃用の巨人爆撃機でした……が。離陸するためにエンジンを全開したら逆立ちしてしまい大破。5月26日の初飛行の時の出来事でした。タラント社はもともと木工場でした。したがって胴体は円形断面の木製モノコック構造、翼も全木製羽布張りでありました。全幅40m（中翼）

丁式二型爆撃機
（日本・1921）

「ゴリアト」旅客機からの改造なので胴体には窓が並んでいます。
爆弾 800kg

バーリングXNBL-1（アメリカ・1923）
設計者は、なんとタラント・ティバーと同じバーリング技師。渡米後、空軍万能主義者ビリー・ミッチェルの後ろ盾を得て製作した6発3葉巨人爆撃機。全幅36.6m。爆弾を2,250kg搭載すると航続距離はたったの274km。2号機がキャンセルされたのは言うまでもありません。35万ドルの浪費でした。

巨人爆撃機❷　　035

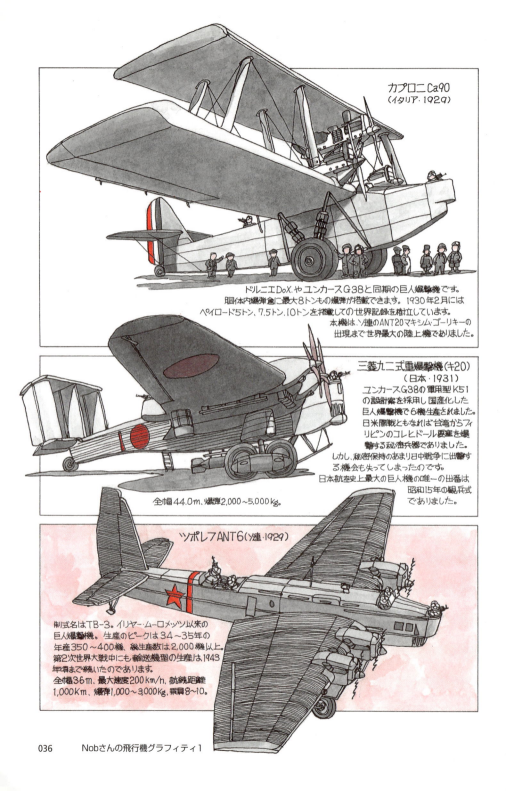

カプロニ Ca90
(イタリア・1929)

ドルニエDoXやユンカースG38と同期の巨人爆撃機です。胴体内爆弾倉に最大8トンもの爆弾が搭載できます。1930年2月にはペイロード5トン、7.5トン、10トンを搭載しての世界記録を樹立しています。
本機は、ソ連のANT20マキシム・ゴーリキーの出現まで世界最大の陸上機でありました。

三菱九二式重爆撃機(キ20)
(日本・1931)

ユンカースG38の軍用型K51の設計案を採用し国産化した巨人爆撃機で6機生産されました。日米開戦ともなれば台湾からフィリピンのコレヒドール要塞を爆撃する秘密兵器でありました。しかし、秘密保持のあまり日中戦争に出撃する機会も失してしまったのです。日本航空史上最大の巨人機の唯一の出番は昭和15年の観兵式でありました。

全幅44.0m、爆弾2,000～5,000kg。

ツポレフANT6(ソ連・1929)

制式名はTB-3。イリヤー・ムーロメッツ以来の巨人爆撃機。生産のピークは34～35年の年産350～400機、総生産数は2,000機以上。第2次世界大戦中にも輸送機型の生産は1943年頃まで続いたのであります。
全幅36m、最大速度200km/h、航続距離1,000km、爆弾1,000～3,000kg、乗員8～10。

036　Nobさんの飛行機グラフィティ1

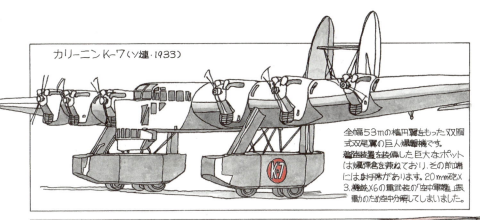

カリーニンK-7（ソ連・1933）

全幅53mの楕円翼をもった双胴式双尾翼の巨人爆撃機です。着陸装置を装備した巨大なポットは爆弾倉を兼ねており、その前端には射手席があります。20mm砲×3、機銃×6の重武装の「空中軍艦」振動のため空中分解してしまいました。

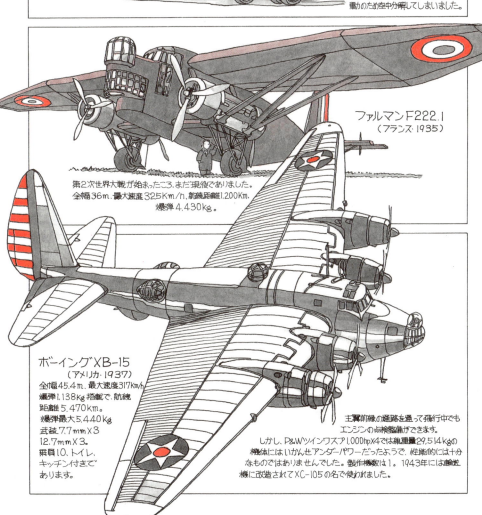

ファルマンF222.1
（フランス・1935）

第2次世界大戦が始まったころ、まだ現役でありました。
全幅36m、最大速度325Km/h、航続距離1,200Km、爆弾4,430kg。

ボーイングXB-15
（アメリカ・1937）
全幅45.4m、最大速度317Km/h
爆弾1,138kg搭載で、航続距離5,470km。
爆弾最大5,440kg
武装7.7mm×3
12.7mm×3。
乗員10、トイレ、キッチン付きであります。

主翼前縁の通路を通って飛行中でもエンジンの点検整備ができます。しかし、P&Wツインワスプ1,000hp×4では総重量29,514kgの機体にはいかんせんアンダーパワーだったようで、性能的には十分なものではありませんでした。製作機数は1。1943年には輸送機に改造されてXC-105の名で使われました。

巨人爆撃機❷　　037

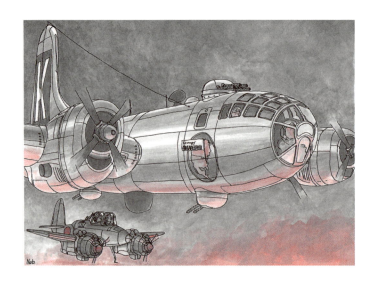

巨人爆撃機❸

◆真打ち登場！◆

　第2次世界大戦では名作、傑作、駄作に失敗作と、数多くの巨人爆撃機が登場しました。
　イギリス空軍最初の近代的4発爆撃機ショート・スターリングは、既存の格納庫の扉に合わせるという仕様要求によって、全長26.60m、全幅30.20mの低アスペクト比のまるで飛翔するカマキリのような姿であります。
　無理難題の結果、アルプスも越えられない、高空性能になってしまい、「無敵巨人爆撃機」になれず短命な生涯でした。
　一方、技術立国ドイツでは新機軸の双子エンジンを2基装備し、60度の急降下爆撃もできるという期待の星、実質4発の奇怪な重爆撃機ハインケル He177グライフを開発しました。しかし、このエンジンの加熱癖に手を焼き、とうとうモノになりませんでした。
　わが海軍の一式陸上攻撃機の後継機、十三試陸上攻撃機「深山」は、アメリカから輸入した巨人旅客機、ダグラス DC-4E を焼き直して「無敵巨人爆撃機」を手っとり早く開発するという計画で、「ゴリアト」から丁式二型爆撃機を誕生させた方程式であります。
　しかし、わが国の基礎工業力では柳の下の2匹目のドジョウをつかまえるには力不足でした。予定より自重が20%も上回る仕上がりで、結局、ダイエットの努力も実らず、6機試作で生産を終わりました。うち4機は輸送機に改造され魚雷運搬機として重宝がられたそうです。全幅42.12m、全長31.02m。
　「深山」登頂は失敗に終わりました。
　1942年9月21日、シアトルで1機の飛行機が初飛行に成功しました。「無敵巨人爆撃機」の決定版、ボーイング B-29スーパーフォートレス、真打ち登場の瞬間であります。

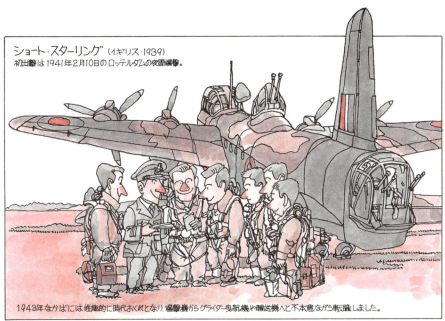

ショート・スターリング (イギリス・1939)
初出撃は1941年2月10日のロッテルダムの夜間爆撃。

1943年なかばには性能的に時代おくれとなり、爆撃機からグライダー曳航機や輸送機へと不本意ながら転職しました。

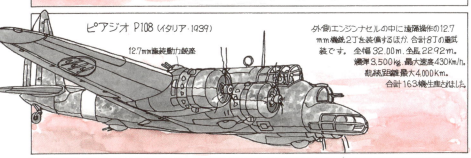

ピアジオ P108 (イタリア・1939)

12.7mm連装動力銃座

外側エンジンナセルの中に遠隔操作の12.7mm機銃2丁を装備するほか、合計8丁の重武装です。全幅32.00m、全長22.92m。爆弾3,500kg、最大速度430Km/h。航続距離最大4,000Km。合計163機生産されました。

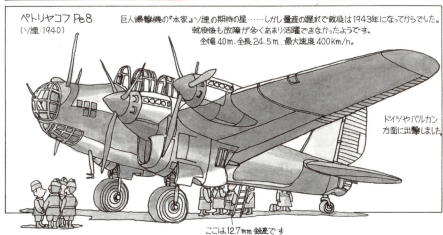

ペトリヤコフ Pe8
(ソ連・1940)

巨人爆撃機の『本家』ソ連の期待の星……しかし量産の遅れで就役は1943年になってからでした。就役後も故障が多くあまり活躍できなかったようです。
全幅40m、全長24.5m、最大速度400Km/h。

ドイツやバルカン方面に出撃しました。

ここは12.7mm銃座です

巨人爆撃機❸　039

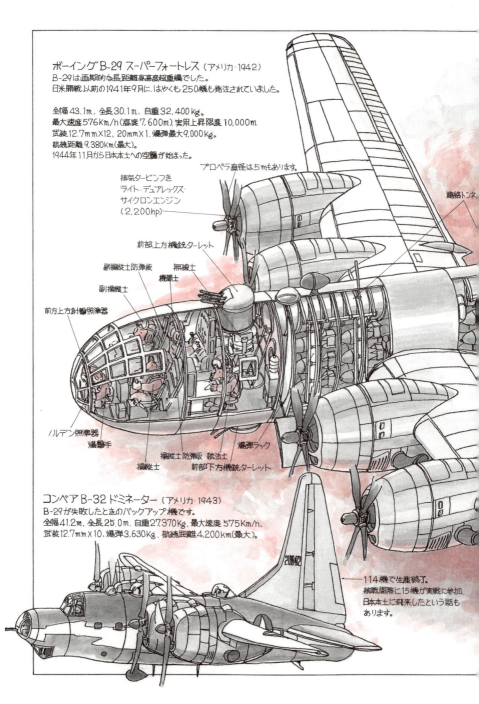

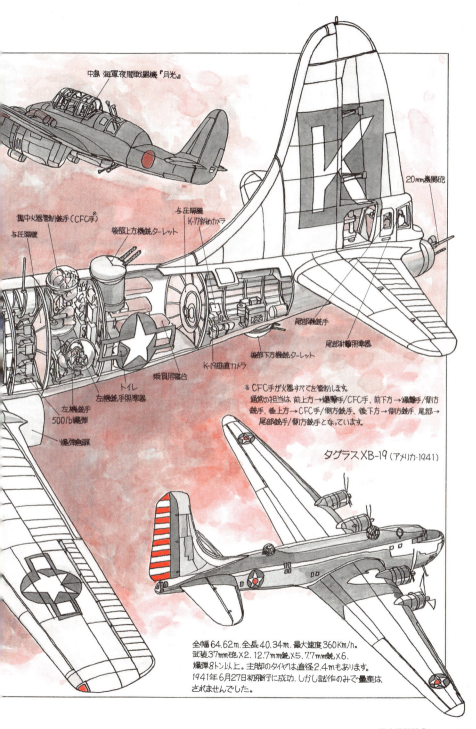

巨人爆撃機❸ 041

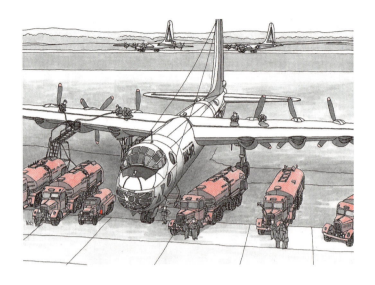

巨人爆撃機 ❹

◆ B-29をパクッたソ連 Tu-4 ◆

　日本は B-29とグラマンと原子爆弾によってアメリカに負け、終戦と共に東西冷戦が始まりました。
　当時、アメリカは B-29という唯一の「無敵巨人爆撃機」の保有国であり、かつ、核兵器を独占する国家であることから、ソ連に対してアメリカの戦略的優位は微動だにしないものと思われていました。
　さらに、戦時中に開発が始まったノースロップ XB-35が1946年6月25日に、コンベア XB-36が同年8月8日にと相次いで進空し、いわゆる戦中派の強力な新戦力も加わり、ますます磐石の体制となってお家安泰、東西冷戦恐るるに足らず、ソ連なんぞ屁の河童、なんて浮かれていたころのことでした。
　1947年7月3日にモスクワ上空をツポレフ Tu-4という新型爆撃機2機がその旅客機型の Tu-12と3機編隊で飛行したから、西側陣営は驚いたのなんのって……。
　Tu-4は B-29にまるで瓜2つの信じられない姿形だったのです。

　戦時中、日本を空襲した B-29のうちのシベリアに不時着した数機の機体は、アメリカの当時の同盟国ソ連に没収されていた事実がありました。
　喉から手の出るほど B-29が欲しかったスターリンは、渡りに舟とこれらの機体を手本にして2年で B-29を製作するようにツポレフに命じました。
　Tu-4の正体はブランドバッグメーカー真っ青のコピーだったのです。
　Tu-4の自重は B-29よりも500kg も重くなってしまいました。
　これはバラバラにしてパーツを採寸して図面を起こす際、単位をアメリカのフィート・インチからソ連のメートルに換算する時の誤差が積もり積もった結果だったそうです。
　Tu-4は1951年10月19日に原子爆弾の空中投下実験に成功し、またまた西側を驚愕させたのです。
　その原爆は長崎に投下された「ファットマン」のコピーでした。

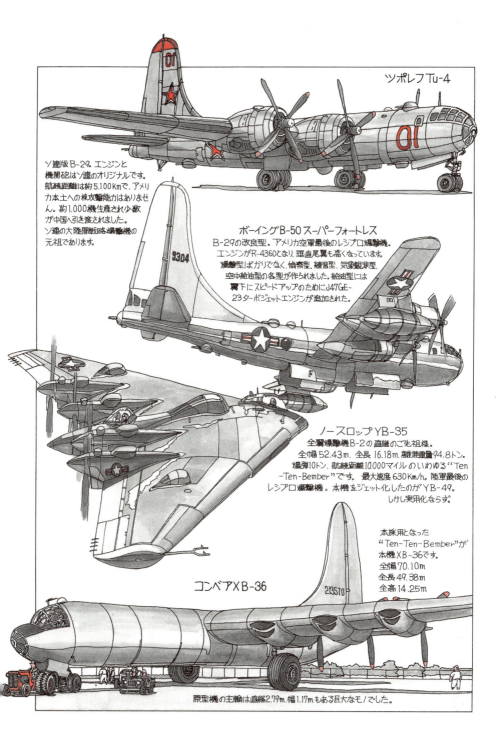

巨人爆撃機❹ 043

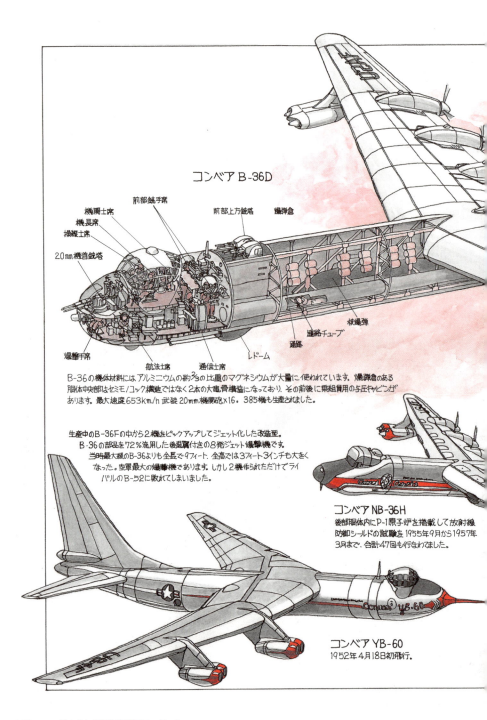

コンベア B-36D

B-36の機体材料には、アルミニウムの約2/3の比重のマグネシウムが大量に使われています。爆弾倉のある胴体中央部はセミモノコック構造ではなく2本の大竜骨構造になっており、その前後に乗組員用の与圧キャビンがあります。最大速度653km/h 武装20mm機関砲×16。385機も生産されました。

生産中のB-36Fの中から2機をピックアップしてジェット化した改造型。
B-36の部品を72％流用した後退翼付きの8発ジェット爆撃機です。
当時最大級のB-36よりも全長で9フィート、全高では3フィート3インチも大きくなった。空軍最大の爆撃機であります。しかし2機作られただけでライバルのB-52に敗れてしまいました。

コンベア NB-36H
後部胴体内にP-1原子炉を搭載して放射線防御シールドの試験を、1955年9月から1957年3月まで、合計47回も行なわれました。

コンベア YB-60
1952年4月18日初飛行。

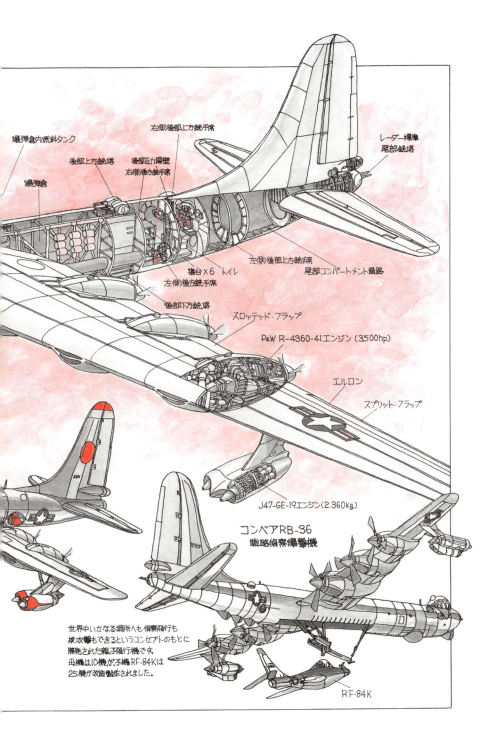

軍用グライダー
◆ グライダー王国の「巨人の星」◆

　航空史の黎明期から存在したグライダーは、第2次大戦では輸送用グライダーという新兵器として一気に開花しました。

　その開祖はドイツ空軍であります。

　ベルギーの要塞奇襲作戦やクレタ島攻略作戦で華々しい戦果を挙げたドイツ・グライダー作戦は、1943年夏、DFS230C-1グライダー10機と、Fi156シュトルヒ1機をもって、アペニン山脈に幽閉中のムッソリーニの救出に成功し、その名声は益々高まったのであります。

　ドイツは本機の他にゴータGo242、メッサーシュミットMe321ギガントの3機種を実用化しています。

　なかでもギガントは空から機甲師団を送り込める戦略輸送機で、全幅55m、ペイロード22トン、貨物室には当時の主力重火器、4号戦車をはじめ自走砲や88mm高射兼対戦車砲等を、機首のランプから自走搭載ができ、兵員輸送時には200名を貨物室を上下2段に分けて乗せることができるという、けた外れの能力がある期待の「星」、「巨人の星」であります。

　曳航機もHe111を2機結合させたHe111Zを専用機として開発するという力の入れようでした。

　しかしHe111Zの完成の遅れから、採られた窮余の一策がBf110C3機で引っ張るトロイカ曳航方式で、離陸の際にはギガントの主翼下に装備した離陸補助ロケットの助けを借りるという、大変アクロバチックな危険をともなう運用となったのであります。

　イギリスではエアスピード・ホルサや、軽戦車も搭載できる連合国最大の実用グライダー、ゼネラルエアクラフト・ハミルカーがノルマンディー上陸作戦などで活躍しました。

　わが国ではク-8-Ⅱ陸軍四式特殊輸送機が619機製作されましたが、小規模輸送に使われたのみで、大規模奇襲作戦は実行されませんでした。

　戦後、使い捨て型の輸送用グライダーは軍に見捨てられ姿を消しました。

メッサーシュミットMe323ギガント
Me321輸送用グライダー(タイトルイラスト)を動力付にした発達型です。機体構造はMe321と同じ鋼管溶接のトラスに羽布張りのまま、巨大なハリボテです。ペイロードは動力化によって13トンに減少……しかし、アフリカ軍団にとっては強力な支援者で、その輸送量は1.5万トンにも達したそうです。乗員5(標準)他に銃手、完全武装兵120、または担架60プラス看護兵、各種貨物。最大速度 約260km/h。総生産数 198機(1942～1944)。

ゴータ Go242
2cm対空砲や兵員21名を搭載できる双ブーム形式の輸送用グライダー。貨物室後方扉は上方開閉式で搭載しやすくなっています。総生産数1,538機。主翼は木製、胴体は鋼管溶接羽布張り。ロシア、アフリカ戦線などで使用されました。木機を動力化したのがGo244です。

乗員1、兵員9の小型輸送グライダー。前部胴体上部には7.9mm機銃1が装備され着陸時の援護射撃に使用された。イラストの機体はムッソリーニ救出作戦の使用機、機首に着陸制動用ロケットをつけていました。曳航機はJu52/3m、He111、Hs126などでした。総生産数1,022機。

軍用グライダー 047

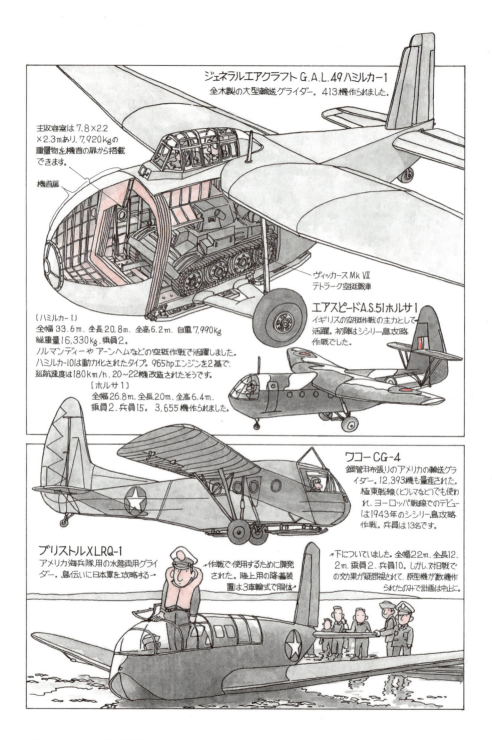

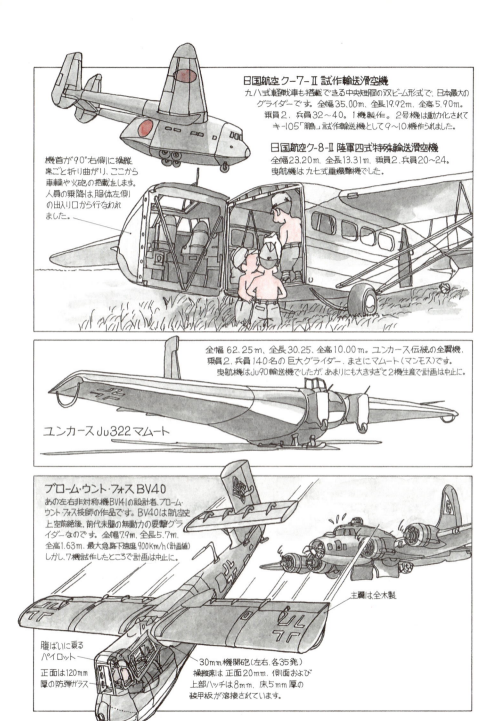

日国航空 ク-7-II 試作輸送滑空機
九八式軽戦車も搭載できる中央短胴の双ビーム形式で、日本最大のグライダーです。全幅35.00m、全長19.92m、全高5.90m。乗員2、兵員32〜40。1機製作。2号機は動力化されてキ-105「鵬」試作輸送機として9〜10機作られました。

日国航空 ク-8-II 陸軍四式特殊輸送滑空機
全幅23.20m、全長13.31m。乗員2、兵員20〜24。曳航機は九七式重爆撃機でした。

機首が90°右側に操縦席ごと折り曲がり、ここから車輌や火砲の搭載をします。人員の乗降は、胴体左側の出入口から行なわれました。

全幅62.25m、全長30.25、全高10.00m。ユンカース伝統の全翼機、乗員2、兵員140名の巨大グライダー、まさにマムート（マンモス）です。曳航機はJu90輸送機でしたが、あまりにも大きすぎて2機生産で計画は中止に。

ユンカース Ju322 マムート

ブローム・ウント・フォス BV40
あの左右非対称機BV141の設計者、ブローム・ウント・フォス技師の作品です。BV40は航空上空節絶後、前代未聞の無動力の要撃グライダーなのです。全幅7.9m、全長5.7m、全高1.63m。最大急降下速度900km/h（計画値）しかし、7機試作したところで計画は中止に。

主翼は全木製

腹ばいに乗るパイロット
正面は120mm厚の防弾ガラス

30mm機関砲（左右、各35発）
操縦席は正面20mm、側面および上部ハッチは8mm、床5mm厚の装甲板が溶接されています。

軍用グライダー

重武装軍用機❶

◆ 魔法の"同調発射装置"誕生 ◆

　1910年8月20日、ニューヨークのシープスヘッドで、アメリカ陸軍のジュコブ・E・フィックル少佐は、カーチス・プッシャー機に同乗し、地上の標的に1903年型0.30口径スプリングフィールド銃を2発発射しました。

　これが航空機から発射された最初の軍用火器の公式記録だそうです。この年のパリサロンで重武装機の先駆者、ガブリエル・ボアザンは37mm砲を装備したボアザン複葉機のデモンストレーションを行なっています。

　1914年4月にフランスのレイモン・ソルニエーが考案した同調機構は、機関銃とプロペラとの息があまりうまく合いませんでした。

　そこでロラン・ギャロス中尉の提案を受けてソルニエーは、機関銃とプロペラは同調させず、射ちっぱなしの回転しっぱなし、弾丸がぶつかる部分には、プロペラに鋼製の防弾デフレクターをつけて、弾丸をファールチップするという方式を採用、ただちにモラーン・ソルニエーL型やN型に装備されたのであります。

　ギャロスはこのL型の機体で3週間で5機撃墜の戦果を上げたのですが、「好事魔多し」。

　ギャロス機はベルギー西部で地上砲火で被弾、ドイツ軍占領地に不時着することになってしまったのであります。

　強力武装の秘密はドイツ軍の手に渡り、アントニー・フォッカーへと渡った結果、1週間もしないうちに、完璧なプロペラ同調機銃発射装置が完成。フォッカーEシリーズは、天下無敵のこの同調機関銃で、インメルマンやベルケらのエースを誕生させ、英国議会で連合国軍機は「フォッカーのまぐさ」であると、問題になったほどの戦果を上げたのであります。

　E.Ⅳ型は当時としては重武装の同調機関銃を2梃装備した戦闘機です。その内の1機は同調機関銃を3梃も装備した空前の重武装戦闘機でしたが、これは重量過大の失敗作でした。

　ちなみに機銃同調機構は、1913年7月にすでにLVG社のフランツ・シュナイダーが特許を取得しており、シュナイダーはフォッカーを特許侵害で訴え、勝訴しています。

　ボアザンは37mmや47mmの大口径砲を地上攻撃用に装備した重武装の爆撃機を戦線に送っています。

　大口径砲搭載機の開発は、大戦間にソ連で盛んでしたが、実用化にはいたりませんでした。そして、1930年代後半には、重武装双発万能機ブームが起きたのであります。

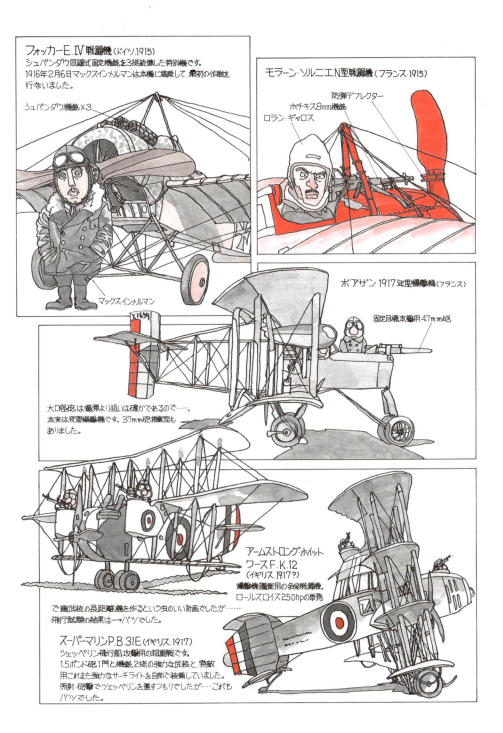

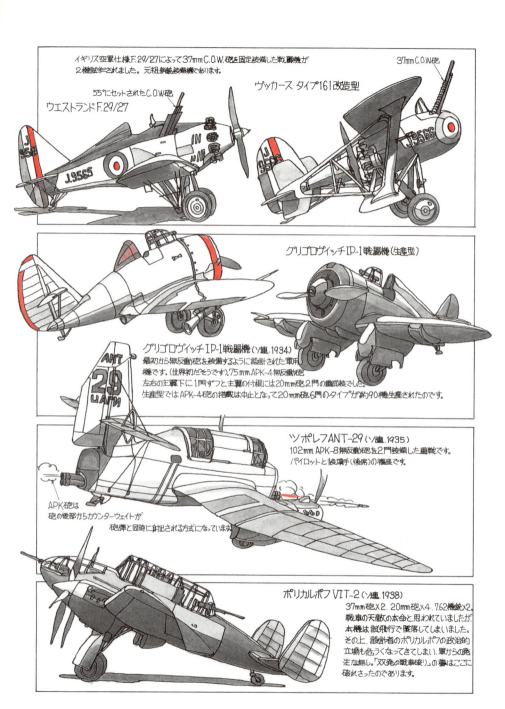

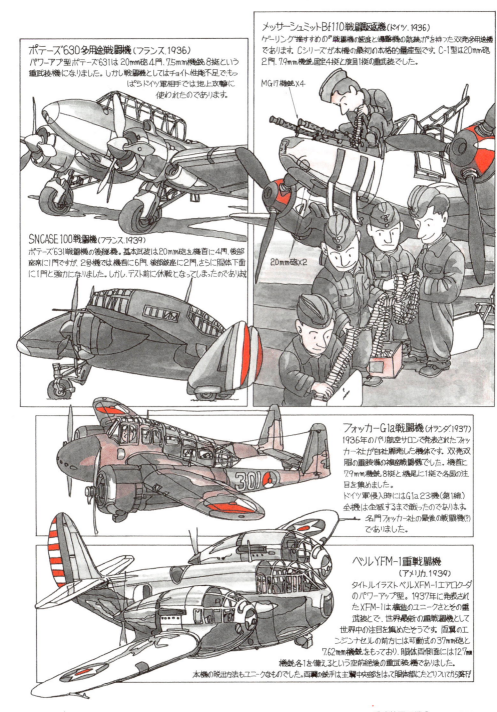

重武装軍用機❷

◆ 第2次大戦の"対かん巨砲"機 ◆

「大艦巨砲主義」の時代の第一次大戦において、大口径砲を装備して艦船を攻撃するという「対艦巨砲主義」の戦法は、連合軍の飛行艇によって始められました。

今次大戦では我邦の船舶が、75mm砲を装備したアメリカ軍のノースアメリカンB-25Hミッチェルの攻撃により甚大な損害を受けたことは御承知のとおりであります。

また、機甲師団どうしの対決となった北アフリカ戦線や東部戦線は、大口径の対戦車砲を装備した対地攻撃機の活躍の場でした。

なかでも威力を発揮したのが、ドイツ軍の「空飛ぶ缶切り」と呼ばれた重武装のヘンシェルHs129で、「対缶巨砲主義」の対戦車攻撃機でした。

戦争末期、B-29の空襲に手を焼いた、わが陸軍が開発した防空戦闘機が、八八式高射砲（75mm）を機首に1門装備した四式重爆「飛龍」改造の「空飛ぶ高射砲」三菱キ109であります。

本機はわが国で量産（22機）された最大口径の砲を装備した軍用機でしたが、性能的にB-29を射程に捕らえることができませんでした。

しかし、一部のキ109は、関釜連絡船の護衛用として朝鮮海峡で終戦まで「対関巨砲主義」で作戦を続けたのであります。

終戦間近に計画された「烈」作戦は、マリアナ基地所在のB-29を夜間、多銃装備の陸上爆撃機「銀河」をもって銃撃する、というものでした。

この「銀河」は爆弾倉を改造し、ここにムカデのごとく20mm機銃を、20挺も装備するという空前絶後の重装備で、B-29を高度200mで掃射する「ガンシップ」でありました。

「烈」作戦はアメリカ軍に探知され、先制攻撃の空襲により多数の作戦機が地上で失われたことにより、不発に終わってしまったのであります。

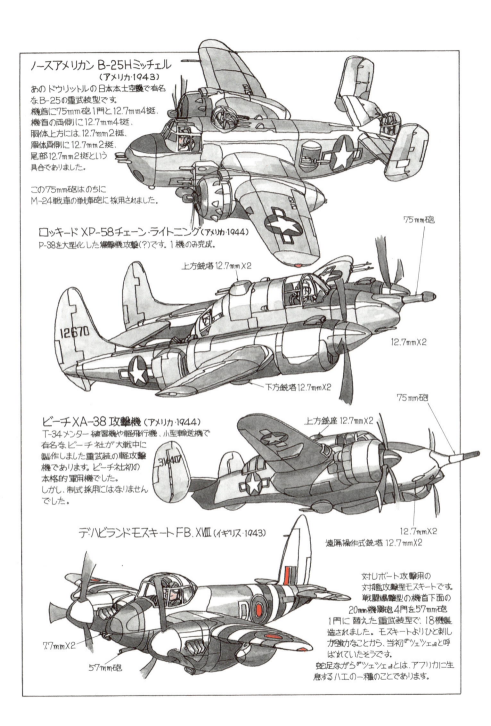

ノースアメリカン B-25H ミッチェル
(アメリカ・1943)

あのドゥーリットルの日本本土空襲で有名なB-25の重武装型です。
機首に75mm砲1門と12.7mm4挺、
機首の両側に12.7mm4挺、
胴体上方には、12.7mm2挺、
胴体両側に12.7mm2挺、
尾部12.7mm2挺という
具合でありました。

この75mm砲はのちに
M-24戦車の戦車砲に採用されました。

ロッキード XP-58 チェーン・ライトニング (アメリカ・1944)
P-38を大型化した爆撃機攻撃(?)です。1機のみ完成。

ビーチ XA-38 攻撃機 (アメリカ・1944)
T-34メンター練習機や軽飛行機、小型輸送機で
有名なビーチ社が大戦中に
製作しました重武装の軽攻撃
機であります。ビーチ社初の
本格的軍用機でした。
しかし、制式採用にはなりません
でした。

デ・ハビランド モスキート FB.XVIII (イギリス・1943)

対Uボート攻撃用の
対艦攻撃型モスキートです。
戦闘爆撃型の機首下面の
20mm機関砲4門を57mm砲
1門に替えた重武装型で、18機製
造されました。モスキートよりひと刺し
が強力なことから、当初『ツェツェ』と呼
ばれていたそうです。

蛇足乍ら『ツェツェ』とは、アフリカに生
息するハエの一種のことであります。

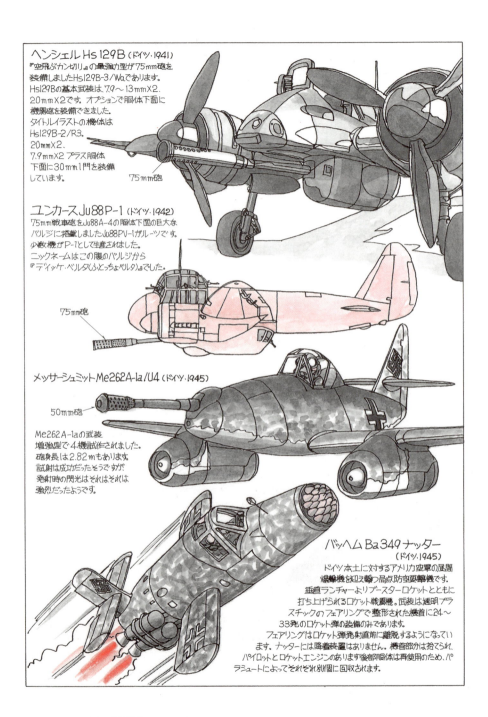

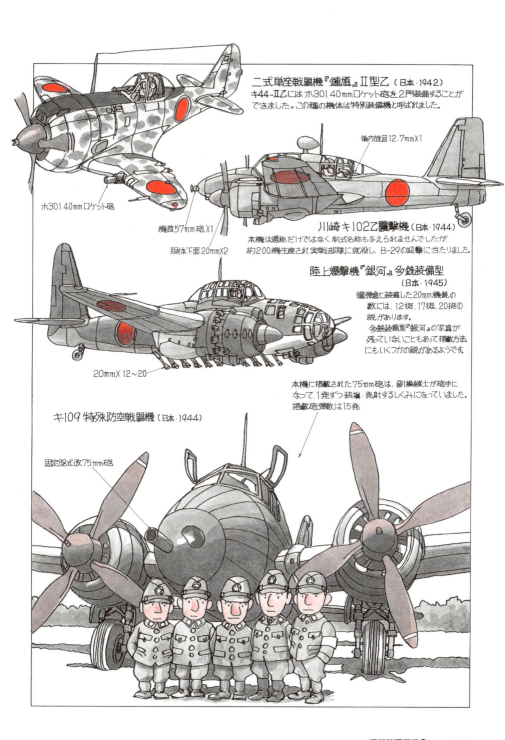

重武装軍用機❸

◆究極の重武装 "空対空核ミサイル" ◆

　第2次大戦に幕が引かれて半年もすると、東西間の幕は「鉄のカーテン」に張り替えられていました。冷戦の時代であります。
　終戦時、アメリカは唯一の戦略爆撃機の保有国であり、核兵器の独占国でもあるという、自他共に認める世界最強の国でした。
　「奢る平家久しからず」──1947年、アメリカの牙城を揺るがす出来事が起こりました。
　ソ連が B-29のまるごと無断コピーの戦略爆撃機ツポレフ Tu-4を保有していることが西側に伝わったのであります。アメリカは驚いた。米本土空襲の恐れが出てきたのであります。
　翌年のベルリン封鎖でソ連への不信感は高まりました。
　1949年、ソ連が核実験に成功。米本土空襲は、核攻撃になる恐れがでてきました。
　1951年、ソ連は原爆の空中投下実験に成功、投下機は Tu-4、原爆は長崎原爆「ファットマン」のそっくりさん。機密が洩れていました。ソ連の機密費は有効に使われたようです。
　アメリカは1950年に勃発した朝鮮戦争に巻き込まれ、北の脅威に対して「ノーモア・リメンバー・パールハーバー」と、米大陸防空軍団が組織されたのであります。
　迎撃機は地上レーダーで誘導され、急激な回避行動のできない爆撃機に対して、防御火器の射程外から非誘導ロケット弾を、投網をかけるごとく斉射する戦法であります。
　全天候ジェット戦闘機ノースロップ F-89スコーピオンの D 型は、A 型から C 型まであった20mm 砲4門を廃止し、翼端ポッドの前部に2.75in「マイティマウス」ロケット弾を、52発ずつ装備する方式、ミサイルのみの武装に特化しました。
　D 型から改良された J 型では、さらに翼下に1発ずつ、世界最初の核弾頭装備の空対空ミサイル、ダグラス MB-1ジーニを携行し、さらに翼下に GAR-2A を4発搭載できるという、当時の世界最強の重武装軍用機でありました。
　ベトナム戦争で新しく登場した機種に、輸送機に重武装をほどこした対ゲリラ戦用の側方射撃軍用機「ガンシップ」があります。多数の機銃や大口径の砲を装備して旋回しながら射撃をし、ある一定のエリアに弾丸の雨を降らすという戦法であります。
　C-47、C-119、C-130輸送機が改造され

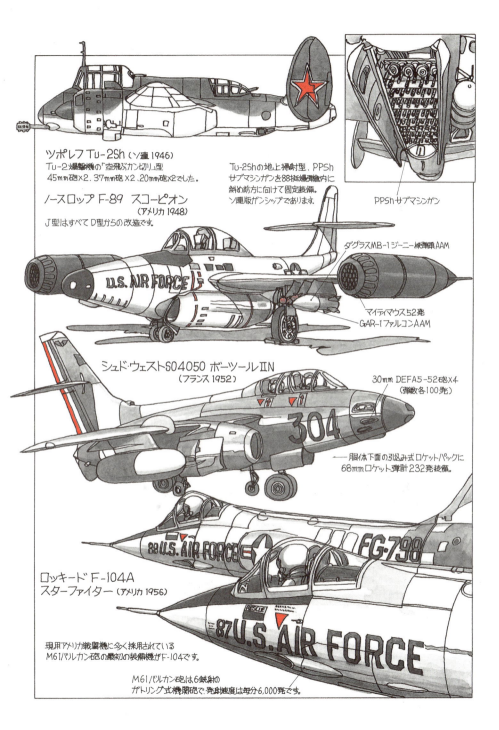

重武装軍用機❸　059

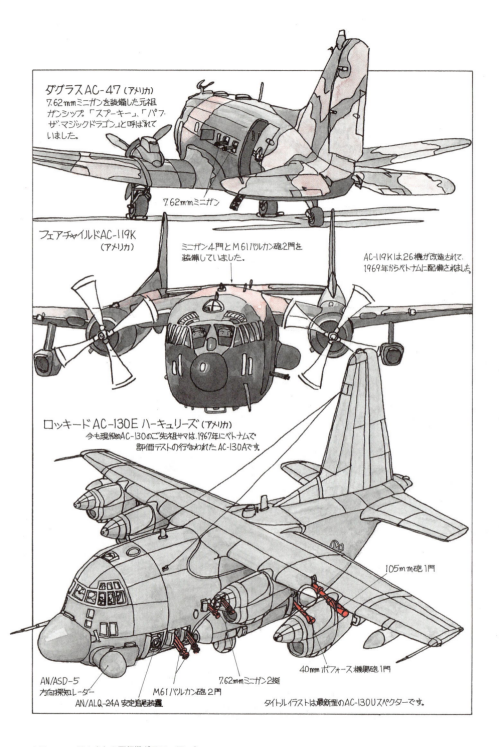

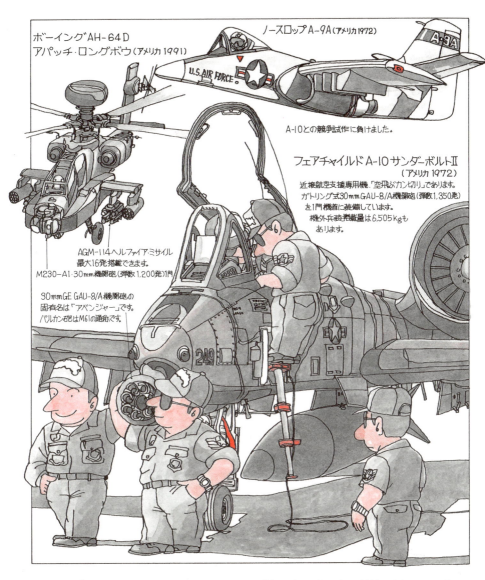

ガンシップになりました。ロッキード AC-130 ハーキュリーズは抜きんでた重武装機で、U 型が 1994 年から就役しています。
　湾岸戦争で活躍したのが、史上最強の「空飛ぶカン切り」フェアチャイルド A-10 サンダーボルトⅡであります。

「空飛ぶカン切り」の新種、攻撃ヘリコプターが誕生したのはベトナム戦争中ことでした。
　AH-64D アパッチ・ロングボウは 30mm 機関砲 1 門と AGM-114 ヘルファイア・ミサイル最大 16 発搭載の重武装の攻撃ヘリコプターであります。

重武装軍用機❸　　061

銀幕の名(迷)優機

◆なんでもこなした名優テキサン◆

　先年、映画『パール・ハーバー』が公開されました。日本軍の真珠湾攻撃を題材にしたラブストーリーですが、日本人には首をかしげたくなるシーンも多々あるようです。

　零戦の五二型が真珠湾上空で『スターウォーズ』張りの派手な飛行を見せるという話です。『トラ・トラ・トラ』でデビューした、T-6改零戦やT-6プラスBT-13九七式艦上攻撃機、BT-15改九九式艦上爆撃機の真珠湾三羽ガラスも出演しています。思うに、この切り貼りした改造機の特徴をとらえたソックリ振りは、モノマネタレントの清水アキラさんのテープ芸に通じるものがあります。

　三羽ガラスは営業でコンフィデレート・エア・フォースによる「トラ・トラ・トラ・ショー」で全米各地を回っていたそうです。

　ノースアメリカンT-6／SNJテキサンは、練習機としては世界最高の総計15,117機も生産された高等練習機であります。「センダンは双葉より芳し」「芸は身を助ける」第二次大戦を題材にした映画には無くてはならない役者になりました。日本映画にも改造無しで濃緑黒色のメイクをして、B-25の代役のビーチクラフト18シリーズを相手に零戦を演じておりました。

　マーケット・ガーデン作戦を題材にしました映画『遠すぎた橋』では出番は多くはなかったものの、レザーバックの単座に改造され、オランダ軍フォッカーDXXI、アメリカ軍P-47サンダーボルト、イギリス軍タイフーン1B、ドイツ軍Fw190までこなす役者振りでありました。

　バルティーBT-13／15／SNVバリアントも11,537機も作られた基本練習機という名機であります。

　映画『空軍大戦略』の出演機、メッサーシュミットMe109とハインケルHe111はスペイン製の実機でした。しかし、エンジンがロールスロイス・マーリンのため、Me109の機首の形状はシュミットファイアでありました。

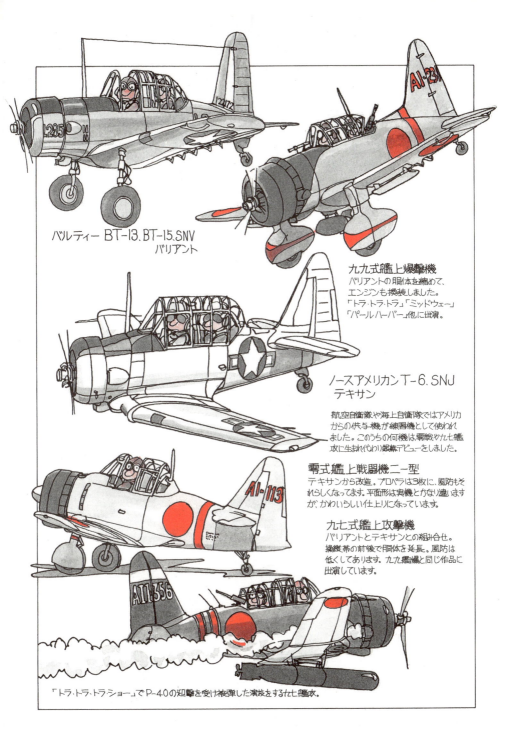

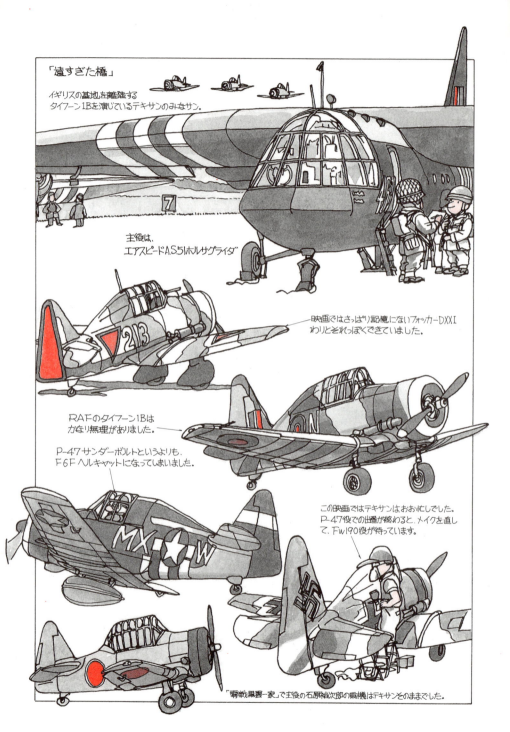

銀幕の名(迷)優機　065

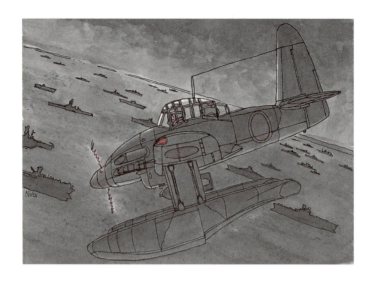

潜水艦搭載水上機

◆ 潜水艦の目となったゲタバキ機 ◆

　潜水艦は隠密裡に行動し、作戦は「神出鬼没」を旨とします。しかし、外界の状況がわからないことには、「神出」はおぼつかないのです。

　潜望鏡や海面に浮上しての偵察には限界があります。この行動が度重なれば、敵に発見される危険大となり、「進出沈没」の結果を招きかねません。潜水艦に飛行機を載せて、遠目を利かせるというアイディアが第1次大戦のころから各国で検討されました。

　流用や転用ではなく、最初から潜水艦搭載用に製作されたのが、ハンザ・ブランデンブルクW-20です。設計者はエルンスト・ハインケル博士であります。カスパー U-1は、博士の潜水艦搭載機の第2作で、第2次大戦後の軍用機の製造が禁止されていた時機に、2機ずつ日本海軍とアメリカに輸出されました。

　カスパー U-1を参考に横廠で1機試作されたのが、横廠式一号水上偵察機（仮称潜水艦用水上偵察機）です。当時、日本最小の飛行機で1927年から28年にかけて、伊号21（初代）に格納装置を特設して試験が行なわれました。

　このころアメリカでも同様の研究が潜水艦S-1とコックスークレミン XS-2水上機によって行なわれています。イギリスでは M2潜水艦とパーナル・ペトー水上機との組み合わせでした。イタリアではマッキ M.53、ピアッジオ P.8等が潜水艦エットン・フィエラモスカ搭載用に開発されています。

　1931年に完成したフランス海軍のスルクーフは、水上排水量2,880トン、8インチ砲2門を装備する飛行機搭載潜水艦で、搭載機はMB411でした。

　しかし、この試みは日本海軍以外では成功しませんでした。

　日本海軍の潜水艦搭載水上機は、横廠式二号水上偵察機が九一式水上偵察機として1934年に制式採用となり、以後、九六式小型水上偵察機、零式小型水上偵察機をへて、愛知十七試特殊攻撃機「試製晴嵐」にまで進化したのであります。

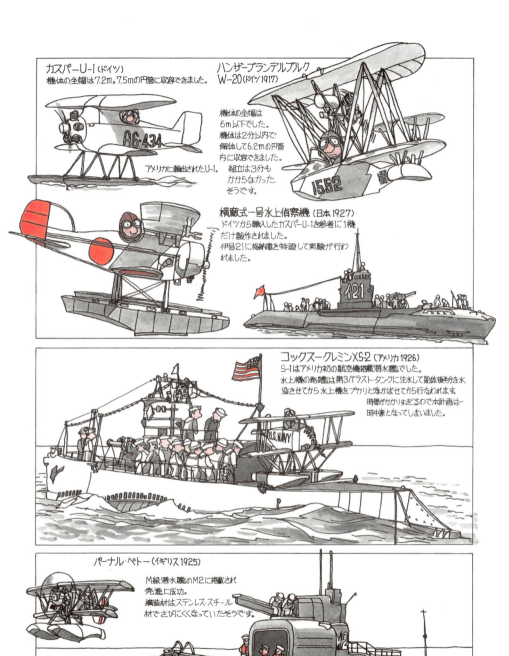

潜水艦搭載水上機

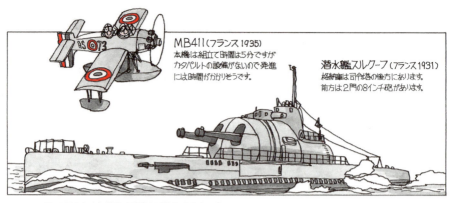

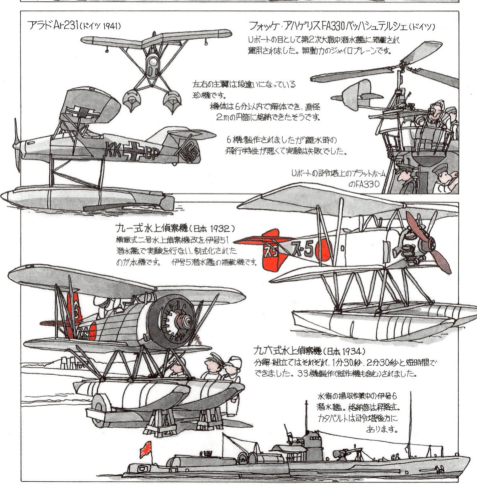

零式小型水上機（日本 1940）

1942年から潜水艦に搭載しました。
組立てから発進まで10分以内という早業。
その上、爆弾も搭載できます。その能力をもって、
アメリカ本土はオレゴン州の森林に焼夷弾を投下
したのであります。
この武勲は伊号25潜水艦搭載機
によるものであります。

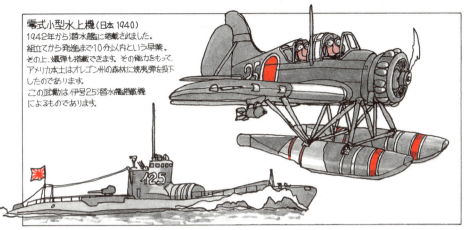

十七試攻撃機「晴嵐」（日本 1943）

晴嵐の収納手順

① ② ③
④ ⑤

晴嵐は日本海軍の潜水艦搭載機の最後を飾る潜水空母搭載の
水上攻撃機であります。最大速度487km/h、爆弾250kg×2
あるいは800kg×1、または800kg魚雷×1という本格的
攻撃機であります。
まずパナマ運河攻撃を計画しましたが、正規延期のすえ、
ウルシー環礁のアメリカ機動部隊攻撃に変更となって
しまいました。しかし、現地で待機中に終戦になってしまい
実戦で使われることはありませんでした。

潜特型（伊400型）潜水艦
全長122m、水上排水量3530トン、

晴嵐を3機搭載   格納筒内の晴嵐

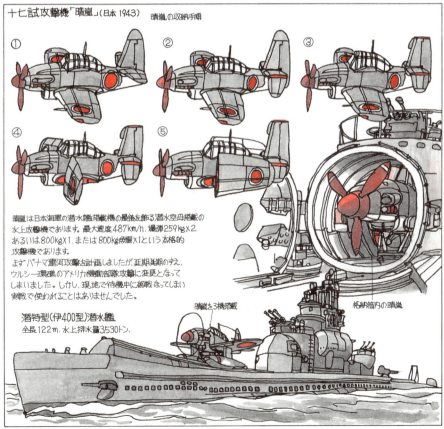

潜水艦搭載水上機　069

Nobさんの"ぬり絵"飛行機グラフィティ

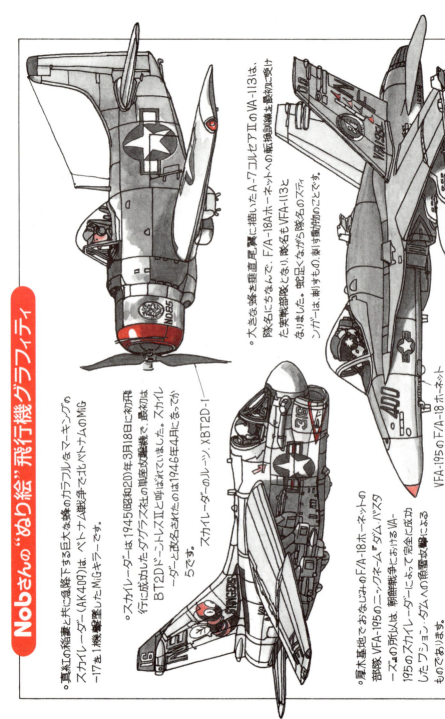

- 真紅の稲妻と共に急降下する巨大な蜂のマーキングのスカイレーダー(AK409)は、ベトナム戦争でもベトナムのMiG-17を1機撃墜したMiGキラーです。

- スカイレーダーは1945(昭和20)年3月18日に初飛行に成功したダグラス社の単座攻撃機で、最初はBT2DドーントレスⅡと呼ばれていました。スカイレーダーと改名されたのは1946年4月になってからです。

スカイレーダーのルーツ、XBT2D-1

- 大きな蜂を垂直尾翼に描いたA-7コルセアⅡのVA-113は、隊名にちなんで、F/A-18Aホーネットの転換訓練を最初に受けた実戦部隊となり、隊名もVFA-113となりました。蛇足ながら隊名のステンガーは、刺すもの=刺す動物のことです。

VFA-195のF/A-18ホーネット

- 厚木基地でおなじみのF/A-18ホーネット部隊VFA-195のニックネーム"ダムバスターズ"の所以は、朝鮮戦争におけるVA-195のスカイレーダーによって完全に成功したフュジョン・ダムへの魚雷攻撃によるものであります。

※本書巻頭のカラー口絵を手本に、下のイラストに色をぬってみよう!

070　Nobさんの飛行機グラフィティ1

艦上攻撃機❶
◆ "海の王者" に対抗するもの ◆

　第1次大戦中の1917年、イギリスで初飛行したソッピーズ・クックー単座複葉機は、最初から艦上雷撃機として開発された世界初の軍用機です。不沈艦巨砲主義の対抗勢力の誕生であります。
　しかし時すでに遅し、クックーが空母「アーガス」に配備されて間もなく、第1次大戦は終戦となって出番なし、雷撃機の実力を発揮するまでにいたりませんでした。
　元祖艦上雷撃機のクックーと、日本海軍との因縁は浅からず、1921（大正10年）、イギリスから招いたセンピル航空教育団の教育機材として来日しております。艦上雷撃機の日本デビューであります。
　その1年後の1922年8月9日には、ソッピーズ社から招いたスミス技師の設計による、わが国初の国産艦上雷撃機、後の三菱一〇式艦上雷撃機が初飛行に成功しました。本機は日本で唯一の三葉の制式軍用機でした。日本海軍初の正規空母「鳳翔」が竣工したばかりの頃の話であります。
　日本海軍艦上雷撃機の実戦デビューは、1932（昭和7）年1月29日に勃発した上海事変でした。2月22日には蘇州上空で日本軍用機初の撃墜戦果が記録されています。
　一三式三号艦上攻撃機3機と三式二号艦上戦闘機3機は、アメリカ人パイロット、ロバート・ショートの操縦するボーイング・モデル218複葉戦闘機と空中戦に入り、これを撃墜したものであります。
　一三式艦上攻撃機は一〇式艦上雷撃機を再設計した複葉雷撃機で三号は最後の生産型、1931（昭和6）年に制式化されました。
　1934年、イギリスではフェアリー・ソードフィッシュ雷撃機の元型が、アメリカではダグラスTBDデヴァステーター雷撃機が初飛行しています。九七式艦上攻撃機の初飛行は1937年でありました。
　時は第二次大戦の前夜、対抗勢力の準備は万端であります。危うし不沈艦！

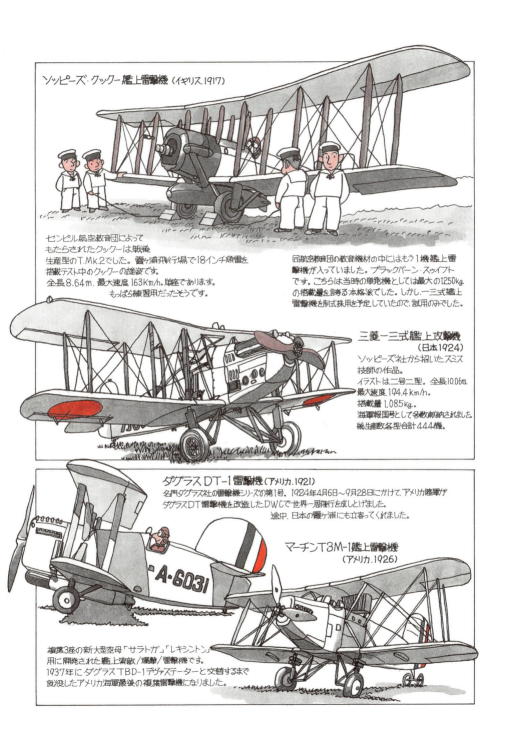

ソッピーズ・クックー艦上雷撃機 (イギリス.1917)

センピル航空教育団によって
もたらされたクックーは戦後
生産型のT.Mk.2でした。霞ヶ浦飛行場で18インチ魚雷を
搭載テスト中のクックーの雄姿です。
全長8.64m.最大速度163km/h.単座であります。
もっぱら練習用だったそうです。

同航空教育団の教育機材の中にはもう1機艦上雷
撃機が入っていました。ブラックバーン・スゥイフト
です。こちらは当時の単発機としては最大の1250kg
の搭載量を誇る本格派でした。しかし、一三式艦上
雷撃機を制式採用を予定していたので、試用のみでした。

三菱一三式艦上攻撃機 (日本1924)

ソッピーズ社から招いたスミス
技師の作品。
イラストは二号二型。全長10.06m.
最大速度194.4km/h.
搭載量1,085kg.
海軍報国号として多数献納されました。
総生産数各型合計444機。

ダグラスDT-1雷撃機 (アメリカ.1921)

名門ダグラス社の雷撃機シリーズの第1号。1924年4月6日～9月28日にかけて、アメリカ陸軍が
ダグラスDT雷撃機を改造したDWCで世界一周飛行を成しとげました。
途中、日本の霞ヶ浦にも立寄ってくれました。

マーチンT3M-1艦上雷撃機 (アメリカ.1926)

複葉3座の新大型空母「サラトガ」「レキシントン」
用に開発された艦上索敵/爆撃/雷撃機です。
1937年にダグラスTBD-1デヴァステーターと交替するまで
就役したアメリカ海軍最後の複葉雷撃機になりました。

艦上攻撃機❶　　073

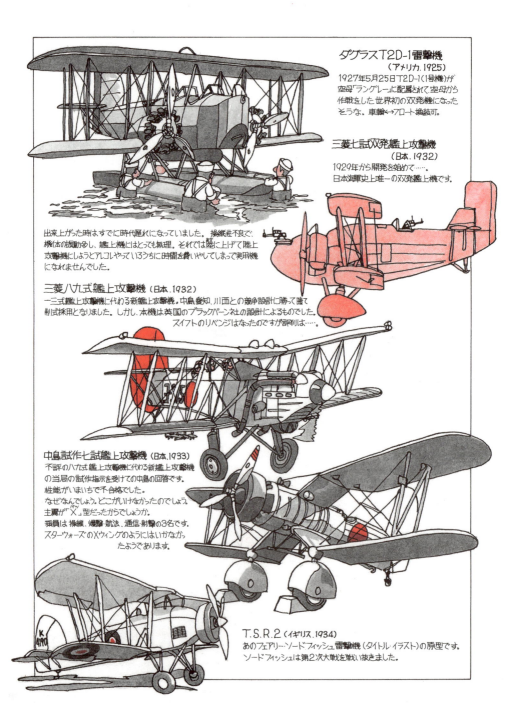

074　Nobさんの飛行機グラフィティ1

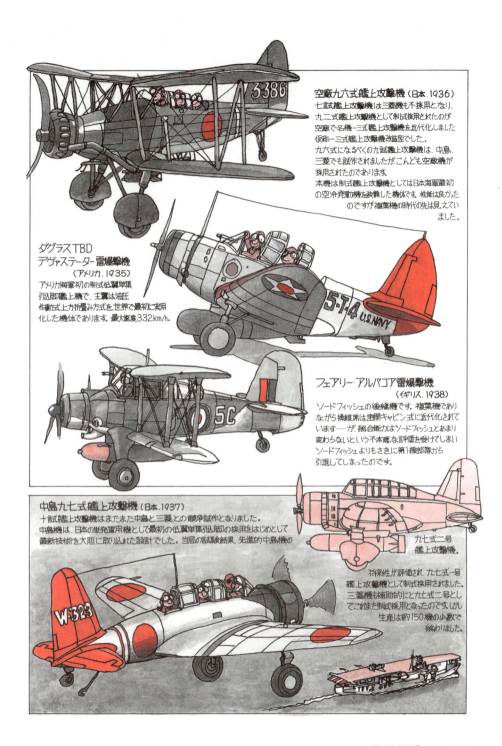

空廠九六式艦上攻撃機 (日本.1936)

七試艦上攻撃機は三菱機も不採用となり、九二式艦上攻撃機として制式採用されたのが空廠で名機一三式艦上攻撃機を近代化しました仮称一三式艦上攻撃機改造型でした。
九六式になるべくの九試艦上攻撃機は、中島、三菱でも試作されましたがこんども空廠機が採用されたのであります。
本機は制式艦上攻撃機としては日本海軍最初の空冷発動機を装備した機体です。性能は良かったのですが複葉機の時代の先は見えていました。

ダグラスTBD デヴァステーター雷爆撃機 (アメリカ.1935)

アメリカ海軍初の制式低翼単葉引込脚艦上機で、主翼は油圧作動式上方折畳み方式を世界で最初に実用化した機体であります。最大速度332km/h。

フェアリー・アルバコア雷爆撃機 (イギリス.1938)

ソードフィッシュの後継機です。複葉機でありながら操縦席は密閉キャビン式に近代化されています……が、総合能力はソードフィッシュとあまり変わらないという不本意な評価を受けてしまいソードフィッシュよりもさきに第1線部隊から引退してしまったのです。

中島九七式艦上攻撃機 (日本.1937)

十試艦上攻撃機はまたまた中島と三菱との競争試作となりました。
中島機は、日本の単発実用機として最初の低翼単葉弧脚の採用をはじめとして最新技術を大胆に取り込まれた設計でした。当局の試験結果、先進的中島機の将来性が評価され、九七式一号艦上攻撃機として制式採用されました。三菱機も補助的にとり七式二号としてこれまた制式採用となったのですが、しかし生産は約150機の少数で終わりました。

九七式二号艦上攻撃機。

艦上攻撃機❶   075

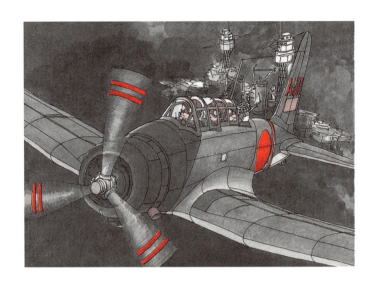

艦上攻撃機❷
◆ 真珠湾の立役者とそのライバル ◆

　その昔、不沈艦と「ヨイショ」された「鉄の浮かぶ城」戦艦は、その保有数が軍縮条約で、その国の格までを決めてしまうステータス・シンボルでした。軍縮の時代は戦艦のリストラ時代。リストラ戦艦の少ない選択肢が「標的艦」か、ベンチャー企業の「航空母艦」への再就職でありました。

　無条約時代に入ると「鉄の浮かぶ城」の足もとに秋風が立ち始めたのです。新興企業の「航空母艦」とその傘下の「艦上攻撃機」を初めとする艦載機勢力の急成長が、その地位を脅かす存在となってきました。

　第2次大戦の初期、フェアリー・ソードフィッシュによる1940年11月のイタリア戦艦に対するタラント攻撃、翌年5月のドイツ戦艦ビスマルク追撃戦、1941年12月の九七式艦上攻撃機を主力とする真珠湾攻撃であります。主役は交代しました。

　九七式艦攻はマリアナ沖海戦の頃まで第一線機でしたが、その消耗率は海軍機中最大だったそうです。

　ヘルキャットと共に「憎っくきグラマン」といわれたTBFアベンジャー雷・爆撃機のデビュー戦はミッドウエー海戦でした。

　中島艦上攻撃機「天山」は、九七式艦攻の後継機として、アベンジャーの好敵手となりましたが、空母から作戦を実施できた日本海軍最後の艦上攻撃機でもありました。

　「天山」の後継機、愛知艦上攻撃機「流星」は、雷撃、急降下爆撃、水平爆撃を1機種でこなす新機軸が売りでしたが実用化に手間取り、制式化された頃には「空母」はすでに倒産状態でありました。

　この頃1944年、アメリカでは空母3座艦上攻撃機と複座急降下爆撃機を、単座爆・雷撃機1本にする新方針でBTC、BTK、BTM、BT2Dの開発が進められていました。いずれも実戦には間に合いませんでしたが、BTMとBT2Dは本採用となり、後者は後にAD-1スカイレーダーに出世したのであります。

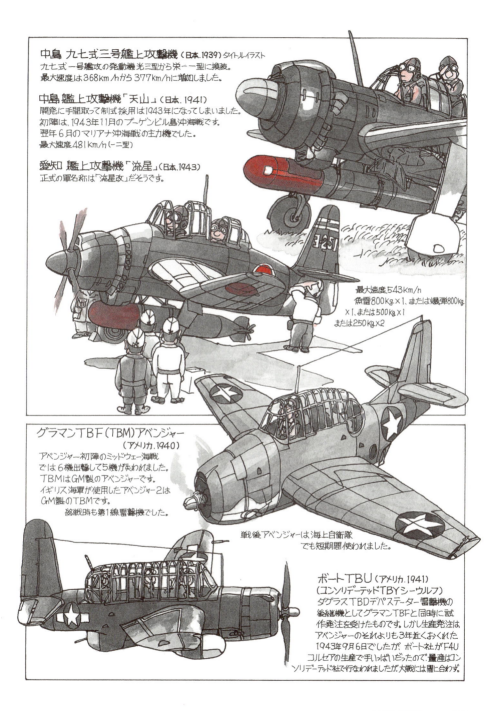

中島 九七式三号艦上攻撃機（日本,1939）タイトルイラスト
九七式一号艦攻の発動機光三型から栄一一型に換装。
最大速度は368km/hから377km/hに増加しました。

中島 艦上攻撃機「天山」（日本,1941）
開発に手間取って制式採用は1943年になってしまいました。
初陣は、1943年11月のブーゲンビル島沖海戦です。
翌年6月のマリアナ沖海戦の主力機でした。
最大速度481km/h (一二型)

愛知 艦上攻撃機「流星」（日本,1943）
正式の軍名称は「流星改」だそうです。

最大速度543km/h
魚雷800kg×1、または爆弾800kg
×1、または500kg×1
または250kg×2

グラマンTBF(TBM)アベンジャー
（アメリカ,1940）
アベンジャー初陣のミッドウェー海戦
では6機出撃して5機が失われました。
TBMはGM製のアベンジャーです。
イギリス海軍が使用したアベンジャー2は
GM製のTBMです。
終戦時も第1線雷撃機でした。

戦後アベンジャーは海上自衛隊
でも短期間使われました。

ボートTBU（アメリカ,1941）
（コンソリデーテッドTBYシーウルフ）
ダグラスTBDデバステーター雷撃機の
後継機としてグラマンTBFと同時に試
作発注を受けたものです。しかし生産発注は
アベンジャーのそれよりも3年近くおくれた
1943年9月6日でしたが、ボート社がF4U
コルセアの生産で手いっぱいだったので、量産はコン
ソリデーテッド社で行なわれましたが、大戦には間に合わず。

艦上攻撃機❷　077

グラマン XTB3F-1
(アメリカ.1945)

アベンジャーの次の作の艦上雷撃機。初飛行は大戦後の1945年12月1日です。1948年、アメリカ海軍初の本格的な艦上対潜機 AF ガーディアンとして制式採用されました。採用数 AF-2S(攻撃型)62機、AF-2W(捜索型)63機。

カーチス XBTC-2 艦上爆・雷撃機 (アメリカ.1946)
アメリカ海軍の新方針による1944年発注組(実際は前年の大みそかですが)の1機。開発途中で発動機の仕様変更があってXBTC-2として完成しました。

カイザー・フリートウィングス BTK
新方針1944年発注組です。

マーチン BTM 艦上爆・雷撃機
(アメリカ.1945)

1944年発注組。BT2Dスカイレーダーとともに本採用になった自重6,500kgのヘビー級艦攻です。搭載量にも優れ、魚雷3本、250ポンド(約113kg)爆弾12発、20mm砲の弾薬を含む有効搭載量6,440kgを積んで発進できました。この時の総重量は、13,300kgでした。生産型は改称されて、AM-1モーラーになりました。

ダグラス AD-2 スカイレーダー 艦上爆・雷撃機

「花の44組」の出世頭の単座艦上爆・雷撃機です。最初はドーントレスⅡと呼ばれていましたが後に、AD-1スカイレーダーとなりました。初飛行は大戦中の1945年3月18日でしたが実戦参加は朝鮮戦争からです。

朝鮮戦争では、その搭載量と耐空時間の長さを生かし、1951年5月1日のファチョンダム攻撃に出撃した空母プリンストン搭載のVA-195のAD-1は、マーク13魚雷によってこれを破壊しました。これはスカイレーダー唯一の魚雷作戦であります。

マーク13魚雷

艦上攻撃機❸
◆魚雷から対艦ミサイルの攻撃へ◆

　敵艦に肉薄し、必殺の魚雷攻撃が本分の艦上攻撃機は「海戦の華」でありました。太平洋戦争末期には、アメリカ海軍の艦攻は、単座で雷撃と急降下爆撃を兼務するまでに進化していたのであります。

　ところが終戦で日本帝国海軍は消滅してしまい、これらの新鋭機の艦船に対する雷撃の機会はなくなってしまいました。業務は縮小を余儀なくされ、朝鮮戦争でのスカイレーダーによるダム魚雷攻撃作戦をもって、雷撃は永遠に消滅してしまったのであります。

　戦後、艦攻は1艦を葬り去る事のできる魚雷に変わって、1都市を消滅させる能力を手に入れました。核爆弾を搭載できるノースアメリカン AJ サベージ長距離艦上攻撃機の登場です。水上艦艇の天敵から都市の強敵にとその能力は巨大化したのであります。同社は後に超音速艦上戦略核攻撃機 A3J ビジランティを世に送り出しました。

　核爆弾の小型化で、多くの艦攻は核攻撃能力を持つことになり、最後の魚雷攻撃実行機のスカイレーダーも例外ではありませんでした。スカイレーダーはそればかりではなく、実戦での最初の核爆弾投下艦上攻撃機となる寸前までいったのであります。

　それはインドシナ戦争に手を焼いていたフランスが、アメリカに核攻撃の助っ人を要請した時のことでした。結局は実行はされませんでしたが、アメリカの用意したのが本機だったそうであります。

　フォークランド紛争で艦上攻撃機は対艦ミサイルの有効性を証明しました。アルゼンチン海軍航空隊の虎の子フランス製シュペルエタンダールが、これまた虎の子のエクゾセ対艦ミサイルをもって、イギリス海軍駆逐艦シェフィールドと微用コンテナ船アトランティック・コンベアを攻撃、大破沈没させたのであります。アルゼンチン海軍航空隊の開戦時のシュペルエタンダールとエクゾセの保有数はそれぞれ5機と5発でありました。

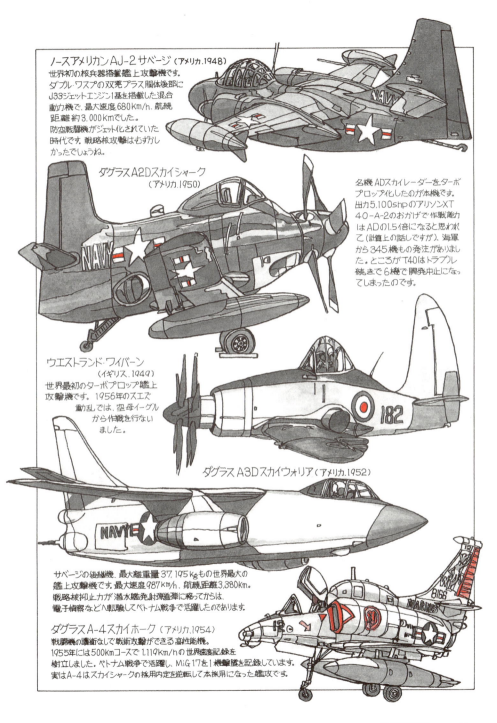

ノースアメリカン AJ-2 サベージ（アメリカ.1948）
世界初の核兵器搭載艦上攻撃機です。ダブル・ワスプの双発プラス胴体後部にJ33ジェットエンジン1基を搭載した混合動力機で、最大速度680km/h.航続距離約3,000kmでした。防空戦闘機がジェット化されていた時代です。戦略核攻撃はむずかしかったでしょうね。

ダグラス A2D スカイシャーク（アメリカ.1950）
名機ADスカイレーダーをターボプロップ化したのが本機です。出力5,100shpのアリソンXT40-A-2のおかげで作戦能力はADの1.5倍になると思われて（計算上の話しですが）,海軍から345機もの発注がありました。ところがT40はトラブル続きで6機で開発中止になってしまったのです。

ウエストランド・ワイバーン（イギリス.1949）
世界最初のターボプロップ艦上攻撃機です。1956年のスエズ動乱では,空母イーグルから作戦を行ないました。

ダグラス A3D スカイウォリア（アメリカ.1952）
サベージの後継機。最大離陸重量37,195kgもの世界最大の艦上攻撃機です。最大速度987km/h,航続距離3,380km。戦略核抑止力が潜水艦発射弾道弾に移ってからは,電子偵察などへ転職してベトナム戦争で活躍したのであります。

ダグラス A-4 スカイホーク（アメリカ.1954）
戦闘機の護衛なしでも戦術攻撃ができる高性能機。1955年には500kmコースで1,119km/hの世界速度記録を樹立しました。ベトナム戦争で活躍し,MiG17を1機撃墜を記録しています。実はA-4はスカイシャークの採用内定を逆転して本採用になった艦攻です。

艦上攻撃機❸　　081

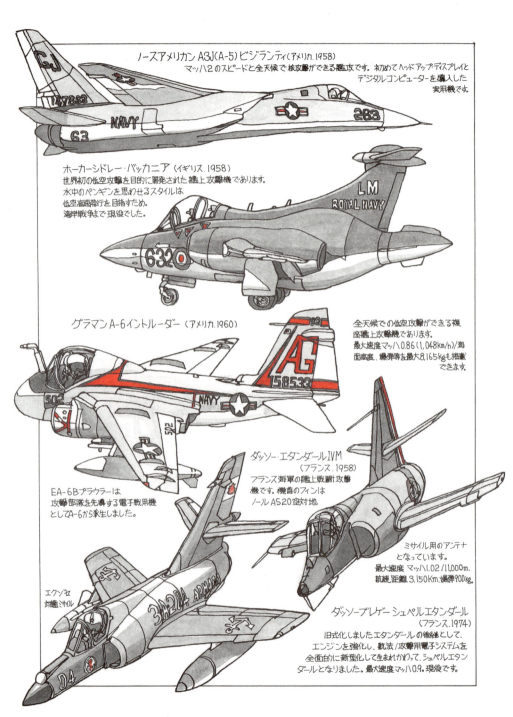

ボートA-7 コルセアII（アメリカ.1965） A-4に代わる軽艦上攻撃機の要求仕様から生まれた小型で安価な艦攻です。設計ベースはF-8クルセイダー戦闘機でしたので、容姿が超望遠レンズで撮ったF-8のようになりました。最大速度マッハ0.94 / 6,100m、最大兵器搭載量6,800kg。1967年12月、空母レンジャーから出撃、北ベトナム攻撃に参加しました。

BAe/マクダネルダグラスAV-8ハリアー（イギリス.1967）
アメリカ海軍海兵隊が採用しましたイギリス製のV/STOL攻撃機であります。第一線機の外国製機はアメリカでは極めて異例なことでした。

マクダネルダグラス F/A-18 ホーネット
（アメリカ.1978）
スタートはアメリカ海軍のF-14を補佐する安価な制空戦闘と対地攻撃のできる機体でした。今やアメリカ海軍の主力となっています。

X-35B（短距離離陸垂直着陸型）

統合攻撃戦闘機（JSF）
JSFは21世紀初頭に実用化する戦闘/攻撃機をひとつの機体原型から開発するというアメリカとイギリスとの共同計画です。アメリカ軍ではF-16、A-10、F/A-18、AV-8Bの後継機を、イギリス軍ではハリアー、シーハリアーの後継機に対応するものです。ロッキード・マーチンのX-35A/CとボーイングX-32A/Bがデモンストレータが開発・製造されました。その結果X-35A/C案がJSF計画に採用されることになったのですが、X-35はF-22ラプターに似た機です。アメリカ軍の戦闘/攻撃機はすべてロッキード・マーチン社製の同じようなスタイルのばかりになるようです。

X-35C（艦載型）

X-32A（空軍型）2000年9月初飛行

艦上攻撃機❸　083

親子飛行機❶

◆ 数タイプあった親子の結合方式 ◆

　親子飛行機にはいくつかの方式があります。子機を胴体や主翼の上にのせるオンブ式、胴体や主翼の下に抱え込むダッコ式、翼端どうしを結合するオテテツナイデ式、そして爆弾倉内に入れてしまう有袋式などです。

　親子飛行機の歴史の始まりは、イギリス海軍が第1次大戦中に開発した、母機をポート・ベイビー3発飛行艇、子機をブリストル・スカウトC複葉機とするツェッペリン飛行船迎撃用の複合機であります。1916年5月17日のテストは親子一緒の離水、親子の別れ、無事帰還と成功裡に終了しましたが、親子関係はこれ1回のみで以後進展はありませんでした。

　1930年8月にアメリカで完成した「アクロン」号は船体内に格納庫をもった飛行船で、子機カーチスF9C-2スパローホーク戦闘機を最大五機収納できる子だくさんな有袋式親子飛行機（船）でありました。

　ソ連は熱心に親子飛行機の実用化にとりくみ、ツポレフTB-1双発爆撃機を母機に2機のツポレフI-4を子機としたヴァクミスネリフZ（連結の略）-1親子飛行機を1931年に進空させました。Z-7まで続いたシリーズは34年から母機はTB-3に変わり、実戦部隊を編成するまでに繁栄しました。継母のTB-3の中には最大5機の子だくさんもあり、母は強しでありました。

　第2次大戦中にドイツで開発された「ミステル（宿り木）」は、親機を爆弾として目標直前で切り離し自動操縦で突入させるという、親を見捨てる親不孝な親子式体当たり機であります。「ミステル」シリーズは親子の組み合せでミステル1～4まで計画され、1、2が実戦に投入されました。

　日本唯一の親子飛行機は一式陸攻と特別攻撃機「桜花」との組み合わせの悲劇の親子であります。「ミステル」と異なり爆弾にパイロットの付き添いを付けたことが悲劇であります。「桜花」の連合軍コードネームが「Baka」とあっては、悲しみは一層であります。

世界初の親子飛行機 (1916, イギリス)
母機は、全長約19.3m、全幅約33.8m、最大速度約148km/hのポート・ベイビー複葉3発飛行艇。子機はブリストル・スカウトC複葉戦闘機でした。

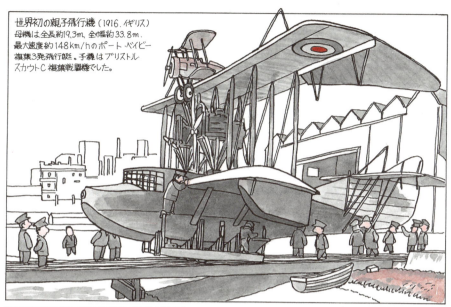

世界初の「空中航空母船」
(1931, アメリカ)
当時世界最大の飛行船「アクロン」号は、カーチスF9C-2スパローホーク単座戦闘偵察機を子機として最大5機収納できました。姉妹船に「メイコン」号があります。

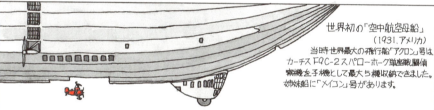

飛行船「メイコン」号のトラピーズ（飛行機空中回収装置）を捉えたスパローホーク。

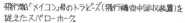

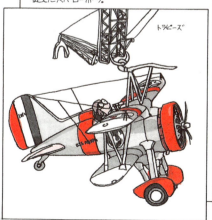

トラピーズ

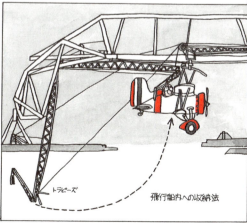

トラピーズ

飛行船内への収納法

親子飛行機 ❶   085

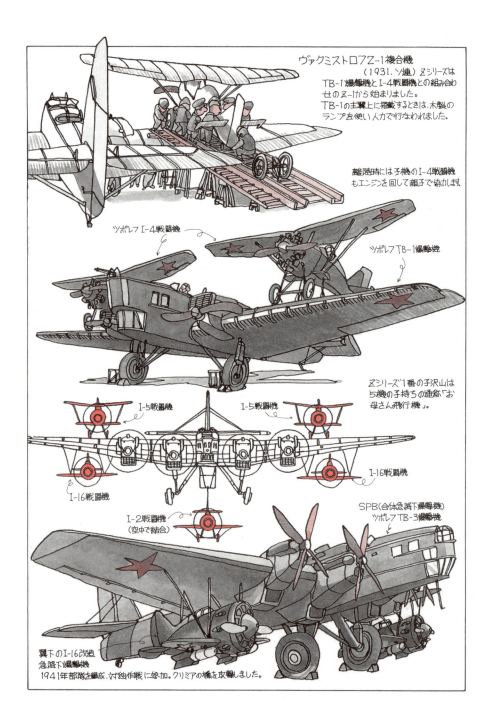

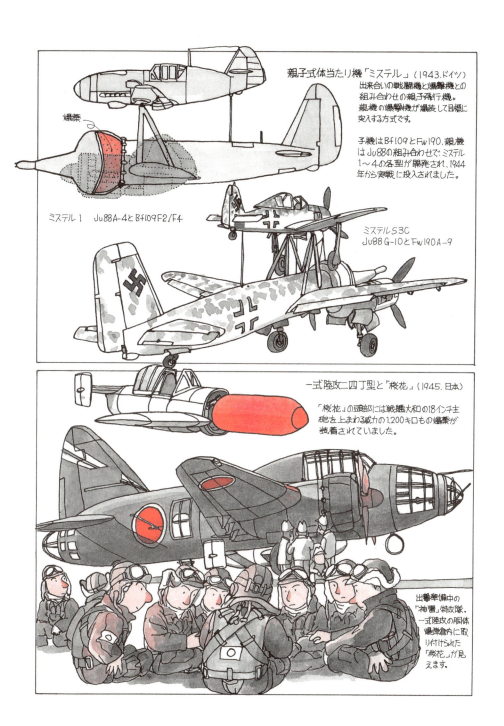

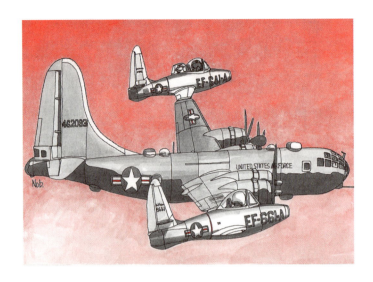

親子飛行機❷

◆ 超重爆の腹下の超音速ロケット ◆

　戦後の親子飛行機の子は、スピード狂のロケット少年がいっぱいでした。なかでもヒーローはアメリカのベル X-1実験機であります。1947年10月14日、チャック・イェガーは本機で人類初の音速突破に成功しました。母機はボーイングB-29を改造しました EB-29であります。

　その頃、ソ連にもロケット少年がいました。ドイツ生まれの DFS346です。ソ連には戦利品としてつれてこられました。

　DFS346には X-1にはない後退翼という特質があり、その潜在能力はマッハ2.6ともいわれていました。母機はシベリアに不時着したB-29でありました。1947年から飛行試験が行なわれたそうです。その結果、本機がソ連初の超音速機になったかどうか定かではありません。

　この時代は冷戦の時代でもあります。アメリカは長大な航続距離を持つ戦略爆撃機を保有していましたが、これと行動を共にできる戦闘機のないことが頭痛の種でありました。

　そこで親子飛行機の登場となりました。子機はマクダネルが新規に開発しました XF-85ゴブリン寄生戦闘機（パラサイト・ファイター）です。ゴブリンは全長4.54m の超小型機ながらジェット機であります。母機は B-36の計画ですが、試験飛行は B-29を母機として行なわれました。

　ゴブリンは空中離脱による自由飛行を7回行ない、母機への帰着3回、不時着4回という不本意な結果となって、1949年4月に計画は中止と相成ったのであります。

　しかし、これでめげるアメリカではありませんでした。既成のリパブリック F-84F 戦闘機を改造して、核攻撃のできる子機として B-36に寄生させるという FICON 計画を実行にうつしました。

　この目論見は RB-36偵察爆撃機と核攻撃のできる偵察機 RF-84F との組み合わせで、世界中のどこへでも偵察飛行ができる飛行隊として、1956年1月に実戦部隊が編成されるまでになったのであります。

　この計画と同時にアメリカ空軍では「プロジェクト・トムトム」が進行中でした。RB-36FとRF-84F のそれぞれの両翼端に特殊な接続・固定装置を備え、空中で接続・離脱をする

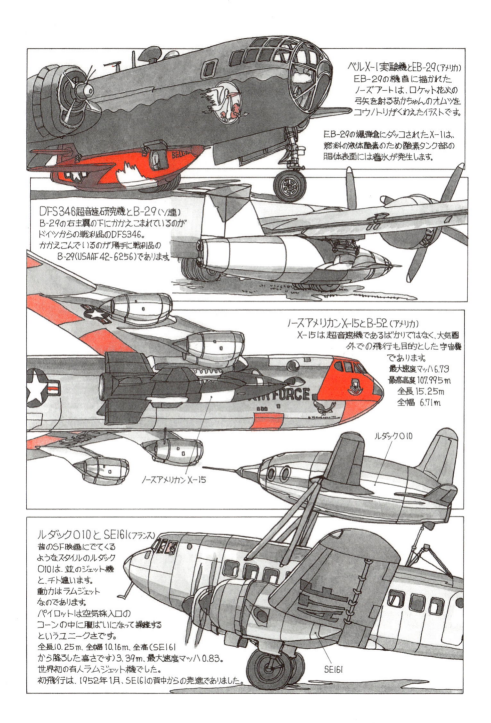

親子飛行機❷　089

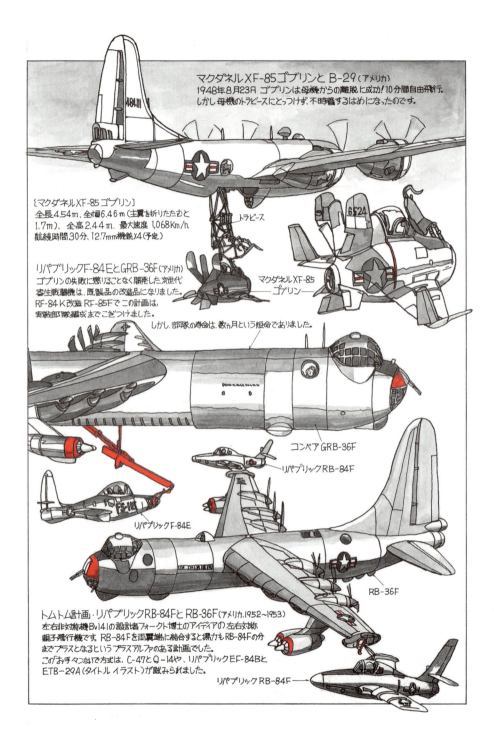

マクダネルXF-85ゴブリンとB-29（アメリカ）
1948年8月23日 ゴブリンは母機からの離脱に成功！10分間自由飛行。しかし母機のトラピースにとっつけず、不時着するはめになったのです。

[マクダネルXF-85ゴブリン]
全長4.54m、全幅6.46m（主翼を折りたたむと1.7m)、全高2.44m、最大速度 1,068Km/h、航続時間1.30分、12.7mm機銃x4(予定)

リパブリックF-84EとGRB-36F（アメリカ）
ゴブリンの失敗に懲りることなく開発した次世代寄生戦闘機は、既製品の改造品になりました。RF-84-K改造 RF-85Fでこの計画は、実戦部隊編成までこぎつけました。

トラピース

マクダネルXF-85
ゴブリン

しかし、部隊の寿命は、数ヶ月という短命でありました。

コンベアGRB-36F
リパブリックRB-84F
リパブリックF-84E

RB-36F

トムトム計画・リパブリックRB-84FとRB-36F（アメリカ 1952〜1953）
左右非対称機Bv141の設計者フォークト博士のアイデアの左右対称親子飛行機です。RB-84Fを両翼端に結合すると揚力もRB-84Fの分までプラスとなるというプラスαのある計画でした。この"お手々つなぎ"方式は、C-47とQ-14や、リパブリックEF-84BとETB-29A（タイトルイラスト）が試みられました。

リパブリックRB-84F

Nobさんの飛行機グラフィティ1

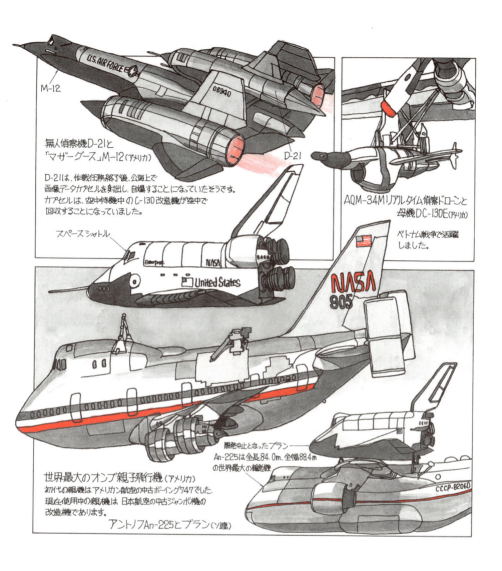

という「お手々つないで」式親子飛行機です。発案者は、かの有名な左右非対称機Bv141の設計者、フォークト博士であります。

1960年代の中頃に登場しました D-21はマッハ4の「かっ飛びラムジェット」無人偵察機でした。これをおんぶする母機は、これまたSR-71の血筋の A-12単座偵察機を改造したマッハ3の「マザーグース」M-12でしたので、この組み合わせは世界最速の親子飛行機であります。

しかし、飛行実験で D-21は親離れに失敗して「マザーグース」を破壊してしまいました。

孤児となった D-21はその後、B-52の養子となって中国本土への偵察飛行を4回試みましたが、すべて失敗に終わり、この親子関係にも幕が降りました。

垂直離着陸機❶

◆ VTOL 機実現までの紆余曲折 ◆

　飛行機が垂直に離着陸できれば、長い滑走路や航空母艦の広い甲板の必要はなくなります。そんな夢の飛行機が垂直離着陸（VTOL）機であります。
　今ではハリアーや V-22 オスプレイがその夢を実現して、確固たるカテゴリーをきずいていますが、VTOL 機実用化の道程は試行錯誤の連続でありました。
　いろいろな形式が試作・研究されました。
　リフト・エンジンやローターを備えて、揚力と推進力を別々に担当する推力発生装置を持った複合推進方式。
　推力発生装置を単独、あるいは主翼ごと推力線の向きを機械的に変える推力転向型と、ジェット・エンジンの排気方向を変えたり、プロペラ後流を主翼後縁フラップに目いっぱい当てる後流偏向型のふたとおりある推力変向方式。
　それとテイルシッターと呼ばれる機体を真っ直ぐに立てる方式などであります。
　50年代から60年代にかけて世界各国で夢の VTOL 機の研究・開発が行なわれ、特にアメリカでは戦闘機から輸送機、はたまた歩兵用の「空飛ぶジープ」と呼ばれた機種まで、多種多様な機体が生まれては消え、生まれては消えしたのでした。
　VTOL 機の元祖は、第2次大戦末期のドイツで計画されたフォッケウルフ「トリューブフリューゲル（推進翼）」垂直上昇局地戦闘機であります。
　本機は、ブレードの先端にラムジェットを装備した3翅の回転翼を胴体中央部から突き出し、尾部にある車輪付きの4枚の安定板で、地上に垂直に立てて運用するテイルシッター方式の VTOL 機でした。
　しかし、「トリューブフリューゲル」計画は終戦間近に中止が決定し、日の目を見ることはありませんでした。
　このコンセプトに光を当てたのがアメリカ海軍でした。50年代に空母以外の艦艇から作戦するテイルシッター VTOL 機の開発を決断し、ロッキードとコンベアの両社に発注したのであります。

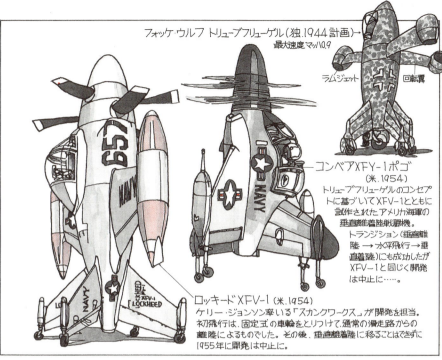

フォッケ・ウルフ トリーブフリューゲル (独.1944 計画)→
最大速度マッハ0.9
ラムジェット
回転翼

コンベアXFY-1ポゴ
(米.1954)
トリーブフリューゲルのコンセプトに基づいてXFV-1とともに試作されたアメリカ海軍の垂直離着陸戦闘機。
トランジション(垂直離陸→水平飛行→垂直着陸)にも成功したがXFV-1と同じく開発は中止に……。

ロッキードXFV-1 (米.1954)
ケリー・ジョンソン率いる「スカンクワークス」が開発を担当。初飛行は、固定式の車輪をとりつけて、通常の滑走路からの離陸によるものでした。その後、垂直離着陸に移ることはできずに1955年に開発は中止に。

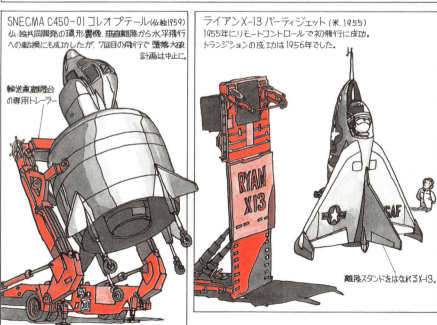

SNECMA C450-01 コレオプテール (仏独1959)
仏・独共同開発の環形翼機。垂直離陸から水平飛行への転換にも成功したが、7回目の飛行で墜落大破。計画は中止に。

輸送兼発着陸台の専用トレーラー

ライアンX-13 バーティジェット (米.1955)
1955年にリモートコントロールで初飛行に成功。
トランジションの成功は1956年でした。

離陸スタンドをはなれるX-13。

垂直離着陸機❶ 093

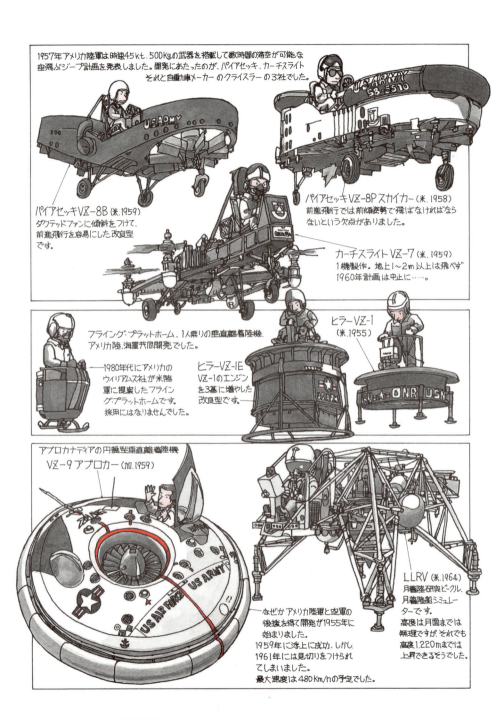

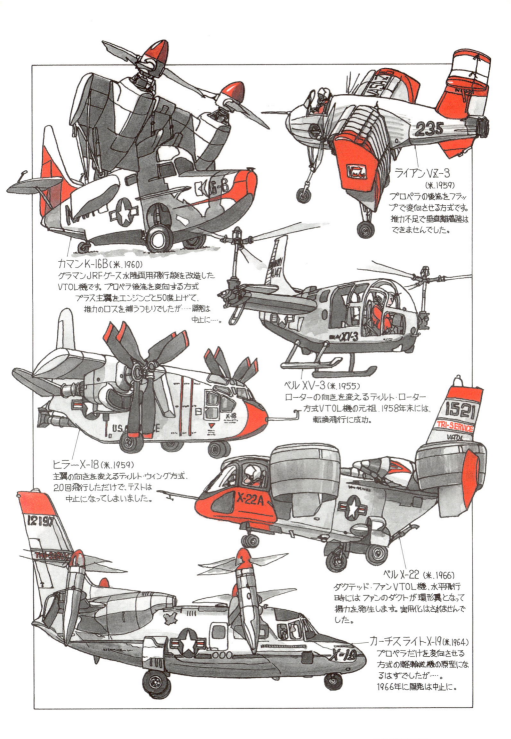

垂直離着陸機❶　095

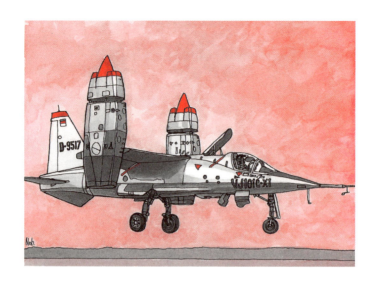

垂直離着陸機❷

◆ VTOL 機ブームに生まれた迷機と名機 ◆

　1950年代から60年代にかけて、アメリカを中心に垂直離着陸（VTOL）機の開発ブームがありました。
　しかし、内実は百花繚乱とはいかず百家争鳴のVTOL方式と相まって、玉石混淆の世界でした。
　期待はずれや計画倒れとなる「石」が多数派であった中、キラリと光る「玉」のひとつが、後に世界初の実用 VTOL 戦術攻撃機ハリアーとして大成功しましたホーカー社の P.1127 であります。
　本機の開発用原型機は13機作られ、ケストレルという呼び名で、イギリス・西ドイツ・アメリカの3国協同で1964年10月から翌年11月まで実用試験が行なわれました。この結果、開発の決まったケストレルの性能向上型は、後にハリアーと改称されることになります。
　LTV・ヒラー・ライアン4発ターボプロップ VTOL 機 XC-142も「玉」でありましたが、生まれた時が悪かったのです。ベトナム戦争の戦費のとばっちりで、高価な XC-142 の制式採用は見送られたのでありました。
　イギリス生まれのケストレルの実用試験に参画していた西ドイツは、独自に VTOL 機の開発を進めていました。
　マッハ2級の VTOL 戦闘機、EWR（メッサーシュミット・ベルコウ・ハインケルの協同出資会社）のVJ101であります。
　VJ101はロールス・ロイス RB145ターボジェットエンジンを回転式の翼端ポッドに各2基、コックピットの後方に2基の計6基を装備する6発ジェット VTOL 戦闘機でした。
　試験飛行の結果、6基の RB145をもってしても、最高速度はマッハ1そこそこだったため、さらに同エンジンを胴体後部に2基追加して、空前の8発のマッハ2級ジェット戦闘機に進化するはずでしたが……計画は中止となって1機のみの製作でありました。

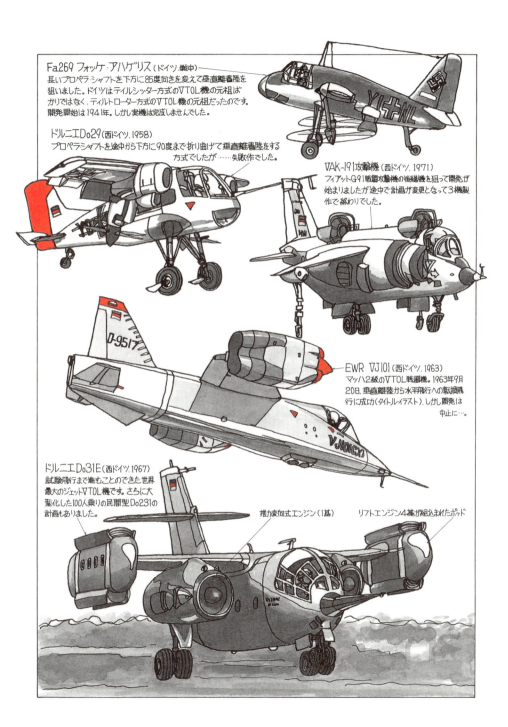

垂直離着陸機❷　097

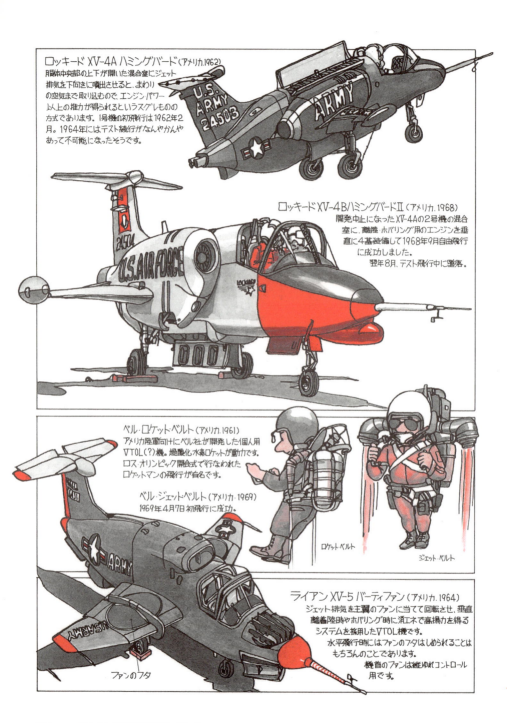

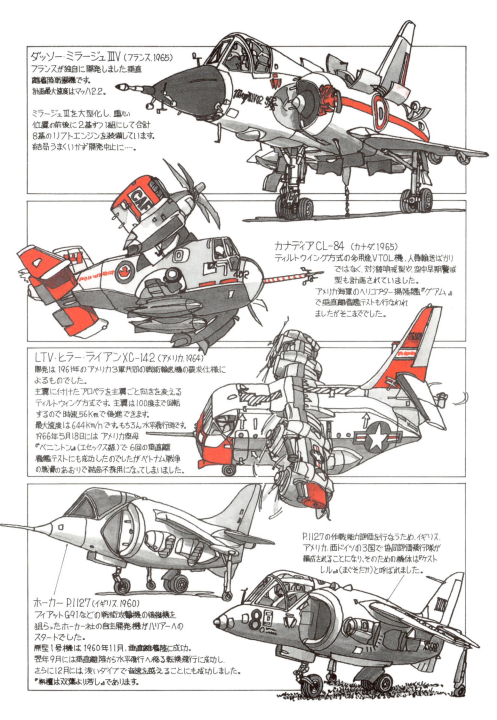

ダッソー・ミラージュIIIV (フランス.1965)
フランスが独自に開発しました垂直離着陸戦闘機です。計画最大速度はマッハ2.2。

ミラージュIIIを大型化し、重心位置の前後に2基ずつ1組にして合計8基のリフトエンジンを装備しています。結局うまくいかず開発中止に……。

カナディアCL-84 (カナダ.1965)
ティルトウイング方式の多用途VTOL機。人員輸送ばかりではなく、対潜哨戒型や、空中早期警戒型も計画されていました。
アメリカ海軍のヘリコプター揚陸艦『グアム』で垂直離着艦テストも行なわれましたがそこまででした。

LTV・ヒラー・ライアンXC-142 (アメリカ.1964)
開発は1961年のアメリカ3軍共同の戦術輸送機の要求仕様によるものでした。
主翼に付けたプロペラを主翼ごと向きを変えるティルトウイング方式です。主翼は100度まで回転するので時速56Km/hで後進できます。
最大速度は644Km/hです。もちろん水平飛行時です。
1966年5月18日にはアメリカ空母『ベニントン』(エセックス級)で6回の垂直離着艦テストにも成功したのでしたがベトナム戦争の戦費のあおりで結局不採用になってしまいました。

ホーカーP.1127 (イギリス.1960)
フィアットG91などの戦術攻撃機の後継機を狙ったホーカー社の自主開発機がハリアーへのスタートでした。
原型1号機は1960年11月、垂直離着陸に成功。翌年9月には垂直離着陸から水平飛行への転換飛行に成功し、さらに12月には浅いダイブで音速を越えることにも成功しました。
『新種は双葉より芳し』であります。

P.1127の作戦能力評価を行なうため、イギリス、アメリカ、西ドイツの3国で協同評価飛行隊が編成されることになり、そのための機体は『ケストレル』(まぐそだか)と呼ばれました。

垂直離着陸機❷   099

垂直離着陸機❸

◆走り幅跳びに転向した海の鷹◆

　1960年、イギリスで初飛行に成功したホーカー・シドレー P.1127垂直着陸（VTOL）機は、世界初の実用ジェット垂直離着陸機ハリアー一族のご先祖様であります。

　イギリス・西ドイツ・アメリカの3国は、協同でウェスト・レインハム空軍基地に、12機のP.1127による協同評価飛行隊を編成し、1964年10月から65年11月まで実用試験を行ないました。共通一次試験、センター試験であります。

　ここで、P.1127は「ケストレル（まぐそだか）」という名称になりました。まるでソ連のNATO軍のコードネームを思わせるような呼称であります。

　評価試験終了後、この内のケストレル9機が「白頭ワシ」の国アメリカへ送られ、「まぐそだか」は XV-6A と改名されて、アメリカ空軍の実用試験を受けました。

　ケストレルのお受験の結果は、イギリスが1965年春に量産型の本採用を決定しただけで、西ドイツとアメリカは採用見合わせということになって、3国そろい踏みとはうまくいきませんでした。「馬糞（まぐそ）の川流れ、で末はバラバラ」のスタートと相成りました。

　本機は正式発注後ハリアー GR1と改名されました。ハリアーは小型の鷹、チュウヒのことであります。この時、ハリアーはイギリス空軍唯一の次世代イギリス製軍用機でありました。

　希少種ハリアーはイギリスで大事に守り育てられ、1969年12月にアメリカ海兵隊の揚陸支援用攻撃機 AV-8A の名で採用されたのをかわきりに、1975年には AV-8A は、AV-8S の名称でスペイン海軍に採用されるという具合に、繁殖地を広げていきました。

　1979年にはイギリス海軍向けの「シーハリアー」が初飛行しました。本機は1982年に勃発したフォークランド紛争で活躍し、アルゼンチン軍用機を少なくとも20機撃墜の戦果をあげています。

　イギリス海軍ではシーハリアーの回転式エンジン排気口の利点を生かした、短距離離陸（STO）運用のためにスキージャンプ甲板を開発しました。

　同じペイロードならば、立ち幅跳びよりも助走を付けた走り幅跳びのほうが記録がいいのが道理だからであります。

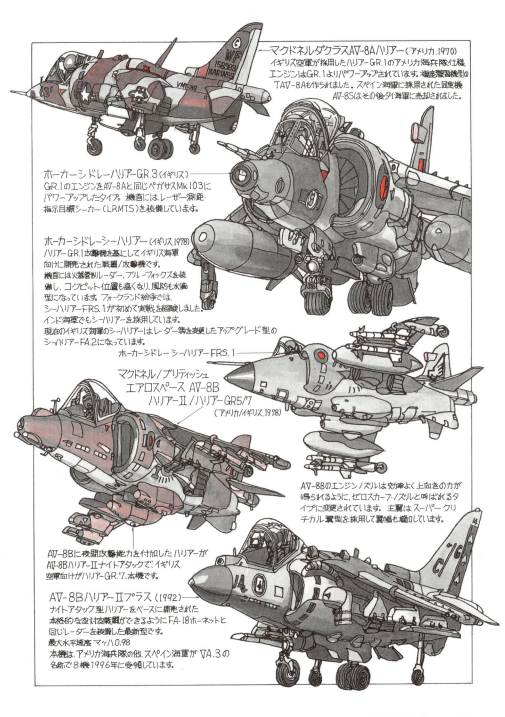

マクドネルダグラス AV-8A ハリアー (アメリカ, 1970)
イギリス空軍が採用したハリアー GR.1 のアメリカ海兵隊仕様。エンジンは GR.1 よりパワーアップされています。複座練習機型の TAV-8A も作られました。スペイン海軍に採用された同型機 AV-8S はその後タイ海軍に売却されました。

ホーカーシドレー ハリアー GR.3 (イギリス)
GR.1 のエンジンを AV-8A と同じペガサス Mk103 にパワーアップしたタイプ。機首には、レーザー測距・指示目標シーカー (LRMTS) を装備しています。

ホーカーシドレー シーハリアー (イギリス, 1978)
ハリアー GR.1 攻撃機を基にしてイギリス海軍向けに開発された戦闘/攻撃機です。機首には火器管制レーダー、ブルーフォックスを装備し、コクピット位置も高くなり、風防も水滴型になっています。フォークランド紛争では、シーハリアー FRS.1 が初めて実戦を経験しました。インド海軍でもシーハリアーを採用しています。現在のイギリス海軍のシーハリアーはレーダー等を変更したアップグレード型のシーハリアー FA.2 になっています。

ホーカーシドレー シーハリアー FRS.1

マクドネル/ブリティッシュ
エアロスペース AV-8B
ハリアーII/ハリアー GR5/7
(アメリカ/イギリス, 1978)

AV-8B のエンジンノズルは効率よく上向きの力が得られるように、ゼロスカーフノズルと呼ばれるタイプに変更されています。主翼はスーパークリチカル翼型を採用して翼幅も増加しています。

AV-8B に夜間攻撃能力を付加したハリアーが AV-8B ハリアーII ナイトアタックで、イギリス空軍向けがハリアー GR.7。本機も。

AV-8B ハリアーII プラス (1992)
ナイトアタック型ハリアーをベースに開発された本格的な空対空戦闘ができるように FA-18 ホーネットと同じレーダーを装備した最新型です。
最大水平速度 マッハ 0.98
本機は、アメリカ海兵隊の他、スペイン海軍が VA.3 の名称で 8 機 1996 年に受領しています。

垂直離着陸機 ❸

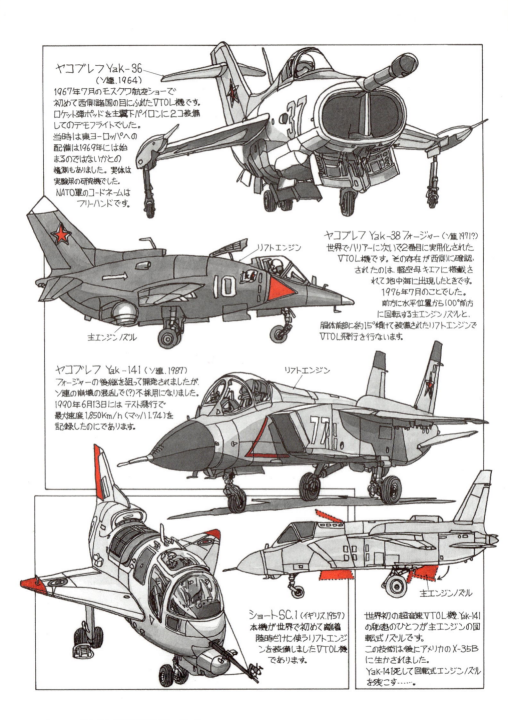

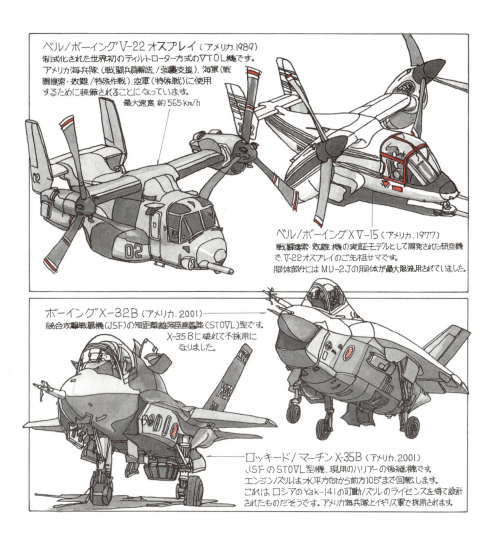

　短距離離陸／垂直着陸の STO/VL が基本運用になりました。
　その後、このスキージャンプ甲板は簡易空母の定番装備になっています。
　現在ハリアー一族は、AV-8B ハリアーⅡプラス／ハリアー GR5/7 へと進化して代替わりをしています。この繁栄は短距離離陸／垂直着陸（STOVL）機の X-35B の実用化までの「我が世の春」であります。
　一方、ティルトローター方式垂直離着陸機の世界では、XV-3の2号機で1958年に転換飛行に成功した老舗ベル社は、XV-15で実用化のめどを付け、さらに、ボーイング社と組んで V-22 オスプレイを実用化しました。

短距離離着陸機❶

◆ STOL 機を生んだ高揚力装置 ◆

　飛行機の願いは、より小さい速度で安全に離着陸ができて、かつ非常に早い速度で飛行できることであります。

　離着陸速度を小さくするには、翼面荷重を小さくするか、または揚力係数の大きな翼断面を使うかの2つの方法があります。しかし、この方法は飛行機の最高速度を大きくするには、マイナスに作用します。この矛盾する条件の仲裁役が高揚力装置であります。

　この高揚力装置を装備して短い滑走路で離着陸ができて、離着陸速度と巡航速度との差の大きな飛行機を短距離離着陸機（STOL 機）と呼びます。

　ふつうにふつうの滑走路を使用して離着陸する飛行機は、通常離着陸機（CTOL 機）と呼ばれます。また、垂直離着陸機（VTOL 機）も実際の運用にあたっては、短距離離陸/垂直着陸のSTO/VL 方式という、ちょこっと滑走路を使うのが基本運用となっており、VTOL 機といえども滑走路との縁は切れないのであります。

　STOL 機の元祖はフィーゼラー Fi156 シュトルヒ（こうのとり）といわれています。シュトルヒは Bf163 とシーベル Si201 との比較審査の結果制式採用された高翼単葉3座直協／連絡機で、1943年9月12日に中部イタリアのグランサッソ山荘から「赤ちゃん」ならぬ「ムッソリーニ」を救出した作戦が有名であります。

　三式指揮連絡機は、日本に輸入されたシュトルヒとの比較審査の結果、昭和17年末に制式採用になりました。

　本機は陸軍の護送空母「あきつ丸」に搭載され、対潜哨戒任務に就いたという陸軍初の艦上機（固定翼）であります。

　STOL 機はベトナム戦争でもその特性を生かし活躍しています。なかでもアメリカ空軍に陸軍から移管されたデ・ハビランド・カナダ C-7カリブーは、南ベトナム国内全飛行場・着陸帯の約8割が使えたという STOL 機でありました。

　戦後のわが国の STOL 機の歴史は、防衛庁技術研究本部の X1G1～3 や新明和工業の UF-XS の開発研究から始まりました。

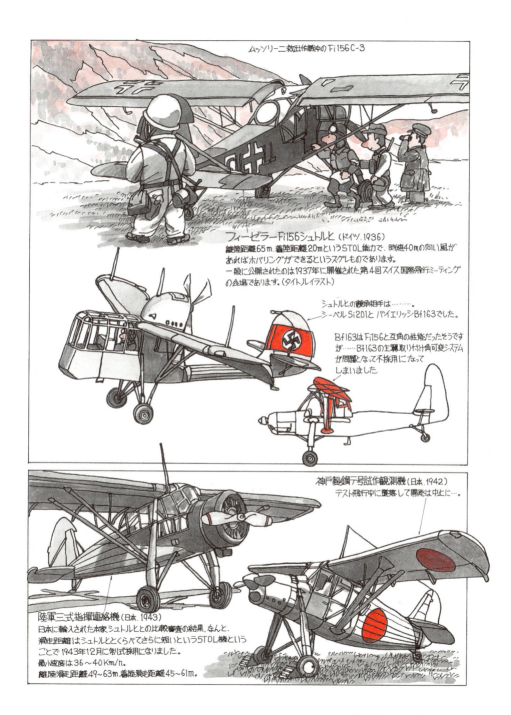

短距離離着陸機❶

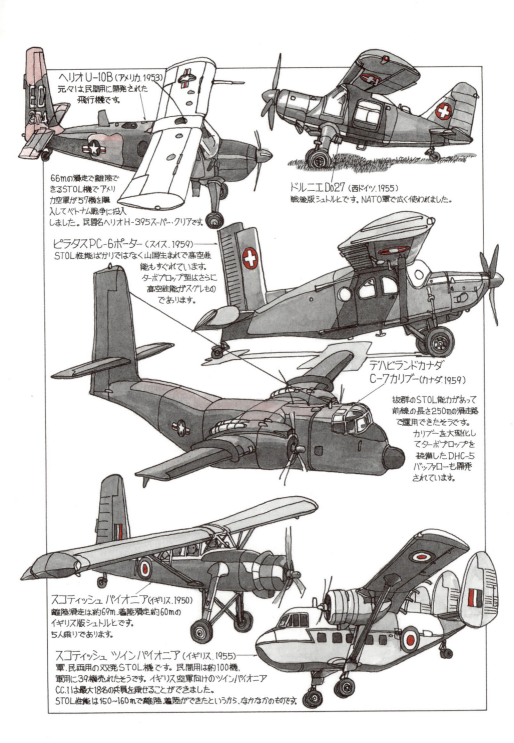

107

短距離離着陸機❷

◆ 海・空自衛隊の STOL 機など ◆

　1967年10月29日、戦後初の国産飛行艇新明和PS-1対潜哨戒飛行艇の1号機が初飛行に成功しました。接水速度91km/h、失速速度74km/hで、風速25m、波高3mの荒天下でも安全に離着水できます。
　このすぐれたSTOL特性と対波浪特性は、海難救助用の機体にとってもうってつけの能力です。
　そこで、PS-1を完全な水陸両用型に改修して、救難飛行艇US-1が誕生しました。PS-1はすでに全機リタイアしていますが、航空祭では、その血を引くUS-1が展示飛行ですばらしいSTOL特性を見せてくれます。
　1960年代の初め、航空自衛隊のカーチスC-46輸送機にかわる次期輸送機C-Xの候補機は「帯に短し襷に長し」で結局、国産開発に決まりました。後年航空自衛隊で採用されたロッキードC-130も、この時の候補機のひとつだったのです。
　1970年11月12日、これまでのターボプロップ輸送機を超えるSTOL性能を持ったターボファン装備の高速STOL機、国産戦術輸送機川崎C-1が初飛行に成功しました。
　失速速度167km/hというC-1のすぐれたSTOL特性も航空祭の飛行展示で見ることができます。
　1962年、アメリカ空軍ではロッキードC-130の後継機開発計画、次期中型STOL輸送機AMSTの候補機にボーイングYC-14とマクドネル・ダグラスYC-15が選定されました。しかし、比較審査まで進んだあとAMST計画は中止となってしまったのです。
　その後、1991年に初飛行した戦術と戦略との両用適応機となったボーイング・マクドネル・ダグラスC-17グローブマスターⅢ輸送機には、AMSTで開発された技術が多く使われているそうです。
　一方、1960年代の中頃のソ連では、リフトエンジンを装備したジェット戦術機の開発が花盛りでありました。

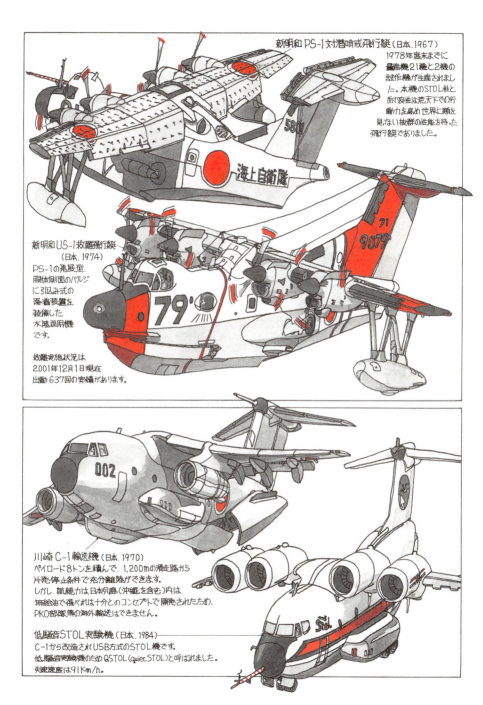

短距離離着陸機❷ 109

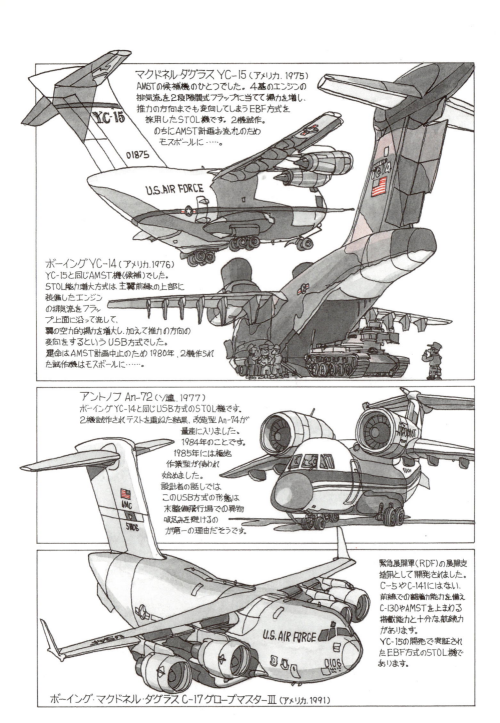

110　Nobさんの飛行機グラフィティ1

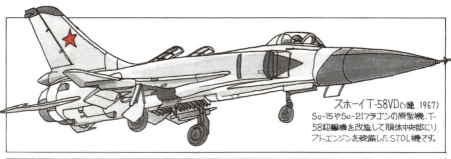

スホーイT-58VD（ソ連,1967）
Su-15やSu-21フラゴンの原型機。T-58迎撃機を改造して胴体中央部にリフトエンジンを装備したSTOL機です。

MiG-21PD（ソ連,1966）
リフトエンジン装備のSTOL機の技術デモンストレーターです。スホーイT-58VDも同じ目的のSTOL機でした。
胴体中央部に2基のリフトエンジンを装備したため脚を引き込むスペースがなくなり固定脚のジェットSTOL機であります。
初飛行の翌年1967年にははやばやと退役となっております。

スホーイT-6-1（ソ連,1967）
イギリスのBAC TSR2攻撃機と同じようなコンセプトの機体でした。しかし、本機の秘密能力は胴体中央部にリフトエンジンを4基装備したことによるSTOL性でした……が開発は中止に…。

MiG-23PD,23-01
（ソ連,1967）
ミラージュ戦闘機に機首やハーフコーン型吸気口は似ていますが、主翼はデルタ翼でMiG-21のように尾翼付です。そして胴体中央部には2基のリフトエンジンを隠し持ったSTOL機でした。ミラージュ戦闘機？

可変翼（VG 翼）機❶
◆ 航空ショーでデビューした新種 ◆

　ソ連は1967年7月9日のドモデドボ空港での航空ショーで多数の新型軍用機をデビューさせ、西側に衝撃をあたえたのであります。その中に MiG-21PD やスホーイ T-58VD、MiG-23-01（MiG-23PD）の一連のリフトエンジン付ジェット STOL 機がありました。

　同じ方式の STOL 機スホーイ T6-1 の初飛行は1967年7月2日でしたが、同航空ショーでの御披露目はありませんでした。

　しかし、これらのリフトエンジン付ジェット戦術 STOL 機の開発は早々と見切りがつけられ、残念ながら全機ものになりませんでした。

　本命はドモデドボ空港での航空ショーでデビューした新型軍用機群のなかにいました MiG-23-01の弟分 MiG-23-11と、スホーイ Su-7のこれまた弟分のスホーイ S-22L の可変翼機であります。

　飛行機の翼は飛行速度によって適した形があり、着陸時や低速飛行にはアスペクト比の大きい直線翼、遷音速では後退翼、超音速時には三角翼とそれぞれ得意担当分野を持っています。

　したがって、飛行機の平面形をその時々の速度に応じて変えることができれば、苦手な速度域のない、全速度域にわたって高性能な飛行機が実現できるということになります。

　ある時は低速特性の良い直線翼機、またある時は、音に聞こえた後退翼機、さらにかっ飛びの三角翼機、しかしてその実体は？　可変翼機──「ヘンシーン！」

　MiG-23-11は MiG-23/-27「フロッガー」シリーズに「ヘンシーン！」、スホーイ S-22L はスホーイ S-17/-22「フィッター」シリーズに「ヘンシーン！」

　ソ連の噂のアメリカ空軍 F-111似の新型可変翼戦闘爆撃機スホーイ Su-24（当時は機名は Su-19とされていた）「フェンサー」は、あのスホーイ T6-1の「ヘンシーン！」後の姿だったのであります。

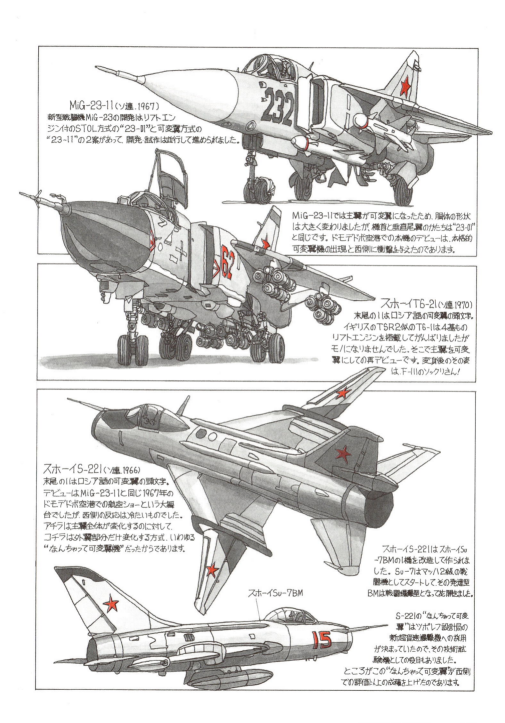

可変翼(VG翼)機❶　113

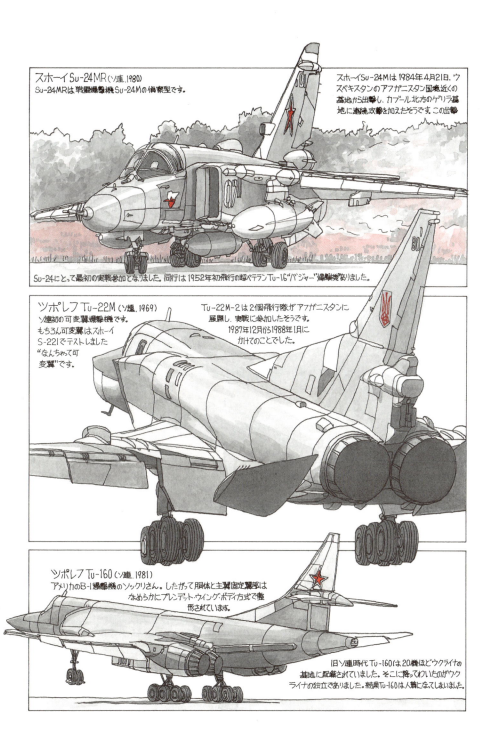

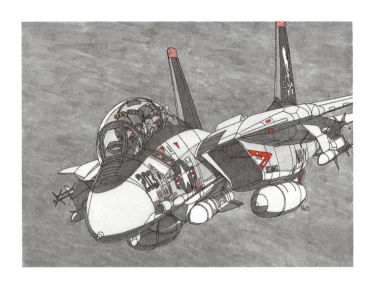

可変翼（VG 翼）機❷

◆史上初の実用可変戦闘機◆

　旧ソ連では1960代後半から、主翼が付け根から動く可変後退方式の可変翼機や、外翼部だけが動くいわゆる「なんちゃって可変翼機」を多数実用化してきましたが、可変翼機の先駆者はソ連ではありません。

　元祖は1944年末の「緊急戦闘機計画」でメッサーシュミット社が計画したメッサーシュミット P1101をルーツにもつアメリカ空軍のベル X-5実験機であります。

　P1101は1945年4月、80％完成した状態で、疎開先のドイツのババリアでアメリカ軍に接収され、アメリカに持ち帰られたという由緒正しき機体であります。

　P1101の主翼は後退角付きというだけでも十分に斬新なところ、その後退角を地上で35度から45度まで3段階に調節できるという驚くべき仕組みの持ち主でした。

　ベル X-5実験機は一見 P1101のソックリさんですが「飛ぶと凄いんです」。飛行中に主翼を20度から60度まで3段階に動かすことが

できるのです。飛行中に可変後退翼を駆動するという画期的な初の試みは、1951年7月27日に行なわれました。

　翌1952年5月19日には可変翼戦闘機のパイオニア、グラマン XF10F ジャガーが初飛行に成功してますが、不運にも搭載した J40エンジンと可変後退翼の不調と重量の過大が重なって、結局使いものにはなりませんでした。

　前途の危うかった可変翼一族に光明が差したのは、1959年に発表された可変後退角機構を簡単な回転機構のみで済ますことができるという NASA の研究成果によるものでした。

　この新機軸で開発されたジェネラルダイナミックス F-111は、当時の国防長官マクナマラのお声がかりで始まった、空軍と海軍の主力戦闘機を共用化するという TFX 計画で誕生しました。しかし、海軍型の B 型は不採用となってしまい、海軍は次期主力戦闘機としてグラマン F-14トムキャットを開発することになったのであります。

メッサーシュミット Me P1101 (ドイツ、1944計画)
バパリアでアメリカ軍に発見・接収された原型1号機。主翼は飛行テストを急ぐため取り敢えずMe262の主翼を手直ししたものを、エンジンは予定のHe S011の開発遅れのため、ユンカース・ユモ004Bを搭載するという『緊急戦闘機計画』の名の通りのスタートであります。量産型機は40度の主翼後退角をもち、機首の空気取り入れ口の両サイドにMK108 (30mm) 機関砲を装備する予定でした。

ベル X-5 実験機 (アメリカ、1951)
外形は参考したMe P1101に瓜ふたつのソックリさんになってしまいましたが、飛行中に主翼後退角を変更することができる世界初の本格的可変翼実験機です。1951年の初飛行以来、1955まで続けられた133回の飛行試験で得られたデータは、その後の高速機の開発に貢献しました。この最後になった133回目の飛行試験のテストパイロットは人類最初の月面着陸をなしとげたアームストロング。最大速度 1,135km/h でした。

グラマン XF10F ジャガー (アメリカ、1952)
XF10Fの計画案モデル83は、切落とし三角翼型の主翼を中翼に配置し、三角翼型のT型尾翼をもった形体でのスタートでした。1949年、苛酷な海軍当局の要求性能を満たすための解決策として可変翼に設計が変更されました。可変翼の後退角を変化させる時に生じる、空力中心の移動を少なくするための複雑な機構が必要です。エスカレートする当局の仕様変更は重量超過との戦いでした。しかも、選定したエンジンが不調ときては『泣き面にハチ』、肥満ジャガーの将来はもう絶望でした。1953年6月12日、ついに引導が渡されました。開発計画は中止。

ジェネラルダイナミックス F-111 (アメリカ、1964)
アメリカ国防省が1961年に発表した空軍と海軍が共用する新戦闘機計画、TFX開発計画によって誕生しました。空軍型のF-111Aは1964年に、海軍型F-111Bは型1965年に初飛行しています。可変翼を最初に実用化した飛行機であります。主翼の後退角を変化させる機構は翼の回転中心を外側にするなどNASAの長年の研究成果が取り入れられています。共通化で開発、生産、維持の費用が大幅に削減できるはずでしたが、重量の増加が空母で運用するB型の命取りになりました。計画推進者は経済性重視の合理的思考の持ち主、時の国防長官マクナマラでした。『二兎追う者、一兎しか得ず』

可変翼(VG翼)機❷　119

可変翼(VG 翼)機❸
◆バラエティ豊富な可変翼機 ◆

　今さらですが、可変翼とは広い意味で、翼の面積やカンバー、取り付け角や後退角などの幾何学的形状を飛行中に変えられる翼のことであります。しかし、一般的に可変翼というと、低速時には直線翼に、高速巡航時には後退翼に、超音速時には三角翼にと、翼の後退角を変えることで、それぞれの速度域に最適な翼の形状を得ることのできる可変後退翼機を指します。

　可変後退翼は前項まで2度にわたり登場した超音速機に採用されました。

　広義の可変翼機は、飛行機の最大速度が大きくなってきた1930年から色々な方式が試みられてきました。飛行機の高速化を計るにはエンジンの出力を上げて、抗力を減らすことです。抗力を減らす一番有効な方法が主翼面積を減らすことなのであります。

　主翼面積と全備重量の関係は、飛行機の離着陸性能や上昇性能、また速度や加速度、運動性などに影響します。

　全備重量 W を主翼面積 S で割った重量比 W/S を翼面荷重といいます。W/S が大きいと着陸速度が大きくなり長い滑走路が必要となります。これは失速速度が大きくなるということであります。W/S が小さいと上昇性能はよくなります。

　そこで、速度と主翼面積との対立関係に主翼の方から歩みよった解決策として、低速域から高速域にわたって最適な翼面荷重を得ようとする、いわゆる可変主翼面積機が研究・開発されたのであります。

　主翼面積を変化させる方式は色々考えられました。主翼を伸縮させてスパンを変えてしまうマコーニン可変翼機。高アスペクト比の翼を使い、低速時にはこれを翼桁とし、幅広の殻を胴体から繰り出して面積の増大をもくろむソ連のバクシャエフ RK-1 伸縮翼戦闘機。離陸時やフェリー時には複葉機となって翼面荷重の減少を計り、「いざ鎌倉」というときには高速単葉機となって活躍をするというソ連のニキーチンの折りたたみ翼戦闘機シリーズや、イギリス空軍のヒルソン・バイモノや F.H.40Mk1、ソ連のトマシュビッチ・ペガサス軽攻撃機があります。こんな虫のいい飛行機が、現われては消え、現われては消えしたのであります。

　不本意ながら時代の趨勢で表舞台から消えることになってしまったのが、ノースアメリカン XB-70 バルキリーであります。バルキリーはマッハ3級の戦略爆撃機として開発され、速度

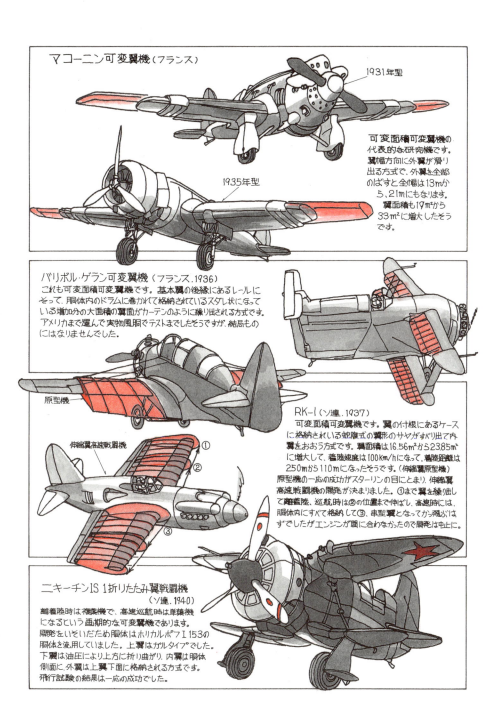

可変翼(VG翼)機❸

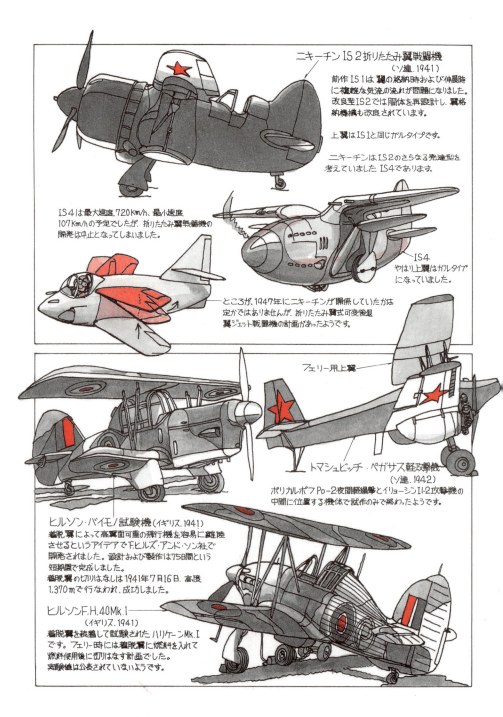

122　Nobさんの飛行機グラフィティ1

に応じて主翼翼端を下方に折り曲げてトリム抵抗の減少と、横安定を生む仕組みの可変翼機でした。またその全長は、現用最大の可変翼爆撃機ツポレフ Tu-160 ブラックジャックを約2.2m も上回る56.39m の巨人可変翼機でありました。

NASA の AD-1 は主翼を回転させる軸はひとつだけなので直線翼の主翼が回転すると、前進・後退翼になる斜め翼機で、ルーツは大戦中のドイツの可変計画機ブローム・ウント・フォス P202 でした。

主翼の取り付け角を変える方式の可変翼機で最も成功した例はボート F-8 クルーセイダーであります。1960年、ナポリの基地を離陸したクルーセイダーの主翼取り付け角は7度の離陸位置になっていましたが、外翼は上方に折りたたんだままだったのでもう大変。上昇中に翼の異状に気がついたパイロットはビックリしてただちに降下、無事に基地に着陸できたそうです。前代未聞と思われるこのような可変主翼面積機状態での事故は、信じられないことに他に6例もあるそうです。

可変翼(VG 翼)機❸   123

月刊「丸」の誌上で連載中の『Nobさんの飛行機グラフィティ』が単行本になりました。そこで『あとがき』なんですが……熟思……💡一番あとのページ、裏表紙(表4)のイラストの制作記こそ相応しい。『あと描き』であります。

表紙はコンベアXFY-1ポゴなので、裏表紙は当時のコンベアデルタ翼機トリオの1機、F2Yシーダートに決めました。

デルタ翼機トリオの残る1機がコンベア社のデルタ翼機の第1号、コンベアXF-92です。

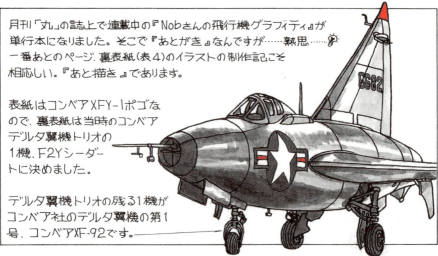

まずは写真を参考にしてB～2Bのエンピツでβ4版10mm方眼レイアウト用紙にラフ・スケッチ→デフォルメが決まったら、余分な線を整理して単線によるエンピツ下絵を描く。この時、パネルライン等をチェックして、デフォルメによるゆがみを直します。→
→前ページ上のイラスト状態になります。→ここで問題が発生！この構図では裏表紙に定位置を占めるバーコードとバッティングしてしまうことがわかったのです。→
→構図を逆点することで問題は解決……
……ここで注意をすることは、飛行機は左右対称とは限りません。シーダートの方向舵のヒンジは左側のみです。

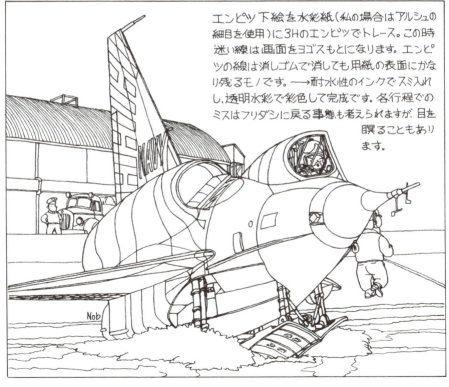

エンピツ下絵を水彩紙(私の場合はアルシュの細目を使用)に3Hのエンピツでトレース。この時迷い線は画面をヨゴスもとになります。エンピツの線は消しゴムで消しても用紙の表面にかなり残るモノです。→耐水性のインクでスミ入れし、透明水彩で彩色して完成です。各行程でのミスはフリダシに戻る事態も考えられますが、目を瞑ることもあります。

あと描き

主な参考文献

写真集「零戦」光人社
「大空への挑戦」航空ジャーナル社
「世界のジェット戦闘機」酣燈社
「世界の軍用名機」朝日新聞社
「アメリカ空軍の翼」航空ジャーナル社
「アメリカ空軍」航空ジャーナル社
「アメリカ陸軍の第一線機」航空ジャーナル社
世界の傑作機「B-29」文林堂
世界の傑作機「海軍陸上爆撃機」文林堂
世界の傑作機「デ・ハビランド・モスキート」文林堂
「アメリカ空軍ジェット爆撃機」文林堂
「図面で見る第2次大戦世界の爆撃機」酣燈社
「第2次大戦ドイツ軍用機写真集Vol.II」エアワールド社
「第2次大戦ドイツ戦闘機」航空ジャーナル社
「第2次大戦の軍用機」航空ジャーナル社
「戦闘機年鑑2001－2002」イカロス出版
「太平洋戦争日本陸軍機」酣燈社
「太平洋戦争日本海軍機」酣燈社
「年表世界航空史」〔第1巻、第2巻〕横森周信著、エアワールド社
「世界の珍飛行機図鑑」〔正続〕西村直紀著、グリーンアロー出版社
「日本航空機総集」〔全8巻〕野沢正編著、出版協同社
「ソビエトXプレーン」エフィーム・ゴードン／ビル・スウィートマン著、松代守弘監修、桂令夫訳、コーエー
月刊「航空ファン」各号、文林堂
月刊「航空ジャーナル」各号、航空ジャーナル社
月刊「エアワールド」各号、エアワールド社

"THE SPEED SEEKERS" Thomas G. Foxworth, MACDONALD AND JANE'S
"SCHNEIDER TROPHY Racers" R. S. Hirsch, Mortorbooks International
"GERMAN AIRCRAFT OF THE FIRST WORLD WAR" Owen Thetford / Peter Gray, PUTNAM
"GIANTS IN THE SKY" Michael J. H. Taylor / David Monday, JANE'S
"The German Giants" G. W. Hoddow / Peter M. Grosz, PUTNAM
"United States Navy Aircraft since 1911" PUTNAM
"United States Military Aircraft since 1908" PUTNAM
"AIRCRAFT CUTAWAYS" OSPREY
"THE BRITISH FIGHTER SINCE 1912" Francis K. Mason, PUTNAM
"THE WARPLANES OF THE THIRD REICH" William Green, DOUBLEDAY
"EARLY AIRCRAFT ARMAMENT" ARMS AND ARMOUR
"SOVIET X-PLANES" Yefim Gordon / Bill Gunston, Midland Publishing
"FANTASTIC FLYING MACHINES" Michael J. H. Taylor, JANE'S

無尾翼機と全翼機① 空気抵抗を減らす究極の形状　134

- バージェス・ダン無尾翼機(米) ・プテイロダクティルMk.Ⅳ／Mk.Ⅴ(英) ・カリーニンK-12爆撃機(ソ) ・アビアブニト3(ソ) ・BICh-20超軽量機(ソ) ・ホルテンHoⅢグライダー(独) ・DFS194(独) ・ノースロップN-1M(米) ・メッサーシュミットMe163V1(独) ・ノースロップN-9M(米) ・ボートV173(米) ・ノースロップXP-56(米) ・ホルテンHoⅦ(独)

無尾翼機と全翼機② おそるべき"空飛ぶ庖丁"機　138

- メッサーシュミットMe163Bコメート／Me263(独) ・三菱試作局地戦闘機「秋水」(日) ・萱場式「かつをどり」ラムジェット戦闘機(日) ・ホルテンHoⅨV1(独) ・ノースロップMX-324／XP-79B／JB-10(米) ・デ・ハビランドD.H.108(英) ・アームストロング・ホイットワースA.W.52(英) ・ノースロップX-4バンタム(米) ・ボートXF5U-1(米) ・チャンスボートF7Uカットラス(米) ・ノースロップXB-35爆撃機／YRB-49A戦略偵察機(米) ・IAMF I.A.38輸送機(アルゼンチン) ・ノースロップB-2スピリット爆撃機(米)

デルタ翼(三角翼)機① ドイツ生まれの超高速デルタ翼機　142

- リピッシュP.13a／DM1(独) ・コンベアXF-92／XF-92A／YF-102／F-102デルタダガー／F-106デルタダート(米) ・コンベアB-58ハスラー(米) ・コンベアF2Yシーダート(米) ・SFECMAS 1405ジェルフォーⅡ(仏) ・ノール1500-02グリフォンⅡ(仏) ・シュド・エストSE212デュランダール(仏) ・ダッソーMD550ミラージュⅠ(仏) ・ダッソー・ミラージュⅢ(仏)

デルタ翼(三角翼)機② デルタ翼機の長所と短所　146

- ミコヤンYe-4／Ye-150／Ye-152A／Ye-152M／Ye-166(ソ) ・スホーイT-3／PT-8／T-49／P-1(ソ) ・ミヤシチェフM-50(ソ) ・イングリッシュ・エレクトリック・ライトニング(英) ・グロスター・ジャベリン(英) ・BAC TSR.2(英) ・ヘルワンHA-300(アラブ連合) ・ダグラスA-4スカイホーク(米)

デルタ翼(三角翼)機③ カナード・デルタ翼機たち　150

- IAIクフィル(イスラエル) ・サーブ37ビゲン(スエーデン) ・ダッソーブレゲー・ミラージュ4000(仏) ・ダッソー・ミラージュⅢNG(仏) ・アトラス・チータ(南アフリカ) ・ノースアメリカンXB-70バルキリー(米) ・スホーイT-4(ソ) ・アブロ・バルカン(英) ・ミグYe-6T-3／Ye-8(ソ) ・ダッソー・ラファール(仏) ・ユーロファイターEF2000タイフーン(国際協同) ・サーブJAS39グリペン(スエーデン) ・成都殲撃10(中国) ・ミグMAPO 1.42／1.44(ロ)

日＝日本
米＝アメリカ
英＝イギリス
独＝ドイツ
仏＝フランス
伊＝イタリア
露＝旧ロシア
ソ＝ソビエト連邦
ロ＝現ロシア

混合動力機① 2種のエンジンを組み合わせたハイブリッド機　154

◆ポリカルポフI-15bisDM-02／I-153DM-4（ソ）◆ラボーチキンLa-126PVRD（ソ）◆ヤコブレフUTI-26PVRD（ソ）◆ラボーチキンLa-7R／La-9RD（ソ）◆スホーイSu-5／Su-7R（ソ）◆ミコヤン・グレビッチI-250（ソ）◆リパブリックXF-91サンダーセプター（米）◆シュド・ウエストSO6025エスパドン（仏）◆シュド・ウエストSO9000／9050トリダン（仏）◆ソーンダース・ローSR53（英）

混合動力機② いいとこどりの艦上機計画　158

◆ライアンFRファイアボール／F2Rダークシャーク（米）◆カーチスF15C（米）◆コンソリデーテッド・バルティーP-81（米）◆ブレゲー960ビュルチュール（仏）◆ロッキードP2V-7ネプチューン（米）◆川崎P-2J（日）◆ボーイングKB-50J／KC-97Jストラトタンカー（米）◆コンベアNB-36H（米）◆チェイスXG-20（米）◆フェアチャイルドXC-123／XC-123A／XC-123J／C-123K（米）

〈飛行機グラフィティ番外篇1〉
オールデイズ 空の守りのベテランたち　162

水陸両用機① 戦後まで日本には生まれなかった両棲類　164

◆カーチスOWL（米）◆スーパーマリン・シール（英）◆ヴィッカース・ヴァイキング（英）◆シュレックF.B.A.17HT2（仏）◆ヴィッカース・バルチュア（英）◆シコルスキーXPS-1（米）◆シコルスキーJRS-1（米）◆ダグラスRD-4（米）◆カーチスライト・コートニー（米）◆フェアチャイルドA-942-B（米）◆ローニングOL-1（米）◆ローニングXS2L-1（米）◆グラマンXJF-1（米）◆シコルスキーXSS-2（米）◆カーチスXO3C-1（米）◆グレイトレイクスXSG-1（米）

水陸両用機② 名匠ミッチェルが手がけた海獣たち　168

◆スーパーマリン・シーガル2／シーライオン2／ウォーラス／シー・オター（英）◆グラマンJRFグース（米）◆グラマンJ4Fウィジョン（米）◆コンソリデーテッドXPBY-5A／PBY-6A（米）◆スーパーマリン・スワン（英）◆サロー・カッティサーク（英）◆シャフロフSh-2（ソ）

水陸両用機③ 日本にもいた"あほうどり"　172

◆グラマンXJR2F-1アルバトロス（米）◆ノールN1402ノロワ（仏）◆ベリエフBe-12チャイカ（ソ）◆フェアチャイルドYC-123E強襲輸送機（米）◆ショート・シーランド（英）◆ピアッジオP.136-L1（伊）◆マルケッティFN.333リビエラ（伊）◆リパブリックRC-3シービー（米）◆グラマンG-73マラード（米）◆マッキノン・スーパーウィジョン（米）◆カナディアCL-215／CL-415スーパースクーパー（カナダ）◆ベリエフA-40（ソ）◆新明和US-1／US-1A改〔US-2〕（日）

回転翼機① オートジャイロ一代男の情熱　　176

◆シェルヴァC.4（スペイン）◆ペンシルヴェニア・エアクラフト・シンジケートXOZ-1（米）◆ピットケアンXOP-1（米）◆ケレットKD-1（米）◆シェルヴァC.19／C.30A（英）◆ケレットK-3（米）◆萱場カ号1型観測機／カ号2型観測機（日）◆カモフA-7bis（ソ）◆スクルジンスキーA-12（ソ）◆フォッケ・アハゲリスFa225（独）◆フォッケ・アハゲリスFa330バッハシュテルツ（独）◆マルコム飛行ジープ（英）◆ピットケアンPA-36（米）

回転翼機② 自転車屋さんが造ったヘリコプター　　180

◆レオナルド・ダ・ビンチのエアスクリュー（伊）◆ポントン・ダメクールのエリコプテール（仏）◆ポール・コルニュのヘリコプター（仏）◆バーリナーのヘリコプター（米）◆ベスカラ3号ヘリコプター（仏／伊）◆TsAGI 1-EA（ソ）◆ブレゲー・ドーランド314（仏）◆フォッケウルフFw61（独）◆フォッケ・アハゲリスFa223ドラッヘ（独）◆フレットナーFl282コリブリ（独）◆ドブルホフWNF342（オーストリア）◆オメガヘリコプター（ソ）◆シコルスキーS-2（ソ）◆シコルスキーVS-300／R-4（HNS）／R-5／R-6（米）◆パイアセッキHRP-1（米）◆ベル・モデル30（米）》

回転翼機③ 揺籃期の翼端駆動方式　　184

◆マクダネル・モデル38 XR-20（XH-20）（米）◆ロータークラフトRH-1ピンホイール（米）◆ケレットKH-15（米）◆アメリカン・ヘリコプターXH-26（米）◆ヒラーYH-32（米）◆荻原JHX-4（日）◆カマン・セイバー（米）◆ヒューズXH-17（米）◆マクダネル・モデル120（米）◆ヒューズXV-9（米）◆フィアット7002（伊）◆シュドS.O.1221ジン（仏）◆マクダネルXV-1（米）◆萱場ヘリプレーン（日）◆フェアリー・ロートダイン（英）◆シュドS.O.1310（仏）◆カモフKa-22ビントクルルヤ（ソ）

回転翼機④ 双回転翼のいろいろ　　190

◆パイアセッキYH-16トランスポーター（米）◆パイアセッキH-21（米）◆ベルHSL-1（米）◆バートルV-107（米）◆ボーイング・バートルCH-47チヌーク（米）◆ブリストル・タイプ192ベルベディア（英）◆ヤコブレフYak-24（ソ）◆ミルMi-12（ソ）◆マクダネルXHJH-1ワラウェー（米）◆カマンH-43ハスキー（米）◆カモフKa-25ホーモン（ソ）◆カモフKa-52ホーカムB（ロ）◆丸岡式人力ヘリコプター（日）

自衛隊のヘリコプター① ゴジラに出演した陸自H-19　194

◆ベル/川崎H-13E（陸自）◆ベル47G-2A（海自）◆シコルスキーS-51（海自）◆シコルスキーHSS-1（海自）◆パイアセッキH-21B（空自）◆シコルスキーR-6A（JA7001）◆シコルスキーH-19C（空自）◆シコルスキーS-62J（空自）◆ベルUH-1B（陸自）◆バートルKV-107Ⅱ（海自）◆川崎H-13KH（陸自）◆シコルスキーHSS-2（海自）◆シコルスキーS-61A-1（海自）

自衛隊のヘリコプター② 冷戦時代に現われた"毒蛇"　198

◆バートルKV-107Ⅱ-4／KV-107Ⅱ-4A／KV-107ⅡA-4（陸自）◆バートルKV-107ⅡA-5（空自）◆ヒューズOH-6J／OH-6D（陸自）◆ヒューズTH-

55J（陸自）◆ヒューズOH-6D（海自）◆ベルUH-1H（陸自）◆ベルAH-1S（陸自）◆シコルスキーHSS-2B（海自）◆シコルスキーMH-53Eシードラゴン（海自）

自衛隊のヘリコプター③ これから現われる新鋭たち　202

◆川崎OH-1（陸自）◆マクダネル・ダグラスOH-6DA（海自）◆ボーイングCH-47J（空自・陸自）◆ボーイングCH-47JA（陸自）／CH-47JLR（空自）◆シコルスキーUH-60J（海自・空自）／UH-60JA（陸自）◆シコルスキーSH-60J（海自）◆ベルUH-1J（陸自）◆アエロスパシアルAS332L（陸自）◆マクダネル・ダグラスAH-64Dアパッチ・ロングボウ（陸自）◆三菱/シコルスキーSH-60K（海自）◆EHインダストリーEH101（海自）

速度記録と高速軍用機① 速度記録の始まり　206

◆サントス・デュモン14bis（仏）◆ボワザン・ファルマンⅠ（仏）◆ライト・フライヤーA（米）◆陸軍ライト飛行機（日）◆カーチス・ゴールデン・フライヤー号（米）◆ブレリオXI（仏）◆陸軍ブレリオXI-2bis（日）◆アントワネットⅣ（仏）◆ベビー・ライト・レーサー（米）◆陸軍ニューポールNG飛行機（日）◆陸軍会式一号飛行機（日）◆ドベルデュッサン競速機（仏）◆海軍ドベルデュッサン1913年型水上機（日）

速度記録と高速軍用機② 飛行機の速度を向上させたWWI　210

◆スパッドS.Ⅶ戦闘機（仏）◆会式七号小型飛行機（日）◆エアコD.H.昼間爆撃機（英）◆アンサルドS.V.A5偵察・爆撃機（伊）◆スパッドS.ⅩⅢ戦闘機（仏）◆石橋式スパッド13型競技飛行機（日）◆ブリストル・ファイターF.2B戦闘機（英）◆ユンカースJ.9（D.I）戦闘機（独）◆パッカード・ルペールLUSAC-11複座戦闘機（米）◆フォッカーD.Ⅷ戦闘機（独）◆ジーメンス・シュッケルトD.Ⅵ戦闘機（独）◆ニューポール・ドラージュ29C-1戦闘機（仏）

速度記録と高速軍用機③ 時速400kmの壁を突破　214

◆トーマス・モースMB-3戦闘機（米）◆ニューポール・ドラージュ29V／29Vbis（仏）◆スパッド・エルブモン（仏）◆丙式二型戦闘機（日）◆川西K-2競速機（日）◆三菱一〇式一号艦上戦闘機（日）◆カーチスR-6複葉レーサー（米）◆ドルニエDo.Gファルケ戦闘機（独）◆ニューポール・ドラージュ一葉半機（仏）◆カーチスPW-8／XPW-8A／P-1戦闘機（米）◆カーチス・ネイビー・レーサーR2C-1（米）◆ベルナール・フェルボアV-2（仏）

〈飛行機グラフィティ番外篇2〉
ご対面！　スピード記録を作った名機たち　218

速度記録と高速軍用機④ レーサー顔負けの戦闘機　220

◆フェアリー・フォックス爆撃機（英）◆スーパーマリンS.5水上機（英）◆マッキM.52水上機（伊）◆P.Z.L.P-7戦闘機（ポーランド）◆川崎KDA-5戦闘機（日）◆スーパーマリンS.6B水上機（英）◆ジービーR-1スーパースポーツスター（米）◆ハインケルHe70V1輸送機／He70F偵察機（独）◆ハインケル輸送機（LXHe1）（日）◆TsKB-12戦闘機（ソ）◆マッキ・カストルディ

MC.72水上機(伊)◆コードロンC.460(仏)

速度記録と高速軍用機⑤ 高速陸上軍用機時代の到来　224

◆ブリストル・タイプ142(英)◆ブリストル・ブレニム1(英)◆ホーカーF.36/34試作戦闘機(英)◆スーパーマリン・タイプ300試作戦闘機(英)◆三菱キ15単葉複座機「神風」号(日)◆ドルニエDo17MV1双発爆撃機(独)◆BFW(メッサーシュミット)Bf109V13試作戦闘機(独)◆ロッキードXP-38試作双発戦闘機(米)◆ハインケルHe100V8試作戦闘機(独)◆三菱十二試艦上戦闘機(日)◆ベルXP-39試作戦闘機(米)◆メッサーシュミットMe209V1速度記録機(独)◆フォッケウルフFw190V1試作戦闘機(独)

速度記録と高速軍用機⑥ 陸軍のプロジェクトX「研3」　228

◆川崎キ78「研3」試作高速研究機(日)◆中島四式戦闘機「疾風」(日)◆中島艦上偵察機「彩雲」(日)◆三菱百式四型司令部偵察機(日)◆立川キ94-Ⅰ試作戦闘機(日)◆フォッケウルフTa152H(独)◆ノースアメリカンP-51Hムスタング(米)◆リパブリックP-47Jサンダーボルト(米)◆デ・ハビランドD.H.103ホーネット(英)◆スーパーマリン・スパイトフル(英)◆メッサーシュミットMe163V1(独)◆ベレズニアク・イザイェフBI-1試作戦闘機(ソ)◆メッサーシュミットMe262V12(独)◆グロスター・ミーティアⅠ(英)◆ミコヤン・グレビッチI-250(N)(ソ)

2階建て軍用機① 多層化した胴体をもつ巨人機　232

◆リンケ・ホフマンR.I(独)◆ドルニエRs.Ⅲ/Rs.Ⅳ(独)◆ドルニエDoX(独)◆ラテコエール521/522(仏)◆メッサーシュミットMe321/Me323(独)◆ブローム・ウント・フォスBv222ヴィーキング(独)◆ブローム・ウント・フォスBv238/Bv250(独)◆川西二式輸送飛行艇「晴空」(日)

2階建て軍用機② 日本でも見られる超大型輸送機　236

◆ロッキードR60-1コンステチューション(米)◆ボーイングYC-97B(米)◆コンベアXC-99(米)◆ダグラスC-124グローブマスター(米)◆ブレゲー765サハラ(仏)◆ホーカーシドレー・ビバリーC1(英)◆フェアチャイルドXC-120パックプレーン(米)◆ダグラスC-132(米)◆ロッキードC-5ギャラクシー(米)◆アントノフA-124(ソ)◆ボーイングE-4(米)

Nobさんの"ぬり絵"飛行機グラフィティ……188

あと描き……240

主な参考文献……242

無尾翼機と全翼機❶
◆ 空気抵抗を減らす究極の形状 ◆

　1988年11月22日、カリフォルニア州パームデールの空軍プラント42において、ノースロップB-2Aスピリッツ初号機のロール・アウト式典が行なわれました。世界初の実用全翼機のお披露目であります。

　ジャック・ノースロップが初のN-1型全翼実験機を完成してから、40年後のことでありました。

　全翼機は無尾翼機のカテゴリーに入ります。

　無尾翼機には縦の釣り合いと、安定を保つ働きをする水平尾翼がありません。無尾翼機は主翼に与えられた後退角と捩り下げが、その働きを代行するからです。

　操縦は、主翼の後縁に取り付けられているエレボンと呼ばれる昇降舵（エレベータ）と補助翼（エルロン）のふたつの働きをする操縦翼面で行ないます。この働きから操縦翼面をエレボンと呼ぶ合成語が誕生しました。ジャック・ノースロップの造語といわれています。エレボンは左右別々に動かすと、機体を左右に傾ける補助翼として働き、同時に動かしたときは、機体を前後に傾ける昇降舵の働きをします。

　無尾翼機には垂直尾翼のあるものとないものがあります。また、空気抵抗の要素の排除をとことん追求し、胴体などは空気抵抗の元凶とばかり無くしてしまい、必要なモノ全てを翼のアウトライン内に納めてしまった究極の無尾翼機が、全翼機であります。

　無尾翼機の歴史は古く、1910年には世界初の本格的な無尾翼機、イギリスのJ・W・ダンの製作したD.5複葉複座後退翼式無尾翼機が登場しています。本機はのちに、イギリス王立飛行軍団や、アメリカ海軍にも採用されました。成功作だったようです。

　1930年代〜40年代にかけて、イギリスのG・T・R・ヒル教授や、アメリカのノースロップ、ドイツのリピッシュやホルテン兄弟、ソ連のチェイェラノフスキーやカリーニンが多くの無尾翼機の研究・開発を行なっていますが、前途多難な状態でありました。

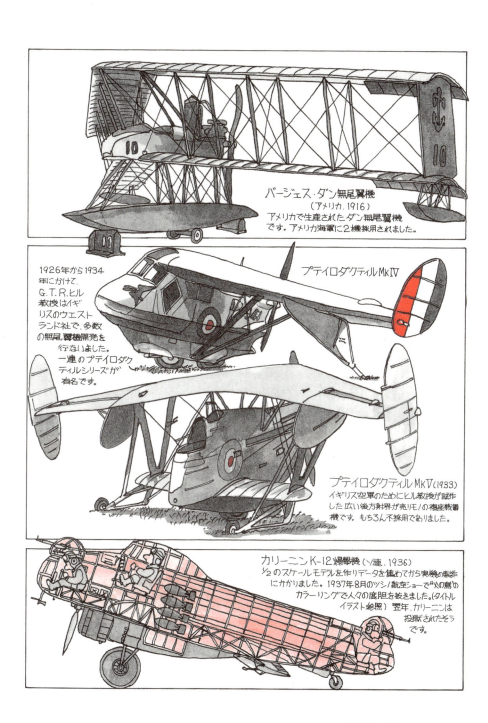

無尾翼機と全翼機❶ 135

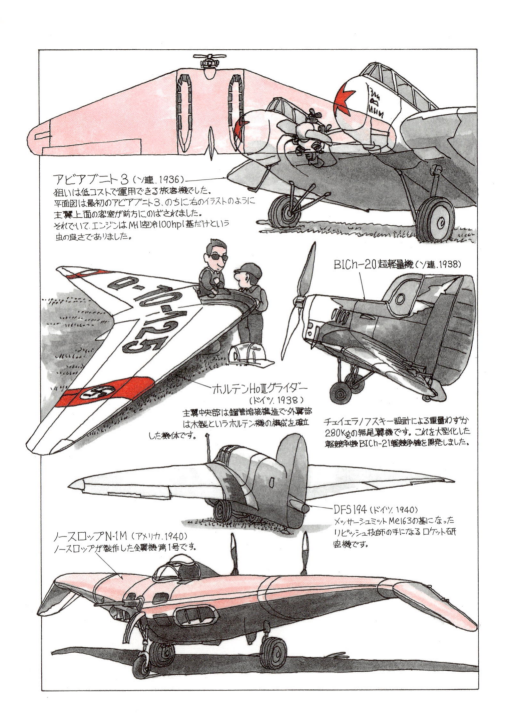

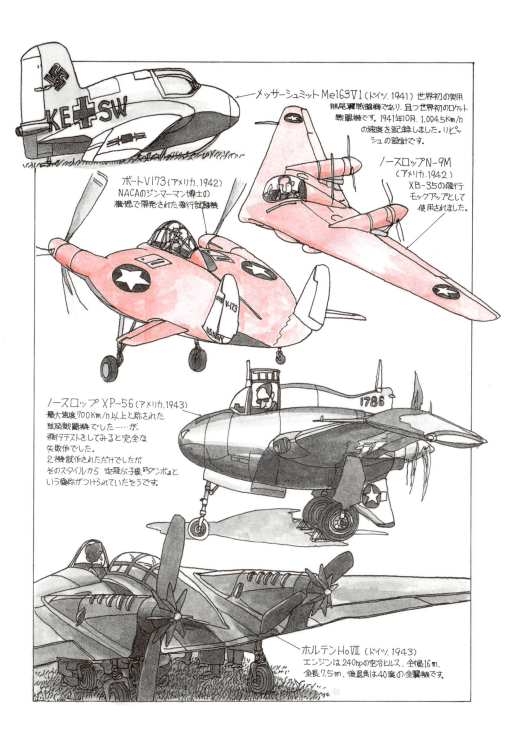

無尾翼機と全翼機❶   137

無尾翼機と全翼機❷
◆おそるべき"空飛ぶ庖丁"機◆

　無尾翼機は理論的には従来型の飛行機よりも優れていることは分かっていたのですが、いざ実用化するとなると技術が付いていけませんでした。
　そんな中、大戦中にドイツで開発され、実戦配備されたメッサーシュミットMe163は、初めて実用化された無尾翼機であり、世界初のロケット邀撃機でありました。
　このMe163Bを参考にして、わが国で大戦末期に陸海軍共用の局地戦闘機として開発され、終戦の間際に試験飛行までこぎつけることのできたのが、三菱試作局地戦闘機「秋水」であります。
　全翼機のパイオニアのひとり、アメリカのノースロップはロケット全翼機MX-324を発展させへXP-79Bを大戦中に製作しました。
　XP-79Bの最大の武器は、全マグネシウム製で前縁をさらにステンレス鋼で強化された主翼をもって、邀撃戦で敵大型機に体当たり攻撃を敢行し、尾翼をスパッとチョン切って撃墜し

てしまうというXP-79B自身なのであります。
　XP-79Bは抗菌まな板付きでテレビショッピングに出てきそうなステンレス庖丁式全翼機ではありましたが、初飛行で墜落してしまい、このアイディアはオジャンとなりました。
　「空飛ぶ刃物」の第2弾は同じくアメリカ海軍の1948年に初飛行したチャンスボートF7U「カットラス（短剣）」です。
　カットラスは実用化された唯一の無尾翼艦上戦闘機となりましたが、使いがってが悪く、1954年に部隊編成、1957年には全機退役という短命でありました。
　ノースロップは1946年に全翼爆撃機XB-35を進空をさせましたが、アメリカ陸軍の最後のレシプロ爆撃機はライバルのコンベアB-36に破れ、採用とはなりませんでした。
　YB-35はジェット化されYRB-49まで進化しましたが、軍に採用されることはなく、ノースロップの全翼機の夢の実現は1988年まで待つことになったのであります。

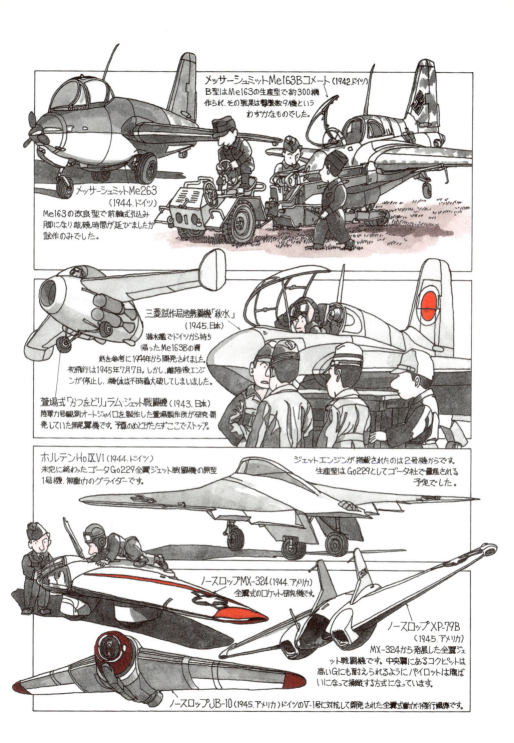

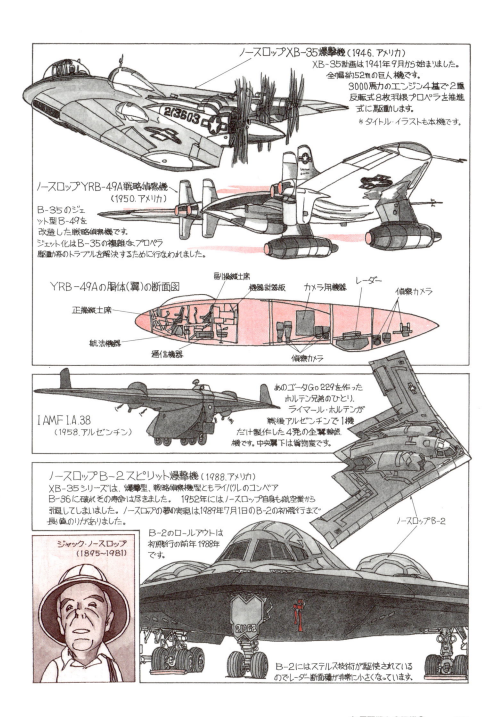

デルタ翼（三角翼）機❶
◆ ドイツ生まれの超高速デルタ翼機 ◆

　三角形はその形状がギリシャ文字のアルファベットの4番目、Δに似ているところから、デルタと呼ばれています。デルタ翼機は三角翼機のことであります。主翼の三角翼は必ず二等辺三角形であることは言うまでもありません。
　デルタ翼機は第2次大戦中にメッサーシュミットMe163コメートロケット戦闘機の設計者であるアレキサンダー・リピッシュ博士が考案したものです。博士は超高速デルタ翼ラムジェット戦闘機リピッシュP.13aの開発を計画していましたが、その滑空実験機DM1を完成したところで終戦をむかえました。
　戦後、アメリカはこのデルタ翼機の研究資料を入手し、陸軍とＮＡＣＡがコンベア社にターボジェットとロケットエンジンを共用した実用超音速戦闘機XF-92を試作発注しました。1946年のことであります。

　XF-92はその後、混合動力自体の問題からアフターバーナー付の純ジェット機XF-92Aへと進化しました。
　XF-92Aはスケールアップされて F-102の原型機となって、多難の中 F-106まで発達しました。コンベア社ではさらに超音速デルタ翼爆撃機B-58ハスラーを世に送り出しています。
　この混合動力で超音速を狙うアイディアは、1950年代のフランスでは数多く試みられています。
　そのひとつがシュド・エストSE212デュランダール戦闘機であります。テスト中に水平飛行でマッハ1.5をだすというなかなかのモノではありましたが、採用されたのはライバルのミラージュⅢでした。ミラージュⅢは、その後デルタ翼機のベストセラーとなりました。

コンベア F-102 デルタダガー
(1955, アメリカ)
マッハ1を超えられなかったYF-102を救ったのが当時NACA(現, NASA)が発見しましたエリア・ルールであります。胴体中部は細く、後部胴体はバルジを装着して丸くボリュームを付け、コカコーラのビンのような形、グラマーなスタイルに変身となりました。すると不思議、難なく音速を超えることができたのであります。

コンベア F-106 デルタダート (1956, アメリカ)

F-102デルタダガーの発達型で、開発当初はF-102Bと呼ばれていました。最初からエリア・ルールをとり入れて設計されています。当時、世界最高の装備と機能をもった全天候の単座戦闘機でした。1959年12月5日に2,455.736km/hの速度記録を樹立しています。

コンベア B-58 ハスラー (1956, アメリカ)
すっかりデルタ翼機がお得意となったコンベア社が開発したマッハ2クラスの戦略爆撃機であります。現役の期間は約10年でしたが数々の記録を打ち立てました。

コンベア F2Y シーダート
(1953, アメリカ)
アメリカ版二式水戦であります。飛行性能は優秀だったそうですが艦上ジェット戦闘機が発達したことにより唯一のデルタ翼水上ジェット戦闘機は開発中止になってしまいました。

144   Nobさんの飛行機グラフィティ2

デルタ翼(三角翼)機 ❶

デルタ翼（三角翼）機❷

◆ デルタ翼機の長所と短所 ◆

　飛行機の超音速飛行は、翼に後退角を付けて衝撃波発生を防ぐという後退翼機で実現できました。理論的には後退角は大きいほど衝撃波発生をふせぐには有利になるはずであります。しかし、後退角が大きくなりすぎると、翼の桁の付け根に加わる「ねじれ」の力は巨大なものとなり、桁の強度が大きな問題となってきます。
　そこで考案されたのが、両翼桁の先端を胴体を通してまっすぐな桁で結び補強するという方法であります。その結果は大成功でした。同じ前縁後退角をもった後退翼に比べ、格段にガッチリとした構造になりました。デルタ翼の誕生であります。
　普通の翼の飛行機が音速を突破する前後には揚力の急激な増減や、風圧中心の著しい移動が起こり、操縦に困難をきたすことになります。
　デルタ翼機では揚力は常に一定、風圧中心も不動の翼の前縁から3分の2の位置にあり、大きな迎え角でも失速しません。音速突破時のピッチアップにだって強いのです。他の平面形を持った飛行機よりもスムーズに音速を突破することができる、優れた飛行機なのでありますが……。
　ふつうデルタ翼機には水平尾翼はありません。補助翼や昇降舵の役目はデルタ翼の後縁に設置された動翼（エレボン）が行ないます。
　飛行中に迎え角を上げて速度を落とそうとエレボンを昇降舵のように上げ舵にすると翼断面型は逆キャンバー型となり、揚力の増加に対してマイナスの影響をあたえることになってしまいます。またエレボンを下げてフラップ下げの状況を願うとき、エレボンの働きは操縦者の意に反し、昇降舵の下げ舵の働きをし、飛行機を頭下げにしてしまうという欠点があります。
　この問題の解決案のひとつが尾翼付きデルタ翼機でありました。

デルタ翼(三角翼)機❷

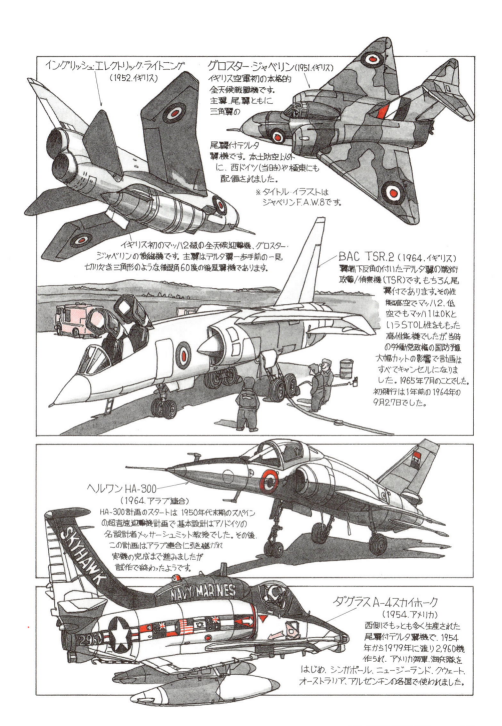

デルタ翼(三角翼)機❷

デルタ翼（三角翼）機❸
◆ カナード・デルタ翼機たち ◆

　超音速デルタ翼機の弱点は、離着陸時の揚力係数が少ないということであります。このことはデルタ翼機の「弁慶の泣き所」でありました。そこでとられた対策が、尾翼を追加設置するという方法でした。

　前項に登場したデルタ翼機は、尾翼が主翼の後方に設置された後尾翼機のグループの機体であります。

　同じねらいから尾翼の設置位置を主翼の前方とする先尾翼（エンテ、カナール、カナードとも呼ばれる）形式のデルタ翼機のグループがあります。

　先尾翼機の歴史は古く、飛行機の元祖ライト兄弟の「ライトフライヤー1」に始まります。その後、第2次大戦末期にはわが国の「震電」を初めとして、世界各国で先尾翼戦闘機が試作されましたが、実用化までいきませんでした。

　世界で初めて実用化された先尾翼軍用機は、スウェーデンが1961年に開発に着手し、1967年2月に初飛行に成功した、単座多用途戦術戦闘機サーブ37ビゲン、カナード・デルタ翼機であります。

　また先尾翼と後尾翼の両翼を備えるという3舵面形状のデルタ翼機のYe-6T-3、Ye-8が1960年代初めにミグ設計局で開発されましたが試作のみで終わっています。

　爆撃機の世界では、米ソ両国でそれぞれノースアメリカンB-70バルキリーやスホーイT-4というカナード・デルタ翼超音速戦略爆撃機が開発されましたが、実用化にはいたりませんでした。

　デルタ翼爆撃機で唯一実力を発揮できたのはアブロバルカンでした。バルカンにとってたった1度の実戦参加は、フォークランド紛争での長距離爆撃行で、これはデルタ翼爆撃機としても唯一の記録であります。この作戦をもってバルカンはすべて引退し、デルタ翼爆撃機の終焉となりました。

　その反面、デルタ翼戦闘機の繁栄はめざましく、タイフーンやラファールに代表される新鋭機の多くがカナード・デルタ翼機のスタイルであります。

デルタ翼(三角翼)機❸ 153

混合動力機❶

◆ 2種のエンジンを組み合わせたハイブリッド機 ◆

　混合動力機は異なった仕組みのエンジンを併用した飛行機、いわゆるハイブリッド飛行機であります。ハイブリッド飛行機は、地球にやさしいハイブリッドカーというよりも、いざという時にプラスアルファのパワーを出せる電動自転車的発想の飛行機です。

　離陸や離水時に広く使われている固体補助ロケットを装備した飛行機は、混合動力機とは別枠で考えたいと思います。

　混合動力機の動力は以下のような組み合わせで研究・開発、そして実用化が試みられました。
☆レシプロ・エンジンとラムジェット・エンジン（Ⅰ-15bisDM-02他）
☆レシプロ・エンジンとパルスジェット・エンジン（La-9RD他）
☆レシプロ・エンジンとロケット・エンジン（Su-7R他）
☆レシプロ・エンジンと補助ジェット・エンジン（Ⅰ-250他）
☆レシプロ・エンジンとターボジェット・エンジン（C-123J他）
☆ターボプロップ・エンジンとターボジェット・エンジン（P-2J他）
☆ターボジェット・エンジンとロケット・エンジン（XF-91他）
☆ターボジェット・エンジンとラムジェット・エンジン（P-80A-1）

　混合動力機の研究・開発は旧ソ連では結果はどうであれ早くも1939年にはⅠ-15bisDM-02開発に着手しています。ちなみにソ連では補助固体ロケットを装着しての短距離離陸試験を、1931年にイギリスのアブロ504Kを国産化したU-1で試み成功したそうであります。

　わが国では大戦末期に登場した「彗星」四三型は補助ロケット（四式噴進器）を4本装備し、このうち機首下面両側方の各1本は離陸時用のものですが、胴体下面爆弾倉後部に装備された2本は、退避時用として使用されるものでしたので、かろうじて混合動力機ということになります。

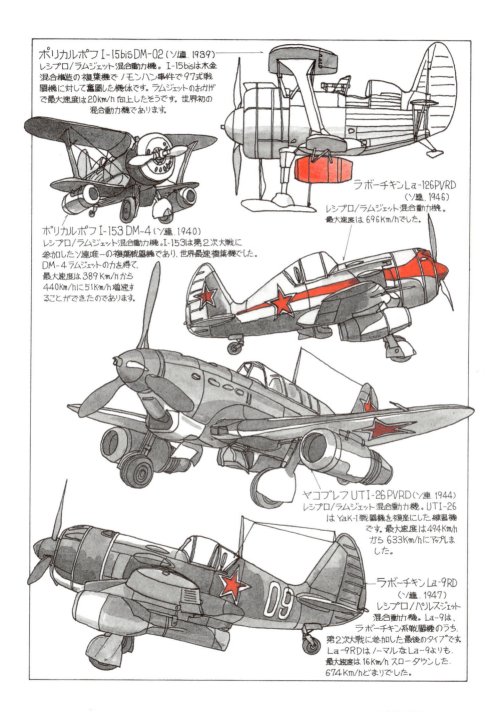

155

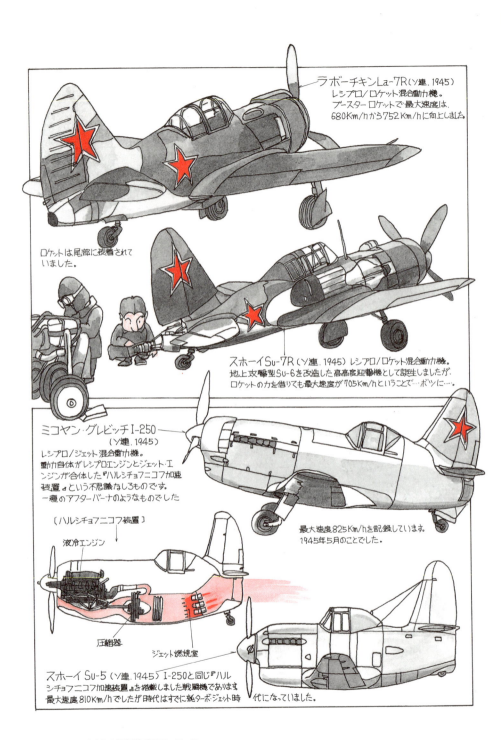

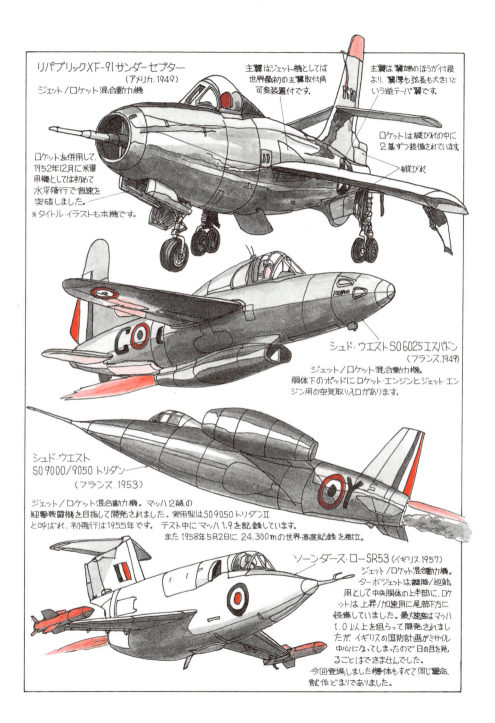

混合動力機❶　　157

混合動力機❷
◆いいとこどりの艦上機計画◆

　ジェット機が実用化されたのは第2次大戦中のことでした。その頃のジェット機は燃料消費量が多く、航続性能不足という欠点があり、さらに高速すぎる着陸速度が艦上機のジェット化の障害となっていました。

　そこでアメリカ海軍の出したアイデアが、着艦時や、巡航飛行時には効率の良いレシプロ・エンジンを使い、発艦時や高速飛行時の助っ人用にジェット・エンジンを装備するという、レシプロ機とジェット機の「いい所取り」の「虫のいい」混合動力艦上戦闘機の計画であります。

　護衛空母で運用できる艦隊防空用戦闘機として、この計画から生まれたのがライアンFRファイアボールです。

　ファイアボールの原型機XFR-1の初飛行は、第2次大戦中の1944年6月でした。本機は世界で初めて前輪式降着装置を採用した（ジェット噴流で空母の飛行甲板を傷めないため）艦上機であり、世界初の量産された混合動力機でもあります。高性能機ではありましたが、戦争終結にともない発注数は大幅に削減されて、66機の生産で終了しました。その上、追い討ちをかけるように、時代は純ジェット機の時代になっていたため、現役期間も短いものとなり、1947年半ばには第一線を退いていました。

　ファイアボールの発達型では、機首のレシプロ・エンジンに変えてターボプロップ・エンジンを装備した陸上基地用のF2Rダークシャークが開発されましたが、純ジェットの時代の流れに押し流されて、試作の段階で寿命はつきました。レシプロ／ジェットのカーチスF15Cや、世界初のターボプロップ／ジェットの混合動力機コンソリデーテッド・バルティーP-81も同じ運命でありました。

　これで命運尽きたかと思われた混合動力方式でありましたが、アメリカで大型機のスピードアップの方策として復活し、主翼下にジェット・エンジンをポッド式に追加装備した、レシプロ／ジェット機やターボプロップ／ジェット機として成功を収めています。

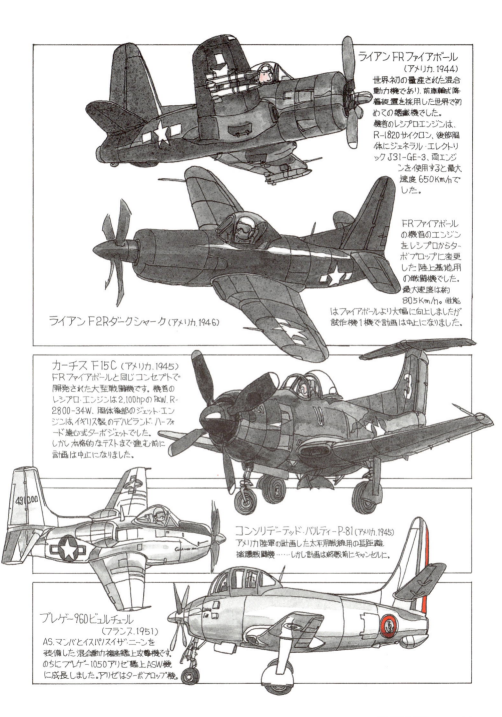

ライアン FR ファイアボール
(アメリカ.1944)
世界初の量産された混合動力機であり、前車輪式降着装置を採用した世界で初めての艦載機でした。機首のレシプロエンジンは、R-1820サイクロン、後部胴体にジェネラル・エレクトリックJ31-GE-3、両エンジンを使用すると最大速度650Km/hでした。

FRファイアボールの機首のエンジンをレシプロからターボプロップに変更した陸上基地用の戦闘機でした。最大速度は約805Km/h。性能はファイアボールより大幅に向上しましたが試作機1機で計画は中止になりました。

ライアン F2R ダークシャーク (アメリカ.1946)

カーチス F15C (アメリカ.1945)
FRファイアボールと同じコンセプトで開発された大型戦闘機です。機首のレシプロ・エンジンは2,100hpのP&W. R-2800-34W、胴体後部のジェット・エンジンはイギリス製のデハビランド・ハーフォード遠心式ターボジェットでした。しかし本格的なテストまで進む前に計画は中止になりました。

コンソリデーテッド・バルティー P-81 (アメリカ.1945)
アメリカ陸軍の計画した太平洋戦線用の長距離護衛戦闘機……しかし計画は終戦前にキャンセルに。

ブレゲー960ビュルチュール
(フランス.1951)
AS.マンバとイスパノスイザ・ニーンを装備した混合動力複座艦上攻撃機です。のちにブレゲー1050アリゼ艦上ASW機に成長しました。アリゼはターボプロップ機。

混合動力機❷

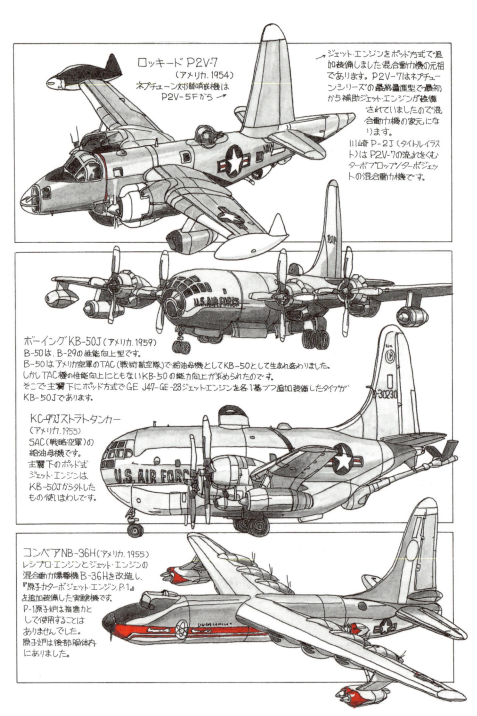

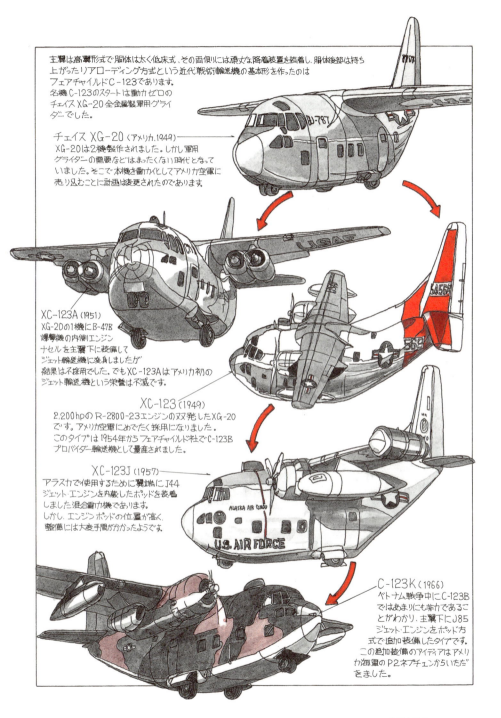

オールデイズ 空の守りのベテランたち

飛行機グラフィティ 番外篇1

昔むかしのその昔、そのまた昔、10年ひと昔×4の40年前の陸上自衛隊の対空兵器はミサイルよりも第2次大戦型の高射砲がまだまだがんばっていました。

☆90mm高射砲 M1A1
陸上自衛隊が保有した最大の高射砲です。

☆90mm高射砲 M2A1
自動信管測合装填機および防盾と2軸4輪ボギーが装着されいます。

☆18tけん引車 M4
90mm高射砲のけん引を担当していました。

☆75mm高射砲 M51
射撃用レーダーを含む射撃統制装置が砲と一体化しており、動力給弾装置で連続22発の発射ができます。
通称『空の掃除器(スカイ・スイパー)』

☆40mm高射機関砲 M1
スェーデンのボフォース社が開発・実用化した高射機関砲です。

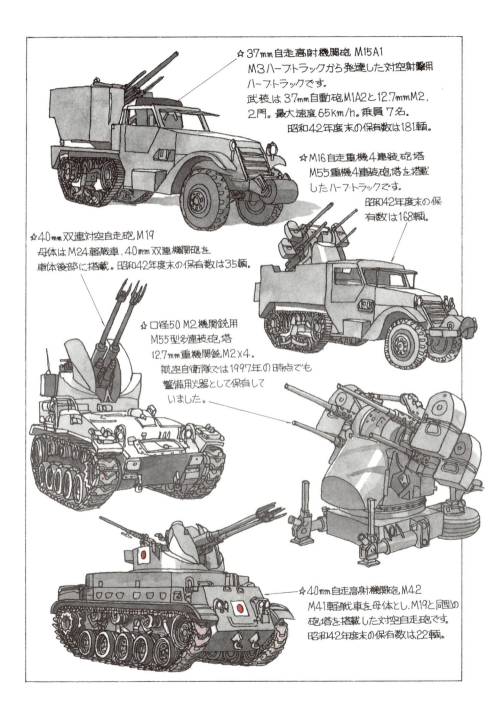

☆37mm自走高射機関砲 M15A1
M3ハーフトラックから発達した対空射撃用ハーフトラックです。
武装は37mm自動砲M1A2と12.7mmM2、2門。最大速度65km/h。乗員7名。
昭和42年度末の保有数は181輌。

☆M16自走重機4連装砲塔
M55重機4連装砲塔を搭載したハーフトラックです。
昭和42年度末の保有数は168輌。

☆40mm双連対空自走砲 M19
母体はM24軽戦車、40mm双連機関砲を車体後部に搭載。昭和42年度末の保有数は35輌。

☆口径50 M2機関銃用
M55型多連装砲塔
12.7mm重機関銃M2×4。
航空自衛隊では1997年の時点でも警備用火器として保有していました。

☆40mm自走高射機関砲 M42
M41軽戦車を母体とし、M19と同型の砲塔を搭載した対空自走砲です。
昭和42年度末の保有数は22輌。

番外篇❶ 163

水陸両用機❶

◆ 戦後まで日本には生まれなかった両棲類 ◆

　今から100年前の1903年12月17日、ライト兄弟が世界初の動力飛行に成功したライト・フライヤー1号機は、離陸は特設されたレール上を台車に載せて行ない、着陸はソリによるという、今からみるとだいぶ変則的な方式の降着装置をもった飛行機でありました。
　フライヤーの3号機は量産型のA型へと発展し、世界初の軍用機としてアメリカ陸軍に採用され、信号部隊に配備されました。
　この栄光の軍用第1号機の降着装置はフライヤー1号機となんら変わりがなかったので、着陸後は自力で移動することができない、手のかかる飛行機でありました。
　降着装置はすべての飛行機にとって必要欠くべからずのものであります。
　固定翼機では陸上機、艦上機ともに車輪式降着装置が主流ですが、水上機ではフロートやハイドロスキーを装備するものや、艇体を用いたものがあります。後者は飛行艇と呼ばれます。
　世界初の飛行艇は1912年に初飛行したライト兄弟のライバル、カーチスのフライング・ボート1号機であります。
　カーチスはこの翌年、カーチスA-2水上機を改造してOWL飛行艇を完成させました。本機の名称は、Over Water and Landの頭文字からきています。これから分かるように、OWL飛行艇は世界初の水陸両用機なのであります。この発明で、飛行機の生息空域は大きく広がりました。
　1912年に購入したカーチス水上機に始まった日本海軍航空は、1921（大正10）年にイギリスから招いたセンピル航空教育団によって近代化されました。そのとき教育団の持参した数多くの機材の中に、スーパーマリン・シール水陸両用飛行艇とヴィッカース・バイキング水陸両用飛行艇が2機ずつふくまれていました。
　しかしその後、わが国では水陸両用飛行艇が国産されることなく、国産水陸両用機の誕生は戦後の新明和US-1救難飛行艇まで待たなくてはなりませんでした。

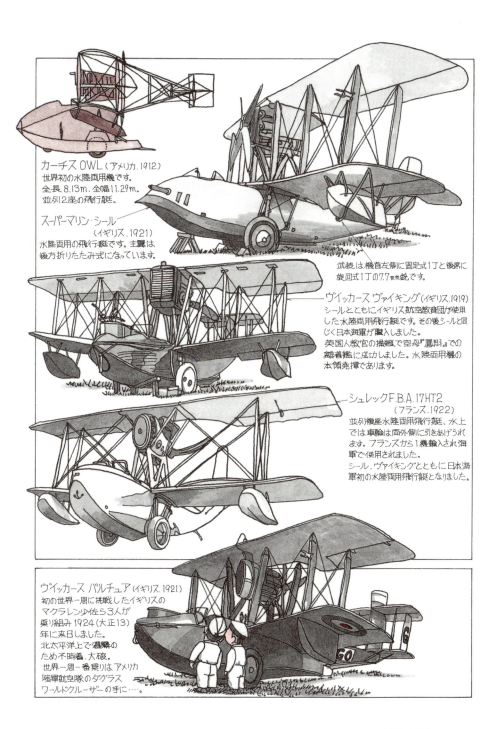

カーチス OWL（アメリカ．1912）
世界初の水陸両用機です。
全長 8.13m、全幅 11.29m。
並列2座の飛行艇。

スーパーマリン・シール
　　　　　　　（イギリス．1921）
水陸両用の飛行艇です。主翼は
後方折りたたみ式になっています。

武装は機首左側に固定式1丁と後席に
旋回式1丁の7.7mm銃です。

ヴィッカース ヴァイキング（イギリス．1919）
シールとともにイギリス航空教育団が使用
した水陸両用飛行艇です。その後シールと同
じく日本海軍が購入しました。
英国人教官の操縦で空母『鳳翔』での
離着艦に成功しました。水陸両用機の
本領発揮であります。

シュレック F.B.A.17HT2
　　　　　　　（フランス．1922）
並列複座水陸両用飛行艇、水上
では車輪は両外側に引きあげら
れます。フランスから1機輸入され海
軍で使用されました。
シール、ヴァイキングとともに日本海
軍初の水陸両用飛行艇となりました。

ヴィッカース バルチュア（イギリス．1921）
初の世界一周に挑戦したイギリスの
マクラレン少佐ら3人が
乗り組み 1924（大正13）
年に来日しました。
北太平洋上で濃霧の
ため不時着、大破。
世界一周一番乗りはアメリカ
陸軍航空隊のダグラス
ワールドクルーザーの手に…。

水陸両用機❶　　165

166　Nobさんの飛行機グラフィティ2

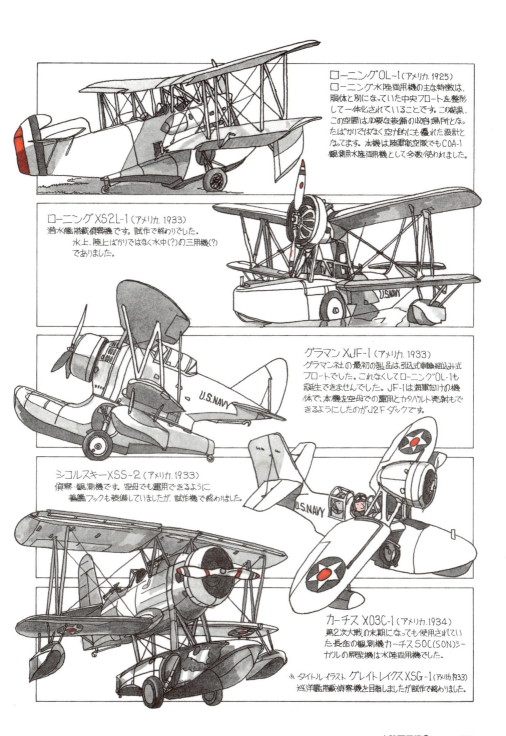

水陸両用機 ❶ 167

水陸両用機❷

◆ 名匠ミッチェルが手がけた海獣たち ◆

　日本海軍が初めて購入した水陸両用機スーパーマリン・シール（アザラシ）は、あの名機スピットファイアの設計者、ミッチェル技師の設計によるものであります。
　ミッチェルの設計した最初の水陸両用機は、1920年に行なわれたイギリス空軍省競合試作に参加した、単座水陸両用戦闘機シーキングでした。
　これに続く水陸両用機が三座偵察・観測機のシールとシーガル（海カモメ）です。ちなみに1922年のシュナイダー杯レースで優勝したシーライオン飛行艇は、シーガル2から改造されたレーサーでした。
　シーガルの後継機は、それまでの機体と異なり、エンジンを牽引式から推進式に改め、シーガル5として1933年に初飛行したのちのウォーラス（セイウチ）です。ウォーラスの働きは「艦隊の目」としてばかりではなく、1941年からは水上基地に配備され、救難機として海上に不時着した多数のパイロットを救助していま

す。ウォーラスはミッチェルが手がけた最後の水陸両用機でした。
　1938年に初飛行したシー・オター（ラッコ）はウォーラスの後継機で、スーパーマリン社最後の水陸両用機となりました。また、1950年にはその任務はヘリコプターに取って替わられ、イギリス海軍最後の制式複葉機ともなったのであります。
　一方、日本海軍が最後に購入した水陸両用機フェアチャイルドA-942の母国アメリカでは、1937年、グラマン社の水陸両用機第2弾、JRFグース（戦後、海上自衛隊にもアメリカ海軍から4機供与された）が初飛行しました。
　グースに続いて開発されたJ4Fウィジョン（アメリカヒドリガモ）は、グースを小型軽量化した水陸両用機でしたが、アメリカ沿岸警備隊に採用され、1942年にはメキシコ湾で、ドイツ潜水艦U-166を撃沈するという大殊勲を挙げています。ウィジョンは「山椒は小粒でもぴりりと辛い」水陸両用機でありました。

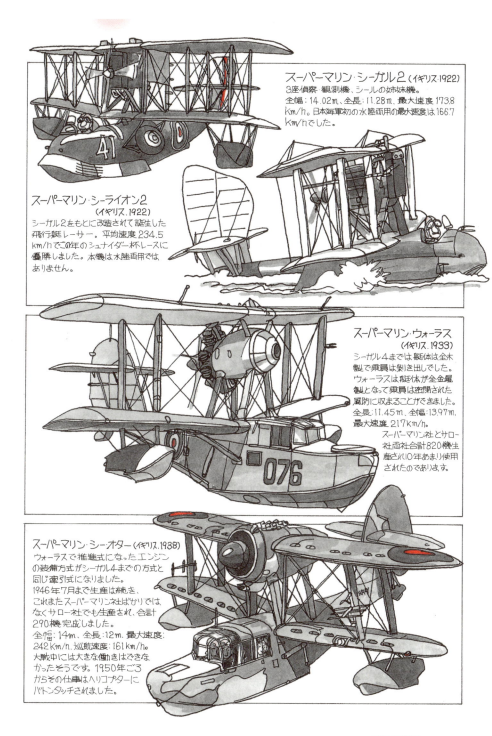

スーパーマリン・シーガル2 (イギリス・1922)
3座偵察・観測機、シールの姉妹機。
全幅：14.02m、全長：11.28m、最大速度 173.8 km/h。日本海軍初の水陸両用の最大速度は 166.7 km/h でした。

スーパーマリン・シーライオン2
(イギリス、1922)
シーガル2をもとに改造されて誕生した飛行艇レーサー。平均速度 234.5 km/h でこの年のシュナイダー杯レースに優勝しました。本機は水陸両用ではありません。

スーパーマリン・ウォーラス
(イギリス、1933)
シーガル4までは艇体は全木製で乗員は剥き出しでした。ウォーラスは艇体が全金属製となって乗員は密閉された風防に収まることができました。
全長：11.45m、全幅：13.97m、最大速度 217km/h。
スーパーマリン社とサロー社両社合計820機生産され10年あまり使用されたのであります。

スーパーマリン・シーオター (イギリス、1938)
ウォーラスで推進式になったエンジンの装備方式がシーガル4までの方式と同じ牽引式になりました。
1946年7月まで生産は続き、これまたスーパーマリン社ばかりではなくサロー社でも生産され、合計290機完成しました。
全幅：14m、全長：12m、最大速度：242km/h。巡航速度：161km/h。
大戦中には大きな働きはできなかったそうです。1950年ごろからその仕事はヘリコプターにバトンタッチされました。

水陸両用機❷ 169

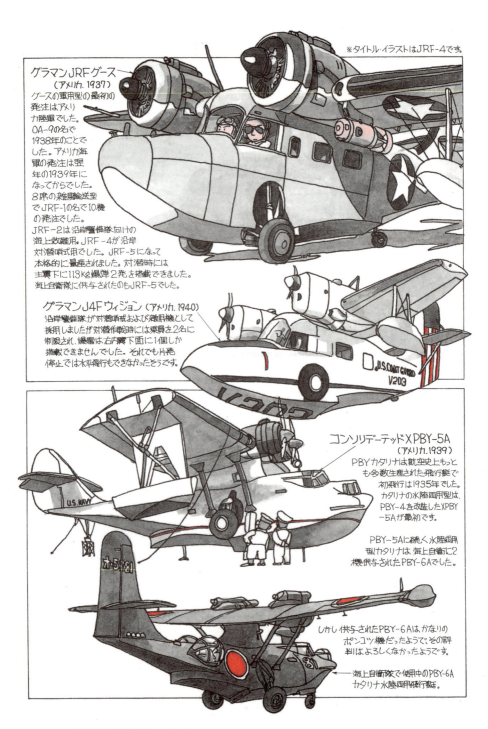

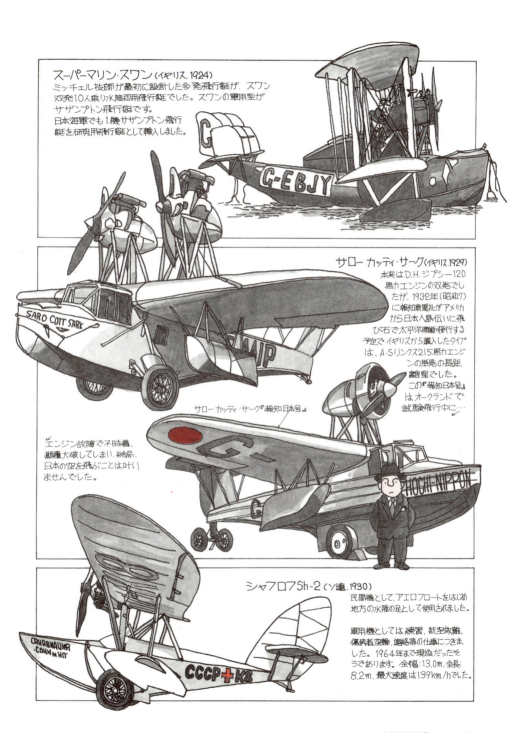

スーパーマリン・スワン（イギリス、1924）
ミッチェル技師が最初に設計した多発飛行艇が、スワン双発10人乗りの水陸両用飛行艇でした。スワンの軍用型がサザンプトン飛行艇です。
日本海軍でも1機サザンプトン飛行艇を研究用飛行艇として輸入しました。

サロー カッティ・サーク（イギリス、1929）
本来はD.H.ジプシー120馬力エンジンの双発でしたが、1932年（昭和7）に報知新聞社がアメリカから日本へ島伝いに飛び石で太平洋横断飛行する予定でイギリスから購入したタイプは、A・Sリンクス215馬力エンジンの単発の長距離型でした。
この『報知日本号』は、オークランドで試験飛行中に…

サロー カッティ・サーク『報知日本号』

エンジン故障で不時着、顛覆大破してしまい、結局、日本の空を飛ぶことは叶いませんでした。

シャフロフSh-2（ソ連、1930）
民間機として、アエロフロートをはじめ地方の水陸の足として使用されました。

軍用機としては、練習、航空救難、傷病者空輸、連絡等の仕事につきました。1964年まで現役だったそうであります。全幅：13.0m、全長：8.2m、最大速度は139km/hでした。

水陸両用機❷　　171

水陸両用機❸

◆日本にもいた"あほうどり"◆

　1947年10月1日、1機の水陸両用機が初飛行に成功しました。XJR2F-1ペリカンであります。
　Xは試作機、Jは雑用、Rは輸送、2は2番目、Fはグラマン社製機を、-1はその最初の型式をそれぞれ意味しています。ペリカンは機名です。
　ペリカンの開発はグースの後継機として大戦中の1944年11月に始まりました。
　戦争終結のため初飛行は遅れましたが、1948年にはグラマン社にペリカン58羽の発注がありました。
　その内訳は、アメリカ空軍向け救難型SA-16Aを20機、アメリカ海軍向けの雑用型UF-1を6機と哨戒型PF-1を32機でした。
　この時点でペリカンは海洋で活動する機種らしく「アルバトロス」に改名されました。Rの輸送任務の場合はペリカンの旧名のほうがふさわしいことはいうまでもないことであります。ペリカン便なんちゃって……。

　1961年10月3日、アルバトロスの性能向上型、UF-2の新造機6機がアメリカ政府から海上自衛隊に供与され、全機が大村基地に配備されました。ここでアルバトロスは機名を「かりがね」へ再度改名されました。
　これはアルバトロスの和名が「あほうどり」であったためかどうかは、定かではありません。
　またこの前年にアメリカ海軍から海上自衛隊に供与されたUF-1は、アルバトロスの名のままで改造され、PS-1開発用実験飛行艇UF-XSに変身しています。
　このUF-XSから得られた成果から、戦後初の飛行艇で世界に誇る新明和PS-1哨戒飛行艇が誕生し、その発展型US-1救難飛行艇が1974年に初飛行に成功しました。US-1は初の国産水陸両用機であります。また、US-1Aの能力向上型、新明和US-1A改救難飛行艇が2003年の4月22日にロールアウト、12月18日に初飛行しました。世界で最も新しい水陸両用機であります。

172　Nobさんの飛行機グラフィティ2

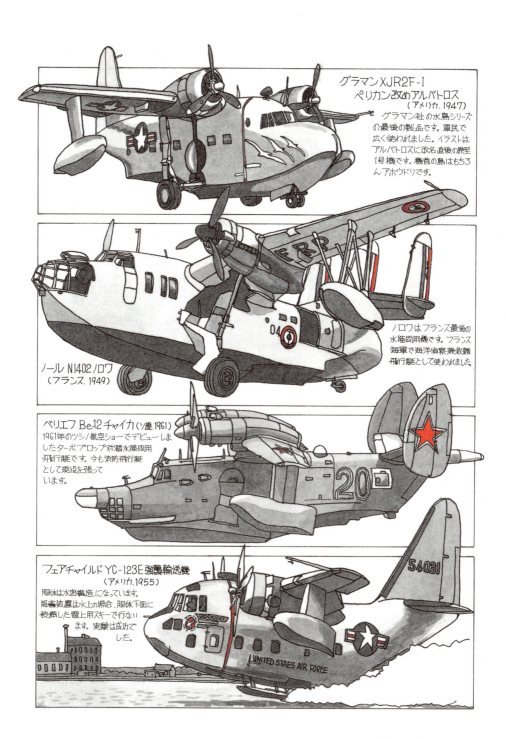

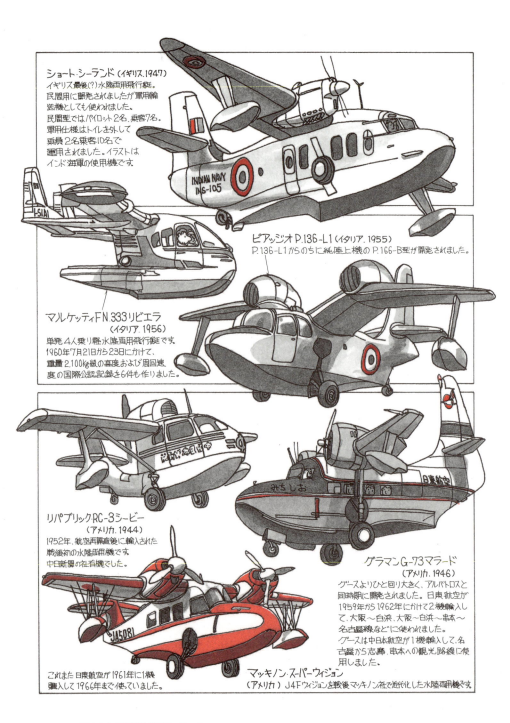

174　Nobさんの飛行機グラフィティ2

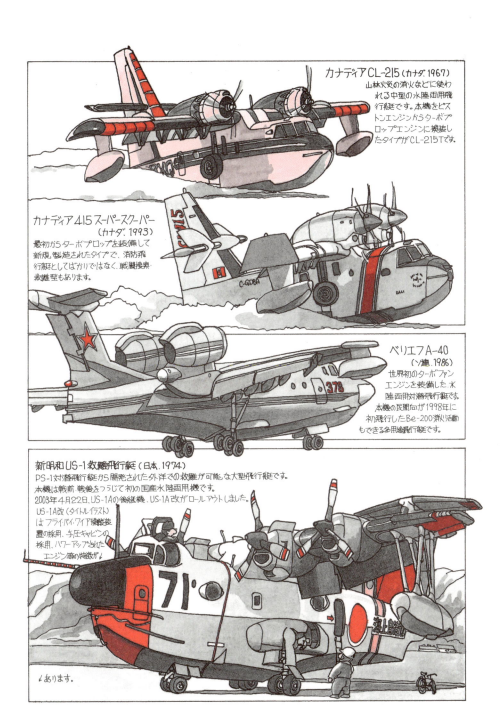

回転翼機❶

◆ オートジャイロ一代男の情熱 ◆

　現在の航空機（エアクラフト）の主流は飛行機（エアプレーン）の固定翼機とヘリコプターに代表される回転翼機であります。
　しかし、今ではスポーツ航空の世界でしか見ることのできない回転翼機、オートジャイロが脚光を浴びた時代がありました。それは回転翼機の黎明期、大戦間の事であります。
　1923年1月9日、スペインのマドリッドで1機の回転翼機が初飛行に成功しました。本機C.4は設計者ファン・デ・ラ・シェルヴァ自身によって「オートジャイロ」と名付けられたのであります。
　1928年にはシェルヴァC.8Lオートジャイロは旅客1名を乗せてシェルヴァの操縦により、ロンドンのクロイドン空港からパリのルブルージェ空港まで飛び、回転翼機として初のイギリス海峡横断に成功しました。
　その後、オートジャイロは世界各国でライセンス生産されるようになり、1930年代には実用化に向けての各種試験が試みられました。

　アメリカではピットケーンXOP-1がアメリカ海軍空母「ラングレー」への着艦に成功し、回転翼機による艦船への初の着艦記録となりました。
　わが国でのオートジャイロのデビューは、1932年に朝日新聞社がイギリスから輸入したシェルヴァC.19ですが、軍用では翌年に陸軍がアメリカから学芸技術奨励寄付金で購入したケレットK-3「愛国」81、82号機であります。陸軍ではさらに、アメリカ陸軍で実用化試験中のケレットKD-1Aを1機輸入して、これをもとに開発したカ号観測機を大戦末期には作戦に投入しています。
　オートジャイロ初の実戦経験は、シェルヴァの母国、スペインの内戦で人民政府軍が使用した、各1機のシェルヴァC.19、C.30でした。このスペイン内戦が始まった1936年の12月、オートジャイロの発明者シェルヴァは、クロイドン空港でのKLM旅客機の墜落事故で亡くなりました。享年50歳。

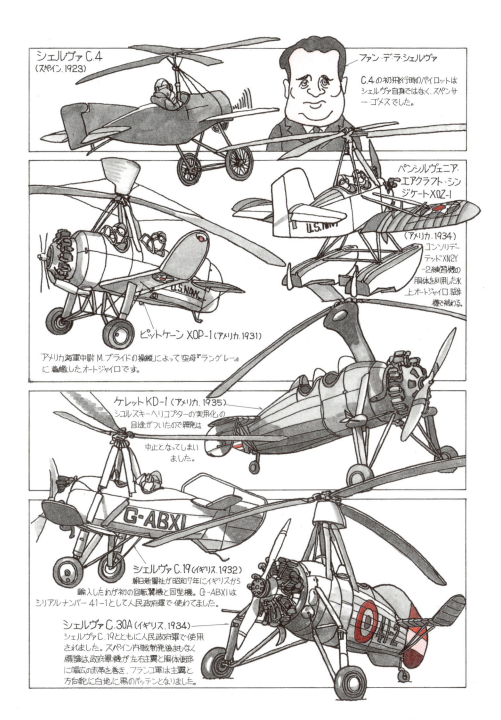

177　回転翼機❶

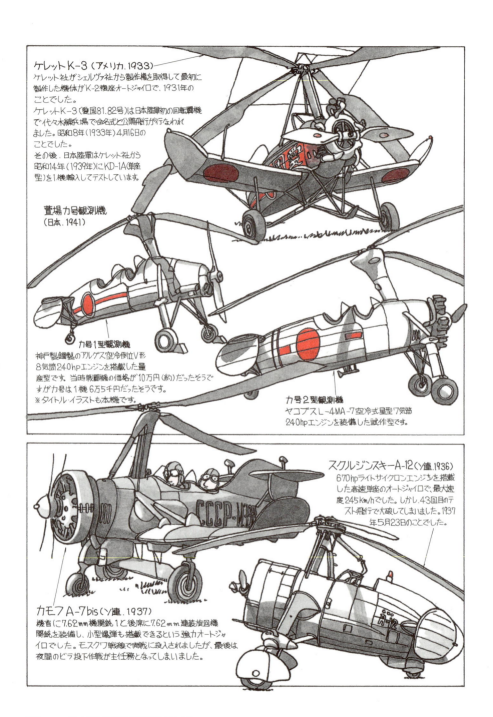

ケレットK-3（アメリカ,1933）
ケレット社がシェルヴァ社から製作権を取得して最初に製作した機体が「K-2複座オートジャイロで、1931年のことでした。
ケレットK-3（愛国81.82号）は日本陸軍初の回転翼機で代々木練兵場で命名式と公開飛行が行なわれました。昭和8年（1933年）4月16日のことでした。
その後、日本陸軍はケレット社から昭和14年（1939年）にKD-1A（単座型）を1機輸入してテストしています。

萱場カ号観測機
（日本,1941）

カ号1型観測機
神戸製鋼製のアルゲス空冷倒立V形8気筒240hpエンジンを搭載した量産型です。当時戦闘機の価格が10万円（約）だったそうですがカ号は1機6万5千円だったそうです。
※タイトル・イラストも本機です。

カ号2型観測機
ヤコブスL-4MA-7空冷式星型7気筒240hpエンジンを装備した試作型です。

スクルジンスキーA-12（ソ連,1936）
670hpライトサイクロンエンジンを搭載した高速単座のオートジャイロで、最大速度245km/hでした。しかし、43回目のテスト飛行で大破してしまいました。1937年5月23日のことでした。

カモフA-7bis（ソ連,1937）
機首に7.62mm機関銃1と後席に7.62mm連装旋回機関銃を装備し、小型爆弾も搭載できるという強力オートジャイロでした。モスクワ戦線で実戦に投入されましたが、最後は夜間のビラ投下作戦が主任務となってしまいました。

178　Nobさんの飛行機グラフィティ2

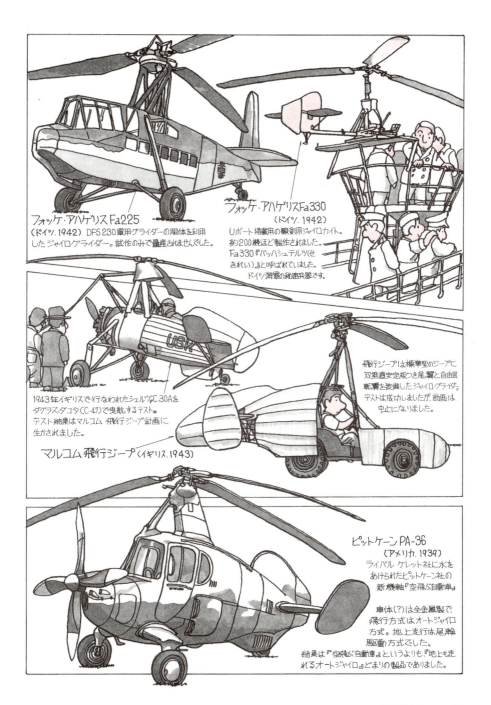

179
回転翼機❶

回転翼機❷

◆自転車屋さんが造ったヘリコプター◆

　現在の動力付き航空機の二大勢力は、固定翼機と回転翼機であります。その回転翼機を代表するのがヘリコプターです。
　ヘリコプターの起源はレオナルド・ダ・ビンチの「エアスクリュー」といわれています。これはギリシャのアルキメデスが発見した「回転するネジの原理」に基づくもので、ヘリコプターの概念を表わすものとされています。ダ・ビンチはヘリコプターの「生みの親」であります。
　1863年、フランスのポントン・ダメクールが小さな蒸気機関がついた回転翼機の模型の実験に成功し、フランスとイギリスの特許を取りました。この回転翼機の名前はフランス語で「エリコプテール」、ここから後に「ヘリコプター」という英語が生まれました。ダメクールがヘリコプターの「名付け親」ということになります。
　自転車屋さんのライト兄弟が初飛行に成功した4年後の1907年には、早くも、フランス人ポール・コルニュのヘリコプターが自由飛行に成功しました。奇しくもコルニュの本業も自転車屋さんでありました。今日の航空機界の隆盛は自転車屋さんあってのことなのであります。
　ヘリコプターは回転翼（ロータ）のトルクを打ち消すために、さまざまな工夫がされてきました。
　シングル・ロータ式では現在、大半のヘリコプターが採用している尾部に反トルク・ロータを持つ形式のものと、ロータの先端に推進装置を持つ翼端駆動式のものがあります。
　2個の回転翼を持ち、それぞれを反対方向に回転させてトルクを打ち消すツイン・ロータ式には、同軸反転式、ロータが前後に串型に配置されたタンデム・ロータ式、ロータが並列になっているサイド・バイ・サイド・ロータ式、ロータが交差して回転する交差双ロータ式があります。
　この現用機につながる各形式は、ヘリコプターが実用化された第2次大戦末期にはすべて出そろっていたのであります。

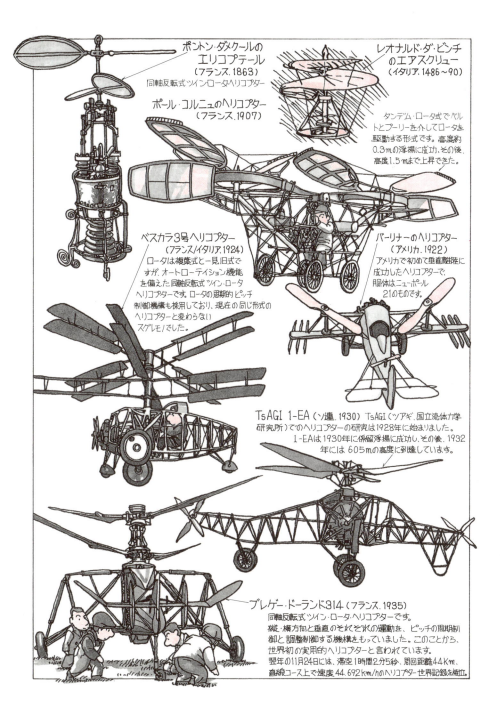

回転翼機 ❷   181

シコルスキーVS-300（アメリカ.1940）近代実用ヘリコプターの原型となったシングル・ロータ式の機体です。本機に実用機としての装備を加えて開発されたのがR-4で、陸軍に多数採用されました。初飛行は1942年1月13日。

シコルスキーS2（ソ連.1910）
シコルスキーの2作目のヘリコプターで、同軸反転式ツイン・ロータでしたが失敗作でした。これを機にシコルスキーは固定翼機の開発に転換しました。

海軍でもHNS（タイトルイラスト）の名で少数機使用しました。戦時中、イギリス海軍でも『ホーバーフライ1』の名称で2機使われています。

シコルスキーR-5（アメリカ.1943）
R-4より大型で搭載量を大きくした本格的な実用機で、タンデム式複座のシングル・ロータヘリコプターです。着陸装置はS-51系とは異なり尾輪式となっています。
機首には小さな補助輪がついています。

シコルスキーR-6（アメリカ.1944）
動力のフランクリンO-405-9は初めてヘリコプター用に開発された発動機です。R-6は陸軍名で、海軍名HOS、イギリス海軍では『ホーバーフライ2』の名称で15機使用しました。

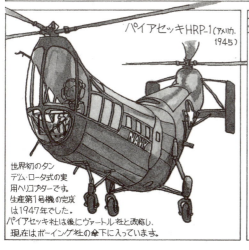

パイアセッキHRP-1（アメリカ.1945）
世界初のタンデム・ロータ式の実用ヘリコプターです。生産第1号機の完成は1947年でした。
パイアセッキ社は後にヴァートル社と改称し、現在はボーイング社の傘下に入っています。

ベルモデル30（アメリカ.1943）
ベル社の第1号ヘリコプター。後に、名機モデル47に発展しました。
1945年にはエリー湖で2名の漁師を航空救難で救助したことが公表されています。

回転翼機❷　　183

回転翼機❸

◆揺籃期の翼端駆動方式◆

　現在、回転翼機の代表であるヘリコプターは、メイン・ロータがひとつで尾部にトルクを打ち消すための反トルク・ロータを持った、シングル・ロータ形式が主流になっています。

　しかし、翼機の揺籃期である1940年代後半から50年代にかけて、同じシングル・ロータ形式ながら、テール・ロータを必要としない、翼端駆動方式の機体が数多く開発されました。

　翼端駆動方式はロータを回転させるための動力伝達軸やギアボックスが不要となるため、非常に構造が簡単となり、軽量化も計れるという、空を飛ぶ機械には願ってもない方式なのです。

　1949年に初飛行したマクダネルXH-20リトル・ヘンリーは、世界初のラムジェット動力翼端駆動方式ヘリコプターで、燃料はプロパンガスでした。本機はこれ以降、数多く開発されたワンマン・ヘリコプターの先駆をなすものでありました。

　固定翼機に絶対不可能なヘリコプターの能力に機外吊り下げ能力があります。そこを見込まれて、クレーン・ヘリコプターという専門職も登場しました。

　1952年に初飛行したヒューズXH-17は、2基のターボジェット・エンジンを装備し、高圧ガスを二枚のロータ・ブレードの先端から噴射して推力を得るという、翼端駆動方式のクレーン・ヘリコプターで、そのロータ直径は39.6m、高さは9.14mという超大型のヘリコプターでした。

　ヘリコプターはロータから揚力と推進力を得るという方式のため、速度の面で限界があります。そこでヘリコプターと固定翼機とのいいとこ取り、垂直離着陸ができてスピードも出るという翼端駆動方式の複合ヘリコプター、マクダネルXV-1やフェアリー・ロートダインが開発されました。

　わが国でも戦争中にカ号観測機を製作した萱場工業が、戦後、ラム・ジェット方式の複合ヘリコプター、ヘリプレーンを試作しましたが、飛行するまでにはいたりませんでした。

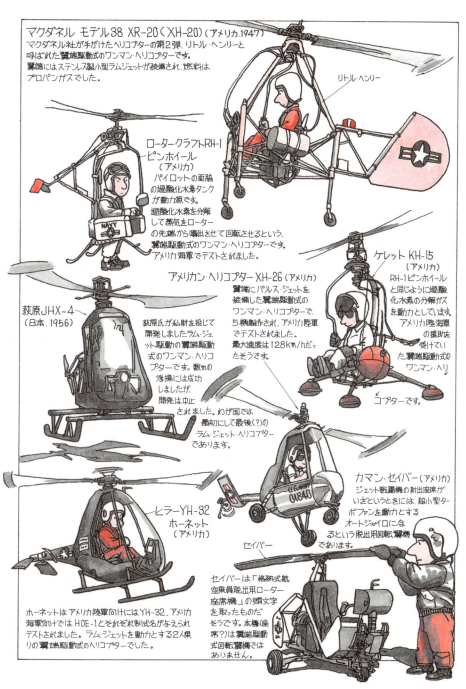

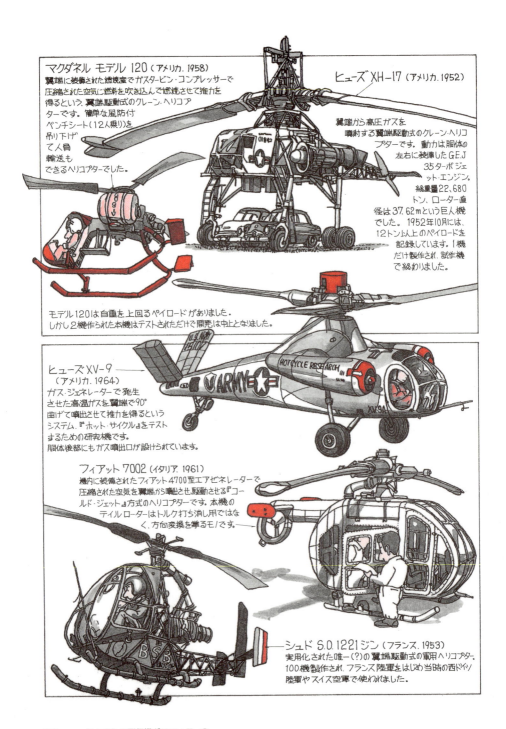

187　回転翼機❸

Nobさんの"ぬり絵"飛行機グラフィティ

☆サーブ35ドラケン
1958年2月15日に初飛行したサーブ社初のマッハ2級の超音速戦闘機です。ドラケンの最大の特徴はSTOL性を重視したダブル・デルタ翼になります。606機製作されダブル・デルタ翼はデンマーク、フィンランドに輸出されました。

☆サーブJAS39グリペン
グリペンは戦闘(J)、攻撃(A)、偵察(S)の各用途に適合する多目的戦闘機です。翼のアレンジはビゲンと同じクロース・カップルド・デルタと呼ばれる型式です。
1992年9月に量産1号機が初飛行に成功しました。

☆サーブ37ビゲン
ビゲンは補強された森林の中を走る高速道路を使用して作戦を行なうらしいです。そのため着陸距離を縮めるために戦闘機には珍しいスラスト・リバーサーを装備しています。岩場をくぐりぬいた、洞穴式格納庫を使用するので垂直尾翼は折りたたみ方式となっています。
ビゲンには攻撃型のAJ37、偵察型のSF37、SH37は哨戒攻撃型、複座練習機のSK37、
それと、全天候制空要撃型のJA37の各型があります。
ビゲンの最大特徴はビゲンもダブルになったデルタ翼です。

※本書冒頭のカラー口絵をお手本に、下のイラストに色をぬってみよう！

回転翼機❹
◆ 双回転翼のいろいろ ◆

　普段何気なく見ているわが国を飛行するヘリコプターの中に、時として、分類学的には非常に特殊なタイプが存在していることに「ヘェ、ヘェ、ヘェ」と気がつくことがあります。
　そのヘリコプターは、CH-47「チヌーク」であります。本機は現在世界で生産されています唯一のタンデム・ロータ式双回転翼機なのですから「ヘェ、ヘェ、ヘェ」とならざるを得ません。
　テイル・ロータを持たずに、ロータのトルクの影響を無くす方式には、前項登場の翼端駆動式や、2個のロータをそれぞれ反対の方向に回転させる双回転翼式があります。
　双回転翼式には、チヌークのようにタンデム・ロータ式といわれるロータを前後に並べた方式の他に、カモフKa27／32ヘリックスのようにロータが同軸で反回転する、同軸反回転ロータ式や、ミルMi-12が採用したロータを並列に装備したサイド・バイ・サイド式、また並列双ロータ式の一種でロータが互いに交差する交差ロータ式があります。この方式はカマンKH-43が採用し、在日米軍基地ではお馴染みでありました。
　チヌークは世界初のタンデム・ロータ式実用機のパイアセッキHRP-1「フライングバナナ」の直系にあたるヘリコプターですが、初飛行は1961年、もう大ベテランであります。
　後継者のXCH-62A（ボーイング・バートル・モデル301）計画が立ち消えになってしまったので、チヌークは最後のタンデム・ロータ式の回転翼機になるかも知れません。
　また、デビュー当時、史上最大のヘリコプターといわれ、数かずの重量挙げ世界記録を作ったMi-12も試作機で終わり、サイド・バイ・サイド式の回転翼機も系列が途絶えています。
　ただひとり気を吐いているのが同軸反転ロータ方式で、最新型は1982年に初飛行しましたカモフKa-50／52ホーカムであります。

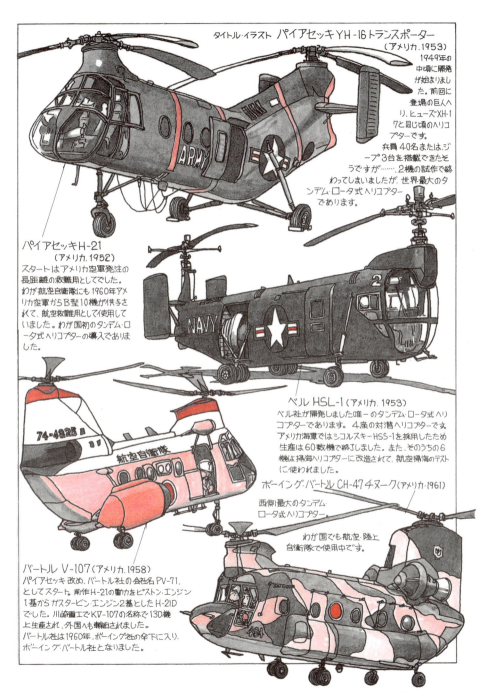

タイトル・イラスト パイアセッキ YH-16 トランスポーター
(アメリカ.1953)

1949年の中頃に開発が始まりました。前回に登場の巨人ヘリ、ヒューズXH-17と同じ頃のヘリコプターです。
兵員40名または、ジープ3台を搭載できたそうですが……。2機の試作で終わってしまいましたが、世界最大のタンデム・ロータ式ヘリコプターであります。

パイアセッキ H-21
(アメリカ.1952)

スタートはアメリカ空軍発注の長距離の救難用としてでした。わが航空自衛隊にも1960年アメリカ空軍からB型10機が供与されて、航空救難用として使用していました。わが国初のタンデム・ロータ式ヘリコプターの導入でありました。

ベル HSL-1 (アメリカ.1953)

ベル社が開発しました唯一のタンデム・ロータ式ヘリコプターであります。4座の対潜ヘリコプターです。アメリカ海軍ではシコルスキーHSS-1を採用したため生産は60数機で終了しました。また、そのうちの6機は掃海ヘリコプターに改造されて、航空掃海のテストに使われました。

ボーイング・バートル CH-47 チヌーク (アメリカ.1961)

西側最大のタンデム・ロータ式ヘリコプター。
わが国でも航空・陸上自衛隊で使用中です。

バートル V-107 (アメリカ.1958)

パイアセッキ改め、バートル社の会社名 PV-71. としてスタート。前作H-21の動力をピストン・エンジン1基からガスタービン・エンジン2基としたH-21Dでした。川崎重工でKV-107の名称で130機上生産され、外国へも輸出されました。
バートル社は1960年、ボーイング社の傘下に入り、ボーイング・バートル社となりました。

回転翼機❹ 191

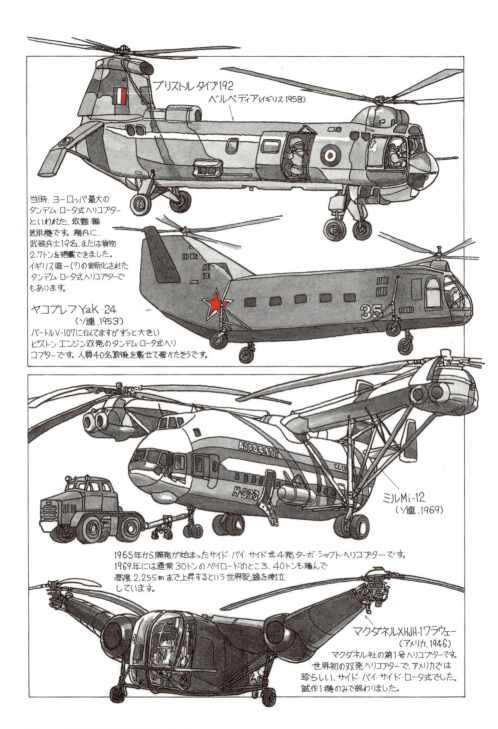

回転翼機❹　　193

自衛隊のヘリコプター❶
◆ ゴジラに出演した陸自H-19 ◆

　1952年、GHQによって禁止されていた航空が再開されました。この年、さっそく登録された日本国籍初の回転翼機は民間機でした。登録記号JA7001、産経新聞社所有のシコルスキーR-6Aヘリコプターであります。

　本機はアメリカ軍から払い下げを受けた軍用機、転職中古ヘリコプターでしたがあまり飛ばないうちに、同年の8月26日の台風で多摩川河川敷の格納庫がつぶされ、大破し修理不能になってしまったのであります。

　戦後、わが国で最初に正式採用された軍用回転翼機は、海上自衛隊の前身組織である海上警備隊が、1953年にベル社から購入した4機のベル47D-1であります。ベル47D-1は川崎航空機（のちの川崎重工）で国産化され、1954年には6機の川崎製47D-1がH-13Eとして、陸上自衛隊の前身、保安隊に採用されています。

　また、海上自衛隊では海上警備隊時代に、ベル47D-1に続いて、シコルスキーS-51をイギリスのウエストランド社がライセンス生産した、WS-51Mk.1Aを3機、シコルスキーS-55を3機相次いで導入しています。

　シコルスキーS-55は陸上自衛隊でも発足直後の1954年からH-19Cというアメリカ陸軍式の呼称で計31機が導入されました。輸送、操縦訓練、ヘリボーン作戦の訓練等、多用途に使用された本機は、ルーキー時代の1年目、この年の11月に公開された、東宝映画『ゴジラ』の第1作に出演しています。昭和29年のことであります。

　S-55は3自衛隊が共通して採用した最初の回転翼機でした。

　航空自衛隊の採用は発足後3年目の1957年からです。初の救難ヘリコプターとしてH-19Cの呼称で1961年までに21機導入され、後の航空救難団の基礎を築きました。

　ちなみに本機に続く3自衛隊共通回転翼機は、KV-107-Ⅱであります。

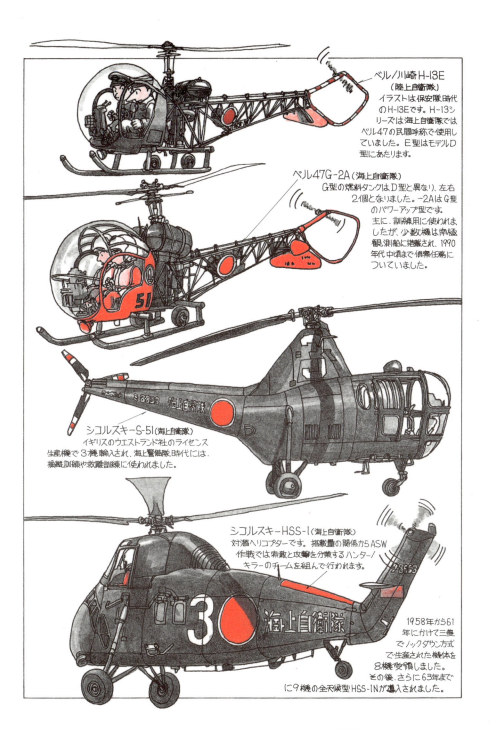

自衛隊のヘリコプター❶ 195

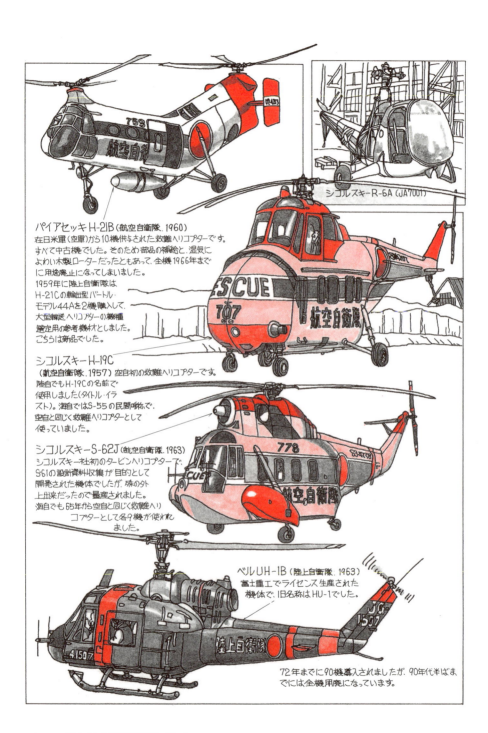

シコルスキーR-6A (JA7001)

パイアセッキ H-21B (航空自衛隊, 1960)
在日米軍（空軍）から10機供与された救難ヘリコプターです。すべて中古機でした。そのため部品の補給と、湿気によわい木製ローターだったともあって、全機1966年までに用途廃止になってしまいました。
1959年に陸上自衛隊は、H-21Cの輸送型バートル・モデル44Aを2機購入して、大型輸送ヘリコプターの機種選定用の参考機材としました。こちらは新品でした。

シコルスキー H-19C
(航空自衛隊, 1957) 空自初の救難ヘリコプターです。陸自でもH-19Cの名前で使用しました（タイトル・イラスト）。海自ではS-55の民間呼称で、空自と同じ救難ヘリコプターとして使っていました。

シコルスキー S-62J (航空自衛隊, 1963)
シコルスキー社初のタービンヘリコプターで、S-61の設計資料収集が目的として開発された機体でしたが、殊の外上出来だったので量産されました。海自でも65年から空自と同じ救難ヘリコプターとして各9機が使われました。

ベルUH-1B (陸上自衛隊, 1963)
富士重工でライセンス生産された機体で、旧名称はHU-1でした。

72年までに90機導入されましたが、90年代半ばまでには全機用廃になっています。

196 Nobさんの飛行機グラフィティ2

自衛隊のヘリコプター❶

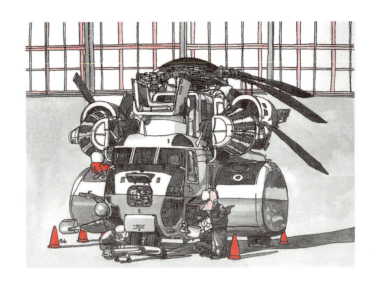

自衛隊のヘリコプター❷

◆冷戦時代に現われた"毒蛇"◆

　これまでに3自衛隊が共通で使用した航空機は、シコルスキーH-19C（S-55）やバートルKV-107Ⅱ、シコルスキーUH-60J等のヘリコプターだけであります。
　バートルKV-107Ⅱは1963年に、海上自衛隊に引き渡された機雷掃海用モデルが最初の自衛隊機でした。続いて1966年には陸上自衛隊が輸送ヘリコプターとして導入し、1年後の1967年には航空自衛隊が捜索救難型の配備を開始しました。
　陸自の51736号機は、自衛隊使用機で唯一の機内に座席を配置した角窓のバートルで、要人輸送任務のVIP専用機でした。また、沖縄の那覇駐屯地に配備されたバートルは、離島間を飛行するその特性から、海自や空自の使用機のように、航続距離を延ばす円筒型スポンソンタンクが追加装備されています。全機川崎重工でライセンス生産された機体です。
　1977年、陸上自衛隊にまったく新しいカテゴリーのヘリコプターが研究用に導入されま

した。日本への脅威がノドンやテポドンではなく、極東ソ連軍だった時代、ヘリボーン作戦では輸送ヘリを護衛し、敵戦車をも撃破できる重武装・重装甲の攻撃ヘリコプター・ベルAH-1Sコブラの登場です。
　最初のコブラ部隊が誕生したのは1986年でした。コブラははじめの研究用の2機を除いて、全機富士重工のライセンス生産機です。
　ヒューズOH-6J／Dは川崎重工でライセンス生産され、陸自においては1969年から観測・連絡ヘリコプターとして、海自では1973年から練習用ヘリコプターとして導入されました。海自機のD型の1機は南極観測船「しらせ」の飛行科に配備されていました。
　1989年から配備が開始された海上自衛隊のシコルスキーMH-53Eシードラゴン機雷掃海ヘリコプターは、軍民問わずわが国が保有した最大のヘリコプターであります。当初12機取得の計画ではありましたが、価格高騰のため11機になってしまいました。

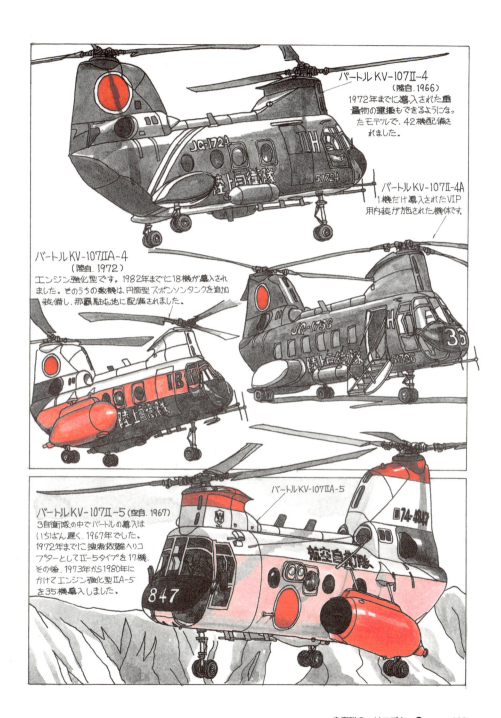

バートル KV-107II-4
（陸自. 1966）
1972年までに導入された重量物の運搬もできるようになったモデルで、42機配備されました。

バートル KV-107IIA-4A
1機だけ導入されたVIP用内装が施された機体です。

バートル KV-107IIA-4
（陸自. 1972）
エンジン強化型です。1982年までに18機が導入されました。そのうちの数機は、円筒型スポンソンタンクを追加装備し、那覇駐屯地に配備されました。

バートル KV-107II-5 (空自. 1967)
3自衛隊の中でバートルの導入はいちばん遅く、1967年でした。1972年までに捜索救難ヘリコプターとしてII-5タイプを17機、その後、1973年から1980年にかけてエンジン強化型IIA-5を35機導入しました。

バートル KV-107IIA-5

自衛隊のヘリコプター❷　199

自衛隊のヘリコプター❸
◆これから現われる新鋭たち◆

　長い間、3自衛隊の使用する回転翼機、ヘリコプターは、すべて輸入機かライセンス生産機でした。
　1996年、わが国初の純国産のオートジャイロではない軍用回転翼機、ヘリコプターが初飛行に成功しました。陸上自衛隊のOH-6Dの後継機で、観測・警戒・機上指揮機として開発された、川崎OH-1です。
　OH-1の技術的特徴のひとつは、複雑なローターハブ機構を必要としない、複合材製のヒンジレス・ローターハブを採用したことであります。この技術は『ハワード・ヒューズ賞』を受賞し、世界的に高く評価されました。
　OH-1の登場でOH-6Dの川崎でのライセンス生産は1997年に終了しました。このことで、とばっちりを受けたのは同機を訓練用に使用していた海上自衛隊でした。この結果、訓練用ヘリコプターの導入は輸入となり、マクダネル・ダグラスのMD500をOH-6DAの名称で使用することになってしまいました。
　1986年には陸上自衛隊と航空自衛隊でボーイングCH-47Jチヌークの導入が始まり、陸自ではKV-107Ⅱの後継機として、空自ではレーダーサイトやミサイルサイトへのいわゆる端末輸送用に、空自初の輸送用ヘリコプターとして採用されました。
　1987年に初飛行したSH-60Jは、シコルスキーUH-60のASWモデルで、海上自衛隊の第3世代の対潜哨戒ヘリコプターとなりました。また、UH-60Jは1991年には、空自と海自にそれぞれ救難ヘリコプターとして採用され、陸自でも1998年にUH-1Hの後継汎用ヘリコプターとして、UH-60JA初号機の引き渡しを受け、シコルスキーUH-60は、3代目の3自衛隊共通ヘリコプターとなったのであります。
　しかし、UH-60JAは高価なことから陸自の汎用ヘリコプターは、UH-1Hのパワーアップモデル、UH-1Jとのハイ・ロー・ミックスで運用される結果となりました。
　1986年に総理府から防衛庁に移管され、陸自所属になったアエロスパシアルAS332Lは、自衛隊初のヨーロッパ製のヘリコプターで、第1ヘリコプター団隷下の特別輸送飛行隊で全

自衛隊のヘリコプター❸ 203

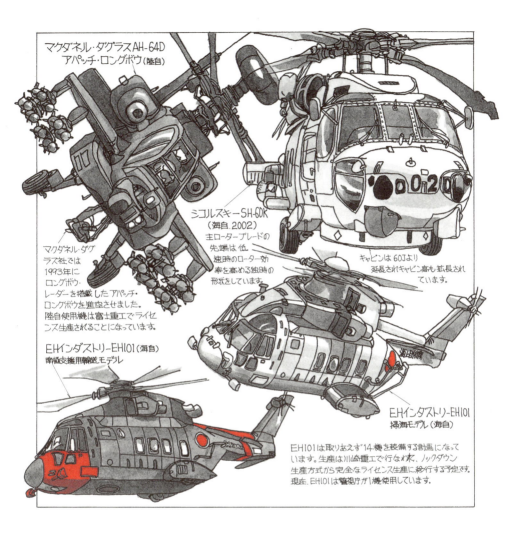

3機が運用されています。
　21世紀に入った自衛隊新ヘリコプターの第1弾は、海自のSH-60Jを三菱重工が独自に改造、2002年から実用試験に入り、2005年8月に量産初号機が引き渡されたSH-60K哨戒ヘリコプターです。
　これに続くのが2001年に導入が決定された陸自のAH-1Sの後継機、ボーイングAH-64Dアパッチ・ロングボウ戦闘ヘリコプターです。
　また、2003年に海自は次期掃海・輸送および南極支援用ヘリコプターにEHインダストリーEH101の導入を決めました。自衛隊として2番目のヨーロッパ製ヘリコプターであります。このあたりまで自衛隊ヘリコプターの近未来です。

速度記録と高速軍用機❶

◆ 速度記録の始まり ◆

　航空機の記録は1905年10月14日にパリに設立されたFAI（国際航空連盟）によって認定されています。FAIで公認される記録には、国際記録と世界記録があります。

　国際記録は、気球、陸上機、水上機、回転翼機、グライダー、各機種別のレコードです。この国際記録の中の5種目、直線距離、周回距離、高度、基本線上速度、周回速度の各機種を通じての最高記録が世界記録になります。

　1906年12月31日にFAIは、1906年11月12日にサントス・デュモン14bis複葉機が記録した飛行距離220メートルと、1907年10月26日にボアザン・ファルマンI複葉機による飛行距離771メートルのふたつが、公認直線飛行距離世界記録と発表しました。また飛行距離と飛行時間から計算したそれぞれの値、41.27km／hと52.66km／hが公認速度記録となりました。速度記録の始まりであります。

　FAIの公認記録の第1号の栄冠がライト兄弟には与えられなかった理由は、明らかに誤解によるものでした。

　当時、ライト兄弟は2作目のフライヤーIIの飛行で1904年に開発した、やぐらの重りにつないだレール上の台車に機体を載せて加速させるという、重量落下式カタパルトを使用していたからであります。

　離陸補助装置を使用することは、自力で離陸するというFAIの規定に反するということとなり、そのとばっちりで、この方式を使わなかった1903年12月17日のフライヤーIによる『人類初の動力飛行』成功までもが、公認されないはめになってしまいました。

　ライト・フライヤー機による世界記録は、1909年5月20日にフランスで樹立された54.8km／hの速度記録でした。その後、速度の世界記録は次々と塗り替えられて、第1次世界大戦の前年の1913年には速度世界記録は時速200キロメートルを超える203.81km／hという速度をドペルデュッサン競速機が樹立しました。しかし、この時点で人類が体験していた最高速の乗物は飛行機ではなく、「スタンリー・スチーマー」という名の蒸気機関自動車でした。その速度は1906年に樹立した205.30km／hであります。

　世界速度記録を樹立した各飛行機は黎明期の日本陸海軍航空隊と意外と縁深く、ライト・フライヤー複葉機を初めとして、その血筋を活かして、ブレリオ単葉機やニューポール単葉機、ドペルデュッサン水上機が、少数機ではありますが高速練習機として使用されました。

206　Nobさんの飛行機グラフィティ2

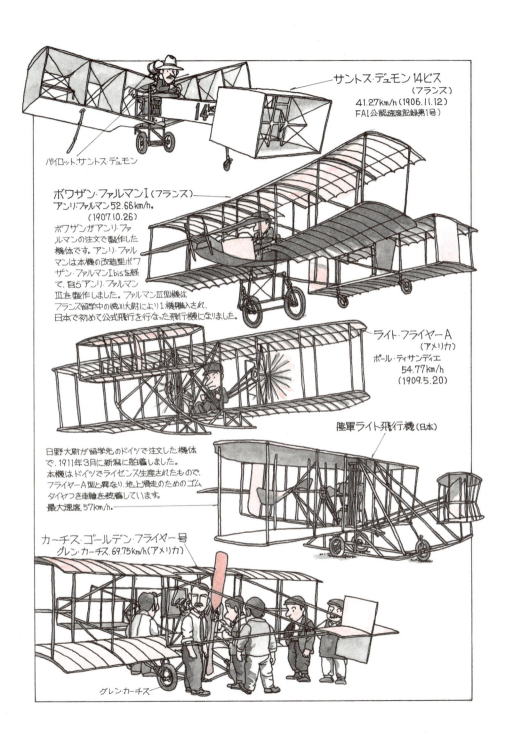

速度記録と高速軍用機❶   207

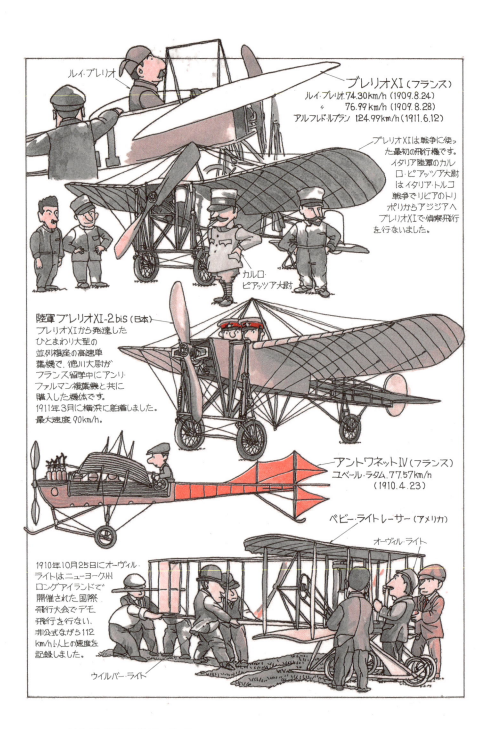

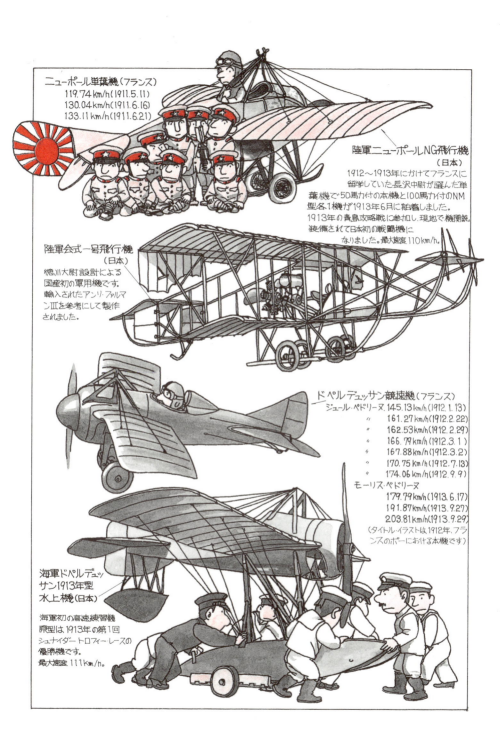

速度記録と高速軍用機❶

速度記録と高速軍用機❷
◆飛行機の速度を向上させたWWI ◆

　1914年8月1日、ドイツはオーストリア・ハンガリー側に立ってロシアに宣戦布告。第1次世界大戦が始まりました。
　大戦中の航空記録は、FAI（国際航空連盟）の認定記録とはなりません。大戦が終結した1918年11月11日までの4年3ヵ月の間の国際記録空白の時代は、飛行機が大きく進歩した時でもありました。
　第1次大戦では、戦前の1913年にフランスのドペルデュッサン競速機の記録した世界記録、203.81km／hを上回る最大速度を持った多くの軍用機が登場したのであります。
　1916年4月に初飛行に成功したフランスのスパッドS.Ⅶ複葉単座戦闘機は最大速度196km／hの高速機でした。本機の設計者はドペルデュッサン競速機を設計したルイ・ペシュローです。
　スパッドS.Ⅶ戦闘機の発達型、1917年4月4日に進空したスパッドS.ⅩⅢ戦闘機は、最大速度222km／hにというさらなる高速機となりました。
　この両スパッド戦闘機はコウノトリの飛行大隊マークを描き、第1次大戦のフランスのナンバー1エース、フォンク（75機撃墜）やナンバー2のギンヌメール（54機撃墜）の乗機として活躍しました。
　日本陸軍はスパッドS.ⅦC1を1917（大正6）年12月、機数不明ながら研究用に輸入しています。当時日本最速機といわれたそうです。
　大戦後の1919〜20年（大正8〜9年）にかけて100機の大量のスパッドS.ⅩⅢC1が輸入され、陸軍でス式13型の名称で、高速戦闘機による戦闘大隊が編成されたのであります。本機の名称が、丙式一型戦闘機と改称されたのは、翌年12月のことです。
　この頃、第1次大戦で連合軍の一員だった日本に、ドイツで受領した戦利品、フォッカーD.ⅧやユンカースJ.9（D.Ⅰ）等の戦闘機が到着しました。いずれも最大速度200km／h以上の高速軍用機であります。

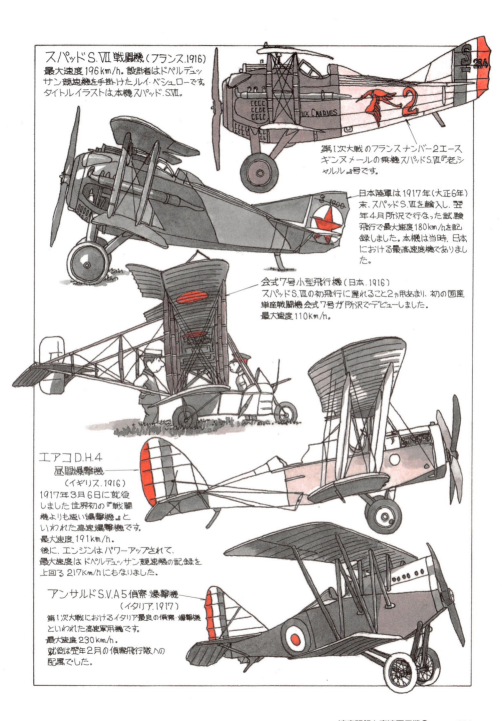

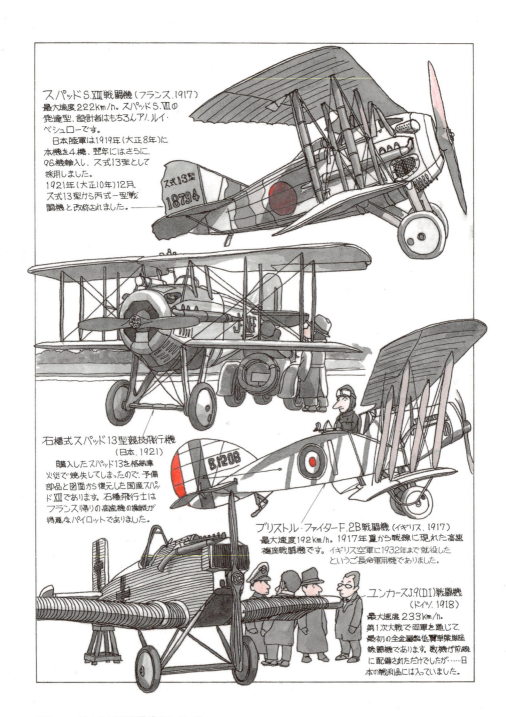

速度記録と高速軍用機❷　213

速度記録と高速軍用機❸

◆ 時速400kmの壁を突破 ◆

 最大速度とはエンジンの連続最大出力状態での水平定常飛行時の速度です。
 一般的に飛行速度は、プロペラ機の場合、次の要素から略算することができます。定数150を掛けたプロペラ効率に馬力を掛けた値を、抗力と空気密度と翼面積を掛けた値で割った三乗根で表わせます。個々の機体では最大速度を得るには、最大の出力をだせ、最も有利な空気密度の高度で、出来るかぎり小さい抗力で飛行することであります。
 1920年1月20日、FAI（国際航空連盟）は公式世界記録を承認する新規定を発表しました。速度記録は1kmの直線コースを2往復した平均速度とすることになったのであります。第1次大戦前の世界記録は飛行距離を飛行時間で割ったものでした。
 この新規定に基づく戦後最初の公認世界速度記録は、同年2月7日のニューポール29複葉機によるもので平均速度275.2km／h、パイロットはフランスのサディ・ルコアントでした。
 ルコアントは同じ年の10月20日には、時速300kmの壁を破る302.48km／hを記録し、さらに、12月12日には313.00km／hに世界速度記録を更新しました。日本陸軍が同型機を甲式四型戦闘機として制式採用する2年前のことであります。
 この時のルコアントのライバルはスパッド・エルブモン複葉機と、パイロットのベルナール・ド・ルマネでした。日本陸軍は1921年に、エルブモン競速機を複座戦闘機に発展させたモデルを3機輸入し、丙式二型戦闘機と命名し、研究用として使用しました。最大速度220km／h。
 当時、日本における最高速機は川西K-2競速機で、最大速度は234km／hでした。
 1923年11月4日には時速400kmの壁も破られました。カーチス・ネイビー・レーサーR2C-1が樹立した417.06km／hの速度記録であります。

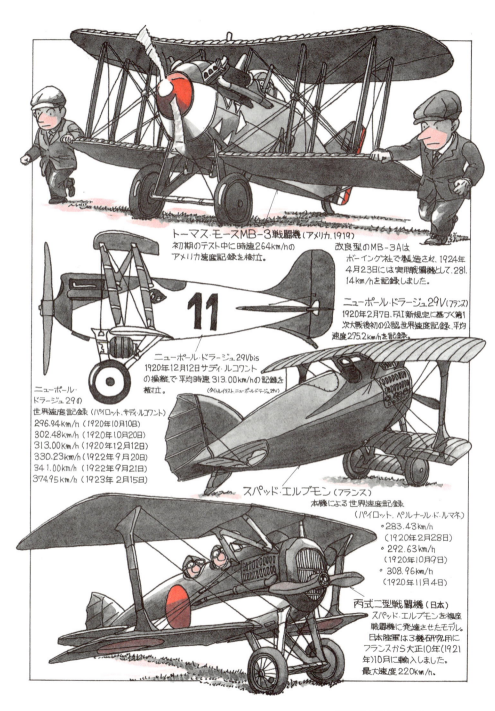

トーマス・モースMB-3戦闘機(アメリカ、1919)
初期のテスト中に時速264km/hの
アメリカ速度記録を樹立。

改良型のMB-3Aは
ボーイング社で製造され、1924年
4月23日には実用戦闘機として、281.
14km/hを記録しました。

ニューポール・ドラージュ29V(フランス)
1920年2月7日、FAI新規定に基づく第1
次大戦後初の公認世界速度記録、平均
速度275.2km/hを記録。

ニューポール・ドラージュ29Vbis
1920年12月12日サディ・ルコワント
の操縦で平均時速313.00km/hの記録を
樹立。
(タイトルイラスト：ニューポール・ドラージュ29V)

ニューポール・
ドラージュ29の
世界速度記録(パイロット、サディ・ルコワント)
296.94km/h (1920年10月10日)
302.48km/h (1920年10月20日)
313.00km/h (1920年12月12日)
330.23km/h (1922年9月20日)
341.00km/h (1922年9月21日)
374.95km/h (1923年2月15日)

スパッド・エルブモン(フランス)
本機による世界速度記録
(パイロット、ベルナール・ド・ルマネ)
○ 283.43km/h
 (1920年2月28日)
○ 292.63km/h
 (1920年10月9日)
○ 308.96km/h
 (1920年11月4日)

丙式二型戦闘機(日本)
スパッド・エルブモンを複座
戦闘機に発達させたモデル。
日本陸軍は3機研究用に
フランスから大正10年(1921
年)10月に輸入しました。
最大速度220km/h。

速度記録と高速軍用機❸ 215

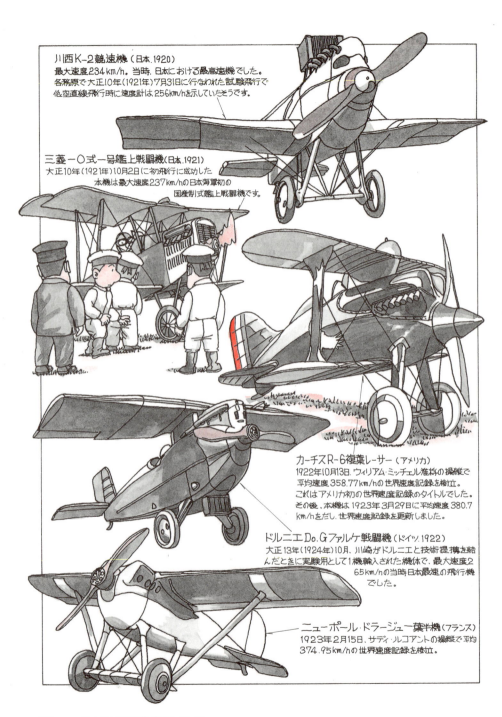

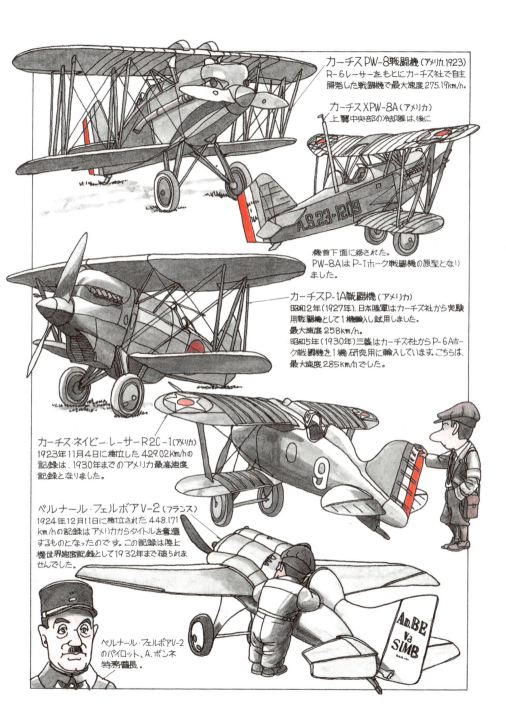

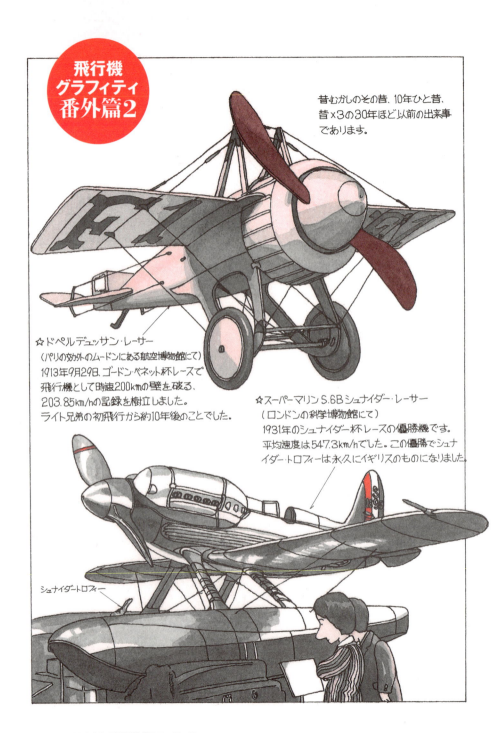

ご対面！スピード記録を作った名機たち

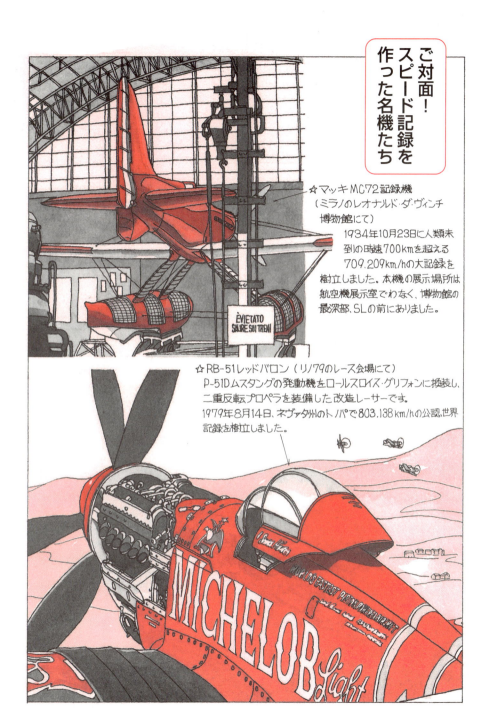

☆マッキMC72記録機（ミラノのレオナルド・ダ・ヴィンチ博物館にて）
1934年10月23日に人類未到の時速700kmを超える709.209km/hの大記録を樹立しました。本機の展示場所は、航空機展示室でなく、博物館の最深部、SLの前にありました。

☆RB-51レッドバロン（リノ79のレース会場にて）
P-51Dムスタングの発動機をロールスロイス・グリフォンに換装し、二重反転プロペラを装備した改造レーサーです。
1979年8月14日、ネヴァダ州のトノパで803.138km/hの公認世界記録を樹立しました。

番外篇❷　219

速度記録と高速軍用機❹
◆レーサー顔負けの戦闘機◆

ライト兄弟が人類初の動力付き飛行機による飛行に成功したとき、飛行速度は約45km／hでした。

それから20年あまりで、人類は400km／hの速度を体感するまでになったのであります。

1930（昭和5）年、FAIは公認記録に関する規定を改正しました。飛行速度の世界記録は3kmのコースを2回往復し、この4回の速度の平均値を記録とするというものでした。

新記録と認定されるには、現在の記録を8km／h以上超過しなくてはなりません。

また、コースに進入する手前500mからコースの最終地点まで、高度は正確に75m（水上機は150m）以下を保ち、さらに、離陸から着陸までの間、高度400m以上に上昇することは禁止されていました。もちろん、コースに入るにさいして、急降下で速度を増すことも違反です。

この新規定が適用される以前の1927年11月4日、水上機が陸上機の世界速度記録を凌ぐ、489.29km／hを記録しています。イタリアのマッキM.52であります。翌年には、本機の改良型マッキM.52bisが500km／hを超える、512.69km／hの記録を樹立し、世界速度記録を更新しました。

1930年代に入ると、最大速度300km／h以上の軍用機が、相次いで進空しました。

1930年9月に初飛行したポーランドのP.Z.L.P-7戦闘機は最大速度327km／hの当時、世界唯一の全金属製制式戦闘機でありました。翌年の1月22日には、川崎KDA-5戦闘機の試作2号機が、日本機としての最高速度335km／hを記録しています。本機は同年10月には九二式戦闘機として制式化されたのであります。

1934年2月18日に初飛行したソ連のTsKB-12戦闘機の原型2号機は、最大速度約450km／hという陸上レーサーなみの当時世界最高速の戦闘機でした。後に制式化され、I-16戦闘機となりました。

220　Nobさんの飛行機グラフィティ2

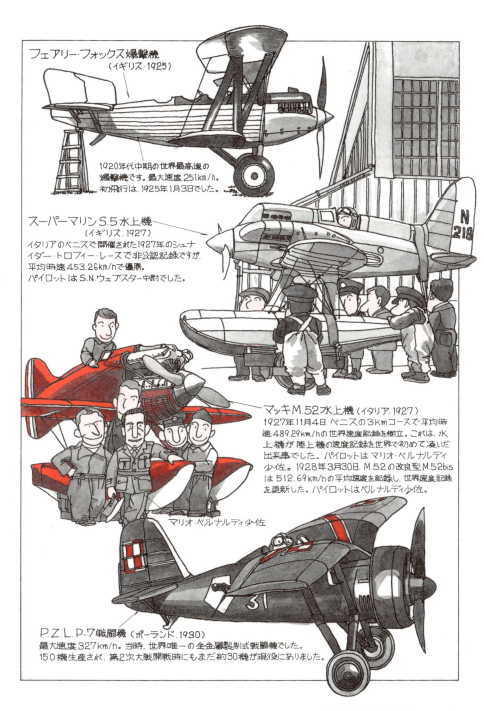

221

速度記録と高速軍用機❹

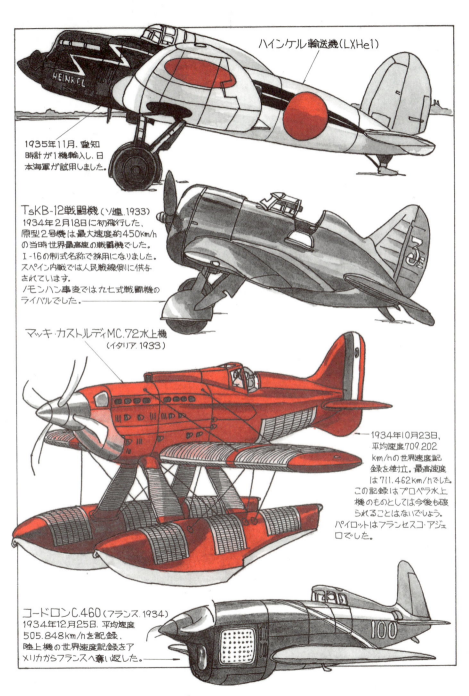

速度記録と高速軍用機❹

速度記録と高速軍用機❺
◆ 高速陸上軍用機時代の到来 ◆

　1935（昭和10）年3月16日、ドイツは再軍備を宣言しました。翌年の7月17日には、スペインで内戦が勃発。時代は第2次世界大戦の前夜であります。
　イギリスのハリケーンやスピットファイア、ドイツのメッサーシュミットBf109、と引込脚・低翼の近代軍用機が続々と進空した時代でありました。
　メッサーシュミットBf109V13試作戦闘機は1937年11月11日、平均速度610.53km／hの陸上機速度記録を樹立しました。
　アメリカでは1939年、高速プロペラ機の必須アイテムの排気タービン過給機の付いた試作戦闘機、ロッキードXP-38、ベルXP-39が相次いで初飛行に成功しています。高速軍用機の時代の到来であります。
　この年の3月30日、ドイツでハインケルHe100V8試作戦闘機が、平均速度746.60km／hの速度記録を樹立しました。これは陸上機の世界速度記録の新記録であり、1934年のイタリアのマッキMC72水上機の速度記録を破るものであります。
　この記録はひと月あまり後の4月26日、メッサーシュミットBf109RことメッサーシュミットMe209V速度記録機によって更新されてしまいました。そのFAI公認記録は平均速度755.138km／hでした。
　He100V8試作戦闘機は再度世界記録に挑戦する機会を失い、He100D戦闘機の原型機の道を進むことになったのであります。ハインケル社では独自にD-0型3機とD-1型12機を製作しましたが、ドイツ空軍で制式化されることはありませんでした。
　D-0型3機は1941（昭和16）年、日本海軍に売却されました。
　AXHe1の名称で試験された本機は、国産化の計画もありましたが、結局不採用になりました。日本海軍は、最大速度665km／hの高速戦闘機を戦力とする機会を逸したのであります。

速度記録と高速軍用機⑤

速度記録と高速軍用機❻
◆ 陸軍のプロジェクトX「研3」 ◆

ドイツでメッサーシュミットMe209V1速度記録機が、平均速度755.138km／hの世界速度記録を樹立した1939（昭和14）年の秋、わが国では、この世界速度記録に挑戦する速度研究機の試作計画がスタートしました。

航研（東京帝国大学航空機研究所）が陸軍の依頼を受けて設計し、川崎航空機が製作した陸軍川崎キ-78「研3」試作高速研究機開発計画であります。

将来の高速実用戦闘機研究に役立つことも考慮して、陸軍の試作機番号「キ」ナンバーが付けられています。

しかし、いきなり世界速度記録をねらう機体を製作するには、あまりにも経験不足でありました。

そこでまず、速度700km／hをめざす機体を作り、高速機製作のノウハウの蓄積に努めることになりました。そんなところから本機を航研では「研3中間機（研3第1号機）」と呼んでいたそうです。

昭和17年11月、試作機完成。その年の暮れから試験飛行が始まり、翌年の12月27日に行なわれた、第31回目の飛行で速度699.9km／hを記録し、「研3第1号機」は速度目標を達成しました。

しかし、次のステップ、世界速度記録挑戦、プロジェクトX「研3第2号機」の製作は、戦局悪化のため中止となりました。この速度699.4km／hの記録は、日本のレシプロ・エンジン機として今現在に残る永久不滅の記録となっています。

1939年9月、第2次世界大戦ぼっ発。大戦中のFAI公認世界速度記録はありませんが、最大速度784km／hのノースアメリカンP-51Hスタングやレシプロ・エンジン機として世界最高の811km／hを記録したリパブリックXP-47Jサンダーボルトを始めとして、軍用機の高速化は大きく進みました。

さらに、大戦末期には、ターボジェット・エンジンやロケット・エンジンを装備する機体が登場し、その最大速度は亜音速から遷音速域にせまるものとなりました。

228　Nobさんの飛行機グラフィティ2

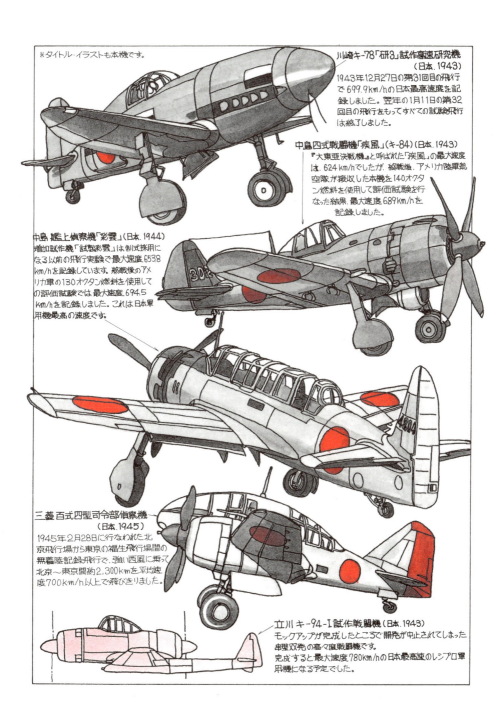

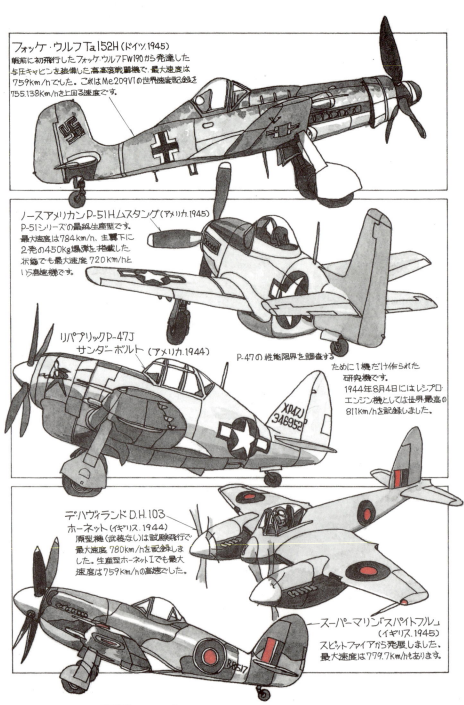

メッサーシュミットMe163V1(ドイツ,1941)
1941年10月2日、世界最初のロケット動力戦闘機メッサーシュミットMe163コメートの原型1号機Me163V1は、史上初めて時速1,000kmを上回る1,004.5km/hを記録しました。ちなみに、実用型Me163B-1の最大速度は、955km/hで第2次大戦最高速の戦闘機でありました。

ベレズニアク・イザイェフBI-1試作戦闘機(ソ連,1942)
ソ連初の有人ロケット実用機です。機首に2門の20mm砲を装備していました。最大速度は990km/hを狙っていましたが、戦力化には問題山積となり開発は中止となりました。

メッサーシュミットMe262V12 (ドイツ,1944)
世界最初の実用ジェット戦闘機Me262の原型12号機は1944年7月6日、最大速度930km/hを記録しました。

グロスター・ミーティアI(イギリス,1944)
ミーティアIはイギリス最初の実用ジェット戦闘機であり、第2次大戦に参加した唯一の連合軍ジェット機です。最大速度660km/h。本機の発達型F.4は、戦後の1945年11月7日、975km/hの世界速度記録を樹立しました。翌年の9月7日には、さらに記録を991km/hと更新しています。

ミコヤン・グレビッチI-250(N) (ソ連,1945)
液冷エンジンと補助ジェット・エンジンを組合わせた"ハルシチョフニコフ加速装置"を装備した混合動力の単座戦闘機です。1945年5月には高度7,800mで最大速度825km/hを記録しました。また同じころ、同じ方式のスホーイSu-5も試作され、最大速度705km/hを記録しました。しかし、時代は純ターボ・ジェット機の時代になっており両機とも開発は試作だけで打ち切りとなりました。

速度記録と高速軍用機❻

2階建て軍用機❶
◆ 多層化した胴体をもつ巨人機 ◆

　2階建て飛行機、それは飛行性能を損なうことなく、限られたスペースの有効利用をめざしたものであります。

　2階建て飛行機のパイオニアは、第1次大戦中の1917年に製作されたドイツの巨人爆撃機Rシリーズの1機、リンケ・ホフマンR.Ⅰ(タイトルイラスト) です。本機の設計コンセプトは、手のかかる発動機は、胴体内に収容し、延長軸をもって両翼面のプロペラを駆動するというものでした。

　全長15.56mの胴体構造は、最上段に操縦士席と無線士席、中段には前記の発動機が四基すえつけられ、最下段は爆撃手席と燃料槽がありましたので実態は3階建てであります。高層化した胴体高は、5mにもなりました。

　しかし、2機作られたリンケ・ホフマンR.Ⅰは、創意工夫のかいもなく、実戦に参加することかなわず、両機ともテスト飛行中に失われました。

　またRシリーズにはドルニエ設計による水上機バージョン、Rsシリーズがあります。その第3作、ドルニエRs.Ⅲは、高翼高床式の2階建て構造で、それをつなぐ支柱の中ほどに発動機が設置されていました。艇体部には操縦士席と機関士席、銃座があり、高翼高床式の胴体最前部には防音装置の施された無線士席と続いて銃座が設置されていました。この構造はRs.Ⅳにも引き継がれ、それを改造した旅客機型では高床式胴体が20人乗りの客室に改装されました。

　ドルニエは戦後もR型飛行艇の研究開発を進め、1929年、ボーデン湖上でドルニエDoXが169人を乗せて1時間の飛行に成功し、世界中をアッといわせました。ドルニエのDoXは全金属製単葉2階建て飛行艇であります。

　その後、フランスのラテコエール521／522やアメリカのボーイング312、第2次大戦中のドイツのブローム・ウント・フォスBv222やBv238などの2階建て飛行艇が製作されましたが、なかでも、川西二式輸送飛行艇「晴空」は、唯一の国産2階建て軍用機であります。

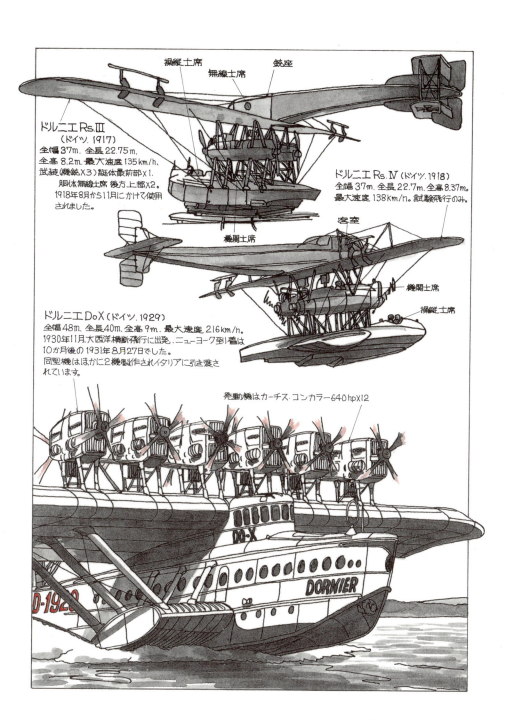

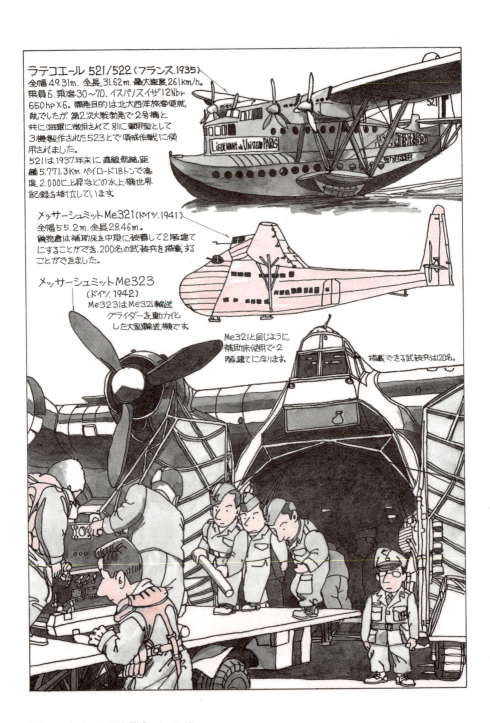

2階建て軍用機❷
◆日本でも見られる超大型輸送機◆

　第2次大戦中に実用化された2階建て軍用機は、多くは飛行艇でした。ドイツではメッサーシュミットMe321、323などのような仮設2階建て陸上機もありましたが、本格的2階建て陸上機、ブローム・ウント・フォスBv250は未完成でおわっています。

　大戦中のアメリカでも2階建て陸上軍用機の開発計画が進行していました。1942年にスタートしたアメリカ海軍大型輸送機ロッキードR6O-1コンステテューション計画と、アメリカ陸軍のコンベアC-99輸送機計画であります。

　しかし、それぞれの初飛行は戦後となり、ロッキードR6O-1は1946年に、コンベアC-99は1947年でありました。

　ロッキードR6O-1は2階に92席、1階に76席でしたが、コンベアC-99は上下の2フロアに最大400名の兵士を乗せることができました。しかし、この搭載能力は平時には大きすぎで、両機とも1機の試作機のみで制式採用にはなれませんでした。

　1947年に初飛行したボーイングYC-97Bはアメリカ空軍のVIP専用機で、上部デッキには80の座席と調理室があり、下部デッキにはラウンジが設置されていました。本機が民間型のモデル377ストラトクルーザーの原型機であります。

　1949年に進空したダグラスC-124グローブマスターは、折りたたみ式の補助床を使うと、兵員200名を空輸できる2階建て輸送機に変身する、日本でもお馴染みの当時最大の実用輸送機でありました。

　東西冷戦の時代に誕生した戦略輸送機が、アメリカのロッキードC-5ギャラクシーとソ連のAn-124コンドルです。両機とも似た機体構造で1階が主貨物室、2階はコクピットと兵員室になっています。

　ちなみに、An-124は現用最大の輸送機で、自衛隊のイラク派遣にともなう輸送任務などで、日本にもたびたび飛来しています。

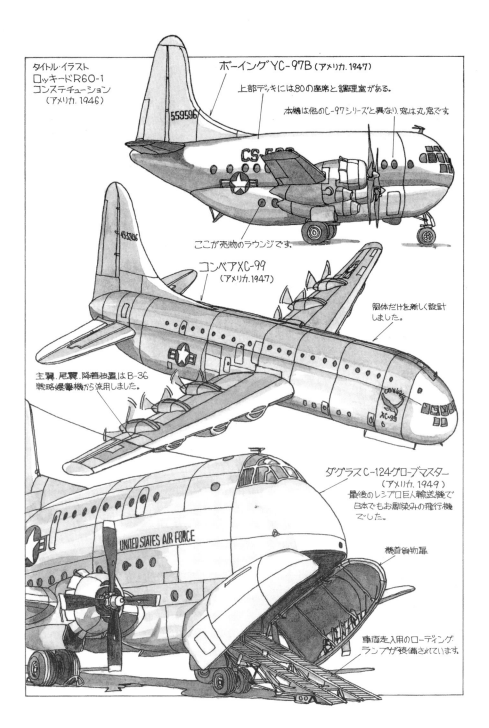

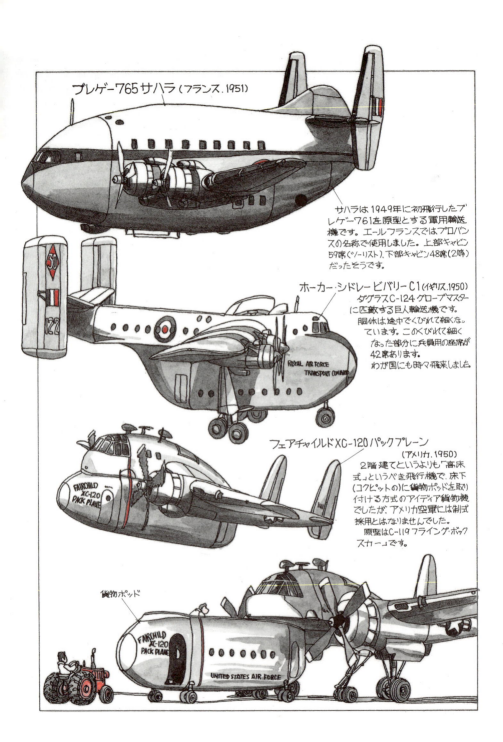

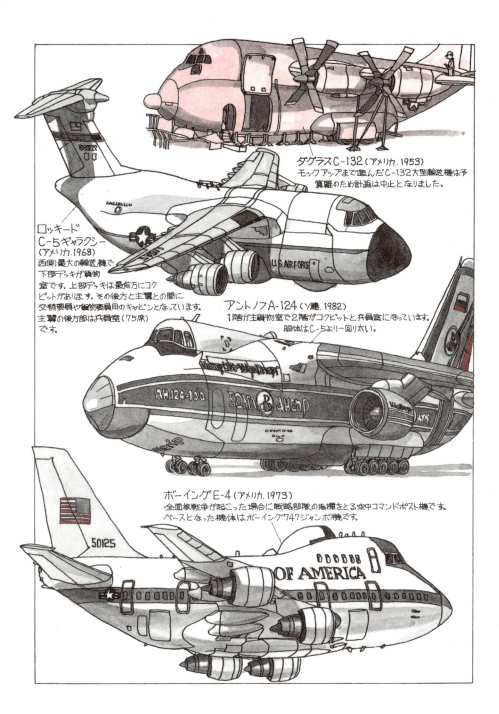

ダグラスC-132（アメリカ.1953）
モックアップまで進んだC-132大型輸送機は予算難のため計画は中止となりました。

ロッキード
C-5ギャラクシー
（アメリカ.1968)
西側最大の輸送機で下部デッキが貨物室です。上部デッキは最前方にコクピットがあります。その後方と主翼との間に交替要員や貨物要員用のキャビンとなっています。主翼の後方部は兵員室（75席）です。

アントノフA-124（ソ連.1982）
1階が主貨物室で2階がコクピットと兵員室になっています。胴体はC-5より一回り太い。

ボーイングE-4（アメリカ.1973）
全面核戦争が起こった場合に戦略部隊の指揮をとる空中コマンドポスト機です。ベースとなった機体はボーイング747ジャンボ機です。

2階建て軍用機❷

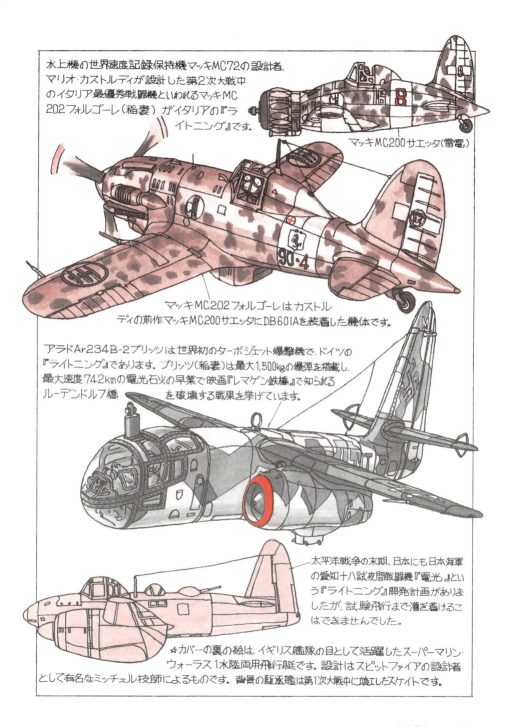

水上機の世界速度記録保持機マッキMC72の設計者、マリオ・カストルディが設計した第2次大戦中のイタリア最優秀戦闘機といわれるマッキMC202フォルゴーレ(稲妻)がイタリアの『ライトニング』です。

マッキMC200サエッタ(雷電)

マッキMC202フォルゴーレはカストルディの前作マッキMC200サエッタにDB601Aを装着した機体です。

アラドAr234B-2ブリッツは世界初のターボジェット爆撃機で、ドイツの『ライトニング』であります。ブリッツ(稲妻)は最大1,500kgの爆弾を搭載し、最大速度742kmの電光石火の早業で映画『レマゲン鉄橋』で知られるルーデンドルフ橋を破壊する戦果を挙げています。

太平洋戦争の末期、日本にも日本海軍の愛知十八試夜間戦闘機『電光』という『ライトニング』開発計画がありましたが、試験飛行まで漕ぎ着けるこはできませんでした。

☆カバーの裏の絵は、イギリス艦隊の目として活躍したスーパーマリン・ウォーラス1水陸両用飛行艇です。設計はスピットファイアの設計者として有名なミッチェル技師によるものです。背景の駆逐艦は第1次大戦中に竣工したスケイトです。

あと描き 241

主な参考文献

「大空への挑戦」航空ジャーナル社
「アメリカ空軍ジェット戦闘機」文林堂
「アメリカ空軍ジェット爆撃機」文林堂
「第2次大戦ドイツ戦闘機」航空ジャーナル社
「年表世界航空史」〔各巻〕横森周信著、エアワールド
「世界の珍飛行機図鑑」〔正続〕西村直紀著、グリーンアロー出版社
「日本航空機総集」〔全8巻〕野沢正編著、出版協同社
「グロリアス・ウイングス」酣燈社
「EDWARDS AFB」酣燈社
「ヘリコプターのすべて」酣燈社
「ドイツ空軍試作機」デルタ出版
「写真集・日本の航空史」〔上下〕朝日新聞社
「第2次大戦のアメリカ・イギリス軍試作・計画機」デルタ出版
月刊「航空ファン」各号、文林堂
月刊「航空ジャーナル」各号、航空ジャーナル社
月刊「エアワールド」各号、エアワールド

"UNCONVENTIONAL AIRCRAFT" Peter M. Bowers, TAB BOOKS
"FANTASTIC FLYING MACHINES" Michael J. H. Taylor, JANE'S
"DE HAVILLAND AIRCRAFT" Aubrey Joseph Jackson, PUTNAM
"Soviet Aircraft" JANE'S
"100 SIGNIFICANT AIRCRAFT" JANE'S

Nobさんの飛行機グラフィティ

3

目次

双胴の悪魔たち① 日本機を昼夜苦しめた双胴コンビ　250

◆フォッカーG1(オランダ)◆ロッキードP-38Jライトニング(米)／XP-58チェイン・ライトニング(米)◆ノースロップP-61ブラックウィドウ／F-15リポーター(米)◆ヒューズXF-11(米)◆ゴータGo244B-2(独)◆日本国際航空キ-105「鵬」輸送機(日)◆フェアチャイルドC-82パケット／AC-119G(米)◆アームストロング・ホイットワース・アーゴシー(英)◆グロコフスキーG-37(ソ)◆フォッケウルフFw189(独)◆ノースアメリカンOV-10ブロンコ(米)◆ジェネラル・ダイナミックス／コンベア48チャージャー(米)

双胴の悪魔たち② 前代未聞のヤキトリ型　254

◆フォッカーD23(オランダ)◆モスカロフSAM13(ソ)◆立川キ-94・Ⅰ(日)◆セスナO-2(米)◆カプロニCa32(伊)◆カリーニンK-7(ソ)◆ブローム・ウント・フォスBv138(独)◆バルティーXP-54(米)◆満州飛行機キ-98(日)◆サーブ21A／21R(スウェーデン)◆ポテ75(仏)◆デ・ハビランド・バンパイア／シーベノム／シービクセン(英)◆ミャシーシチェフM-17／M-55(ソ)

双胴の悪魔たち③ 真打ち"ツインスタング"登場　258

◆ロッキードP-82Gツインスタング(米)◆A.D.1000(英)◆ライト・ツイン187(英)◆ブラックバーンT.B.(英)◆サボイア・マルケッティSM91／SM92(伊)◆ハインケルHe111Z(独)◆ジェネラル・エアクラフトG.A.L.48Bツイン・ホットスパー(英)◆フーガ・ジェミニⅠ(仏)◆フォッカーM9(K1)(独)◆トーマス・モースMB-4(米)◆サボイア・マルケッティS55(伊)◆ツポレフMK-1(ANT-22)(ソ)◆ブレリオF.125(仏)◆ベリヤーエフDB-LK(ソ)◆ホワイトナイト&スペースシップⅠ(米)

日本軍用機「勝ち組」「負け組」① "勝敗は時の運"は軍用機も……　262

◆三菱2MB1(陸軍八七式軽爆撃機)／2MB2鷲型試作軽爆撃機◆中島ブレゲー19B2軽爆撃機◆川崎ドルニエDo.Cコメート軽爆撃機◆陸軍試製三座軽爆撃機◆フォッカーC-5C軽爆撃機◆陸軍乙式一型偵察機◆三菱2MR1鳶型試作偵察機◆中島N-35試作偵察機◆石川島T-3試作偵察機◆川崎KDA-2偵察機(陸軍八八式偵察機)◆海軍一〇式艦上戦闘機◆三菱1MF9鷹型試作戦闘機(仮称M式艦上戦闘機)◆愛知HD-23(仮称H式艦上戦闘機)◆中島G型艦上戦闘機(海軍三式艦上戦闘機)◆川西K11試作艦上戦闘機

日本軍用機「勝ち組」「負け組」② 皇紀年号下2ケタの機体命名法　266

◆中島甲式四型戦闘機◆三菱1MF2隼型戦闘機◆中島NC型試作戦闘機／NC増加試作型第6号機(九一式一型戦闘機)◆川崎KDA-3試作戦闘機◆中島式ブルドッグ型戦闘機◆三菱2MR5試作特種艦上偵察機◆川崎試作艦上偵察機(全金属製飛行機研究材料)◆川崎KDA-6試作偵察機◆中島NAF-1六試艦上複座戦闘機◆愛知AB-4六試小型夜間偵察飛行艇◆三菱八九式一号艦上攻撃機◆中島Y3B七試艦上攻撃機◆愛知AB-8七試艦上攻撃機◆三菱3MT10七試単発艦上攻撃機◆空廠B3Y1試作一三式艦上攻撃機改造型

日＝日本
米＝アメリカ
英＝イギリス
独＝ドイツ
仏＝フランス
伊＝イタリア
露＝旧ロシア
ソ＝ソビエト連邦
ロ＝現ロシア

日本軍用機「勝ち組」「負け組」③ 複葉から低翼単葉への進歩　270

◆川崎九二式戦闘機 ◆川崎キ-5試作戦闘機 ◆中島キ-11試作戦闘機 ◆三菱キ-18試作戦闘機 ◆川崎キ-10試作戦闘機 ◆三菱八試特殊偵察機 ◆中島九〇式艦上戦闘機 ◆中島七試艦上戦闘機 ◆三菱七試艦上戦闘機 ◆中島九五式艦上戦闘機 ◆三菱九試単座戦闘機1号機 ◆三菱九六式艦上戦闘機 ◆中島キ-8試作複座戦闘機 ◆三菱八試艦上複座戦闘機 ◆中島八試艦上複座戦闘機 ◆中島八試水上偵察機（九五式水上偵察機）◆川西八試水上偵察機 ◆愛知八試水上偵察機

日本軍用機「勝ち組」「負け組」④ 大戦で活躍した"団塊の世代"　274

◆三菱九試中型陸上攻撃機（九六式陸上攻撃機）◆中島試作LB-2長距離爆撃機 ◆中島キ-19試作重爆撃機 ◆三菱キ-19試作重爆撃機 ◆三菱キ-21重爆撃機（九七式重爆撃機）◆三菱キ-33試作戦闘機 ◆中島キ-27試作戦闘機（九七式戦闘機）◆川崎キ-28試作戦闘機 ◆中島キ-12試作戦闘機 ◆三菱九六式三号艦上戦闘機 ◆中島十試艦上偵察機（九七式艦上偵察機）◆中島十試艦上攻撃機（九七式一号艦上攻撃機）◆三菱十試艦上攻撃機（九七式二号艦上攻撃機）◆三菱キ-30試作軽爆撃機（九七式軽爆撃機）◆川崎キ-32試作軽爆撃機（九八式軽爆撃機）◆十一試艦上爆撃機（九九式艦上爆撃機）

日本軍用機「勝ち組」「負け組」⑤ 百式と零式の"あゝ同期の桜"　278

◆三菱十試水上観測機（零式一号水上観測機一型）◆愛知十試水上観測機 ◆愛知十二試三座水上偵察機（零式一号水上偵察機一型）◆川西十二試三座水上偵察機 ◆川西十二試水上初歩練習機（零式一号水上基本練習機一型）◆日飛十二試水上初歩練習機 ◆渡辺十二試水上初歩練習機 ◆川崎キ-60試作戦闘機 ◆川崎キ-66試作急降下爆撃機 ◆立川キ-70試作司令部偵察機 ◆三菱十試陸上機上作業練習機 ◆川崎キ-102試作戦闘／襲撃機 ◆神戸製鋼テ号観測機 ◆川崎KAL-1連絡機 ◆川崎KAT-1練習機 ◆富士T-34メンター初等練習機 ◆川崎KAL-2連絡機 ◆富士LM-1連絡機

〈飛行機グラフィティ番外篇1〉

闘う漫画キャラクター　282

日本の飛行記録あれこれ① 国際航空連盟の公認記録だけ　284

◆アンリ・ファルマン機 ◆グラーデ機 ◆ブレリオ機 ◆会式二号機 ◆モーリス・ファルマン水上機 ◆モ式1913年型 ◆モ式大型水上機 ◆飛行船「雄飛」号 ◆モ式6型 ◆ニューポール24C1 ◆スパッドS-7 ◆サルムソン2A-2複座偵察機 ◆ソッピーズ2複座偵察機 ◆横廠式ロ号甲型水上偵察機

日本の飛行記録あれこれ② 河井田中尉の連続宙返り456回　288

◆ソッピーズ・パップ ◆サルムソン偵察機 ◆SS3号飛行船 ◆一〇式艦上雷撃機 ◆川西K-6「春風」号 ◆F-5飛行艇 ◆スーパーマリン・シール水陸両用飛行艇 ◆中島ブレゲー19A-2「初風」「東風」◆川西K－8B複座単葉水上機 ◆ライアンNYP2単葉機 ◆一五式飛行艇 ◆八八式長距離機

日本の飛行記録あれこれ③ 幻の日ノ丸リンドバーグ計画 292

• 川西K-12第2号実機機「さくら」号 • トラベルエア4000「東京」号 • ユンカース・ユニオール機 • 川崎KDA-5戦闘機試作1号機/試作2号機 • 三式八号半硬式飛行船 • 東京航空輸送愛知AB-1水上機 • ユンカースA50ユニオール水上機 • 石川島R3複葉練習機「青年日本号」 • 八八式偵察機 • ユンカースW33 f「第三報知日米号」 • 九一式戦闘機 • サルムソン2A2「白菊」号 • 川崎C-5連絡機 • 九〇式二号飛行艇 • 九一式一号飛行艇

日本の飛行記録あれこれ④ 悲運の日本最後の大記録飛行 296

• ロッキード・アルテア通信機 • AN-1通信機 • 三菱鵬型長距離通信機 • 三菱雁型通信機「神風」号 • ハインケルHe116郵便機 • 航研機 • 三菱双発輸送機「そよかぜ」号 • 三菱双発輸送機「ニッポン」号 • 三菱双発輸送機「大和」号 • 航空研究所「研3」高速研究機 • A-26（キ-77）長距離記録機 • 富士XLM「スーパー日光」号

青い目の日ノ丸軍用機① 「日ノ丸」標識のことはじめ 302

• 海軍ハンザ式水上偵察機 • 陸軍モラヌ・ソルニエA1練習機 • 海軍ハインケルU-1潜水艦用水上偵察機 • 陸軍ドボアチーヌD1C1戦闘機 • 海軍ドルニエ・ワール飛行艇 • 海軍ドルニエDo.EデルフィンⅡ飛行艇 • 海軍フェアリー・ピンテール水陸両用偵察機 • 陸軍フォッカーC-5B偵察機 • 陸軍ポテ25A2「保貞」偵察機 • 陸軍ルバッスールC1マラン艦上偵察機 • 海軍二式複座水上偵察機 • 海軍二式単座水上偵察機 • 海軍二式三座水上偵察機 • 海軍愛知仮称H式艦上戦闘機 • 海軍三式艦上戦闘機

青い目の日ノ丸軍用機② 外国人技師が設計した日本機 306

• 海軍スーパーマリン・サザンプトン飛行艇 • 陸軍カーチスP-1Aホーク戦闘機 • 海軍ボーイング69Bシーホーク艦上戦闘機 • 海軍ハインケルHD-56水上偵察機 • 陸軍ドルニエ・メルクール輸送機 • 海軍ヴォートO2U-1コルセア水上観測機 • 陸軍ユンカースK-53偵察機 • 陸軍中島式ブルドッグ戦闘機 • 海軍ブラックバーン3MR4艦上攻撃機 • 陸軍ボーイング100D戦闘機 • 陸軍カーチスP-6Aホーク戦闘機 • 陸軍ユンカースK-37爆撃機 • 陸軍ドボアチーヌD27C1 • 陸軍九二式重爆撃機

青い目の日ノ丸軍用機③ 輸入機に学ぶ先進航空技術 310

• 陸軍ブラックバーン・リンコックMk.3軽戦闘機 • 海軍サヴォイアS.62飛行艇 • 陸軍ケレットK-3オートジャイロ • 海軍ハインケルHe66艦上爆撃機 • 海軍ノースロップ2E/2F偵察爆撃機 • 海軍ホーカー・ニムロッド艦上戦闘機 • 海軍カーチス・ライト・コートニー水陸両用飛行艇 • 陸軍ダグラスDC-2輸送機 • コンソリデーテッドP2Y-1哨戒飛行艇 • 海軍グラマンFF-1複座戦闘機 • ドボアチーヌD-510J戦闘機 • ユンカースJu-160輸送機 • 海軍ハインケルHe70輸送機 • 海軍ハインケルHe74b練習機

青い目の日ノ丸軍用機④ 爆弾もイタリアから直輸入 314

◆海軍フェアチャイルドA-942水陸両用飛行艇◆陸軍ブレゲー460多座戦闘爆撃機◆チャンスヴォートV-143戦闘機◆海軍セヴァスキー2PA-B3複座戦闘機◆海軍ノースアメリカンNA-16練習機◆海軍二式陸上中間練習機◆海軍ダグラスDC-3輸送機◆ビュッカーBu131bユングマン練習機◆日本国際航空四式基本練習機（キ-86-Ⅰ）◆海軍二式陸上初歩練習機◆海軍ハインケルHe112B-0戦闘機◆海軍ハインケルHe118V3急降下爆撃機◆陸軍ロッキード14GW3スーパー・エレクトラ輸送機◆陸軍イ式重爆撃機

青い目の日ノ丸軍用機⑤ 閉ざされた航空機輸入の道 318

◆海軍ダグラスDB-19急降下爆撃機◆陸軍ユンカースJu87A-2急降下爆撃機◆海軍コードロンC-690練習戦闘機◆ポリカルポフI-15bis戦闘機◆ダグラスDC-4◆海軍ハインケルHe100D-0戦闘機◆海軍ユンカースJu88A-4爆撃機◆海軍ハインケルHe119爆撃機◆陸軍メッサーシュミットBf109E-7戦闘機◆陸軍フィーゼラーFi156Cシュトルヒ連絡機◆陸軍メッサーシュミットMe210A-1戦闘機◆陸軍フォッケウルフFw190A-5戦闘機

青い目の日ノ丸軍用機⑥ 待てば敵機の鹵獲あり 322

◆ポテ540双発爆撃機◆カーチスP-40Eキティーホーク戦闘機◆ボーイングB-17C／E爆撃機◆ホーカー・ハリケーンMk.2B戦闘機◆ダグラスA-20Aハボック攻撃機◆ブリュースター339Dバッファロー戦闘機◆ダグラスDC-5輸送機◆マーチン139WH-1爆撃機◆マーチン166爆撃機◆カーチス・ライトAT-32コンドルⅡ双発輸送機◆ツポレフSB-2bis中型爆撃機◆ラヴォーチキンLaGG-3戦闘機◆ノースアメリカンP-51Cムスタング戦闘機

〈飛行機グラフィティ番外篇2〉

旅客機になったUズド輸送機 326

有人ジェット速度記録機 FAIの不滅の記録 328

◆グロスター・ミーティアF.4（英）◆ロッキードP-80Rレイシー（米）◆ダグラスD-558スカイストリーク（米）◆ノースアメリカンF-86A-1／F-86Dセイバー（米）◆ホーカー・ハンターF.3（英）◆スーパーマリン・スイフト4（英）◆ダグラスXF4D-1スカイレイ（米）◆ノースアメリカンYF-100Aスーパーセイバー（米）◆フェアリーFD.2デルタ2（英）◆ロッキードYF-104Aスターファイター（米）◆ミコヤンE-66（ソ）◆コンベアF-106Aデルタダート（米）◆マクダネルXF-4H-1ファントムⅡ（米）◆ミコヤンE-166（ソ）◆ロッキードYF-12A／SR-71A（米）

スペイン内戦の軍用機① 開幕時の先発陣 332

◆CASAブレゲー19複葉偵察爆撃機◆CASAブレゲー26T患者輸送機◆イスパノ・ニューポール52戦闘機◆ジェネラル・エアクラフトST-25モノスパー軽輸送機◆イスパノ・デハビランドD.H.9練習機◆ホーカー・スパニッシュフェリー戦闘機◆シェルバC.30Aオートジャイロ◆ダグラスDC-2◆イスパノE.30練習機◆CASAビッカース・ビルドビースト雷撃機◆マッキM.18飛行艇◆サボイア・マルケッティS.62偵察・爆撃飛行艇◆CASAドルニエ・ワール飛行艇

スペイン内戦の軍用機② コンドル軍団作戦開始 336

◆ユンカースJu52/3m爆撃／輸送機◆ハインケルHe51戦闘機◆ハインケルHe70F-2偵察爆撃機◆ハインケルHe59B-2水上機◆メッサーシュミットBf109B戦闘機◆ハインケルHe111B-2爆撃機◆ユンカースJu87A-1急降下爆撃機◆ハインケルHe112B戦闘機◆ドルニエDo17E-1爆撃機◆ヘンシェルHs123急降下爆撃機◆ハインケルHe46近距離偵察機◆ヘンシェルHs126A-1◆フィーゼラーFｉ156シュトルヒ

スペイン内戦の軍用機③ ムッソリーニからの贈り物 340

◆サボイア・マルケッティS.81ピピステルロ爆撃輸送機◆フィアットC.R32戦闘機◆カントZガッビアーノ偵察爆撃飛行艇◆マッキM.41戦闘飛行艇◆メリジオナリ（IMAM）Ro.37bis戦闘偵察機◆ブレダBa.65偵察爆撃機◆サボイア・マルケッティS.79スパルヴィエロ爆撃機◆フィアットB.R.20チコグナ爆撃機◆カプロニ・ベルガマスキCa.310リベッチオ偵察爆撃機◆カントZ.506Bアイローネ水上偵察爆撃機◆サボイア・マルケッティS.55X雷・爆撃輸送飛行艇◆フィアットG.50フレッチア戦闘機◆フィアットC.R.20戦闘練習機◆フィアットC.R.30練習戦闘機◆メリジオナリ（IMAM）Ro.41練習戦闘機◆カプロニ・ベルガマスキAP.1軽偵察爆撃機

スペイン内戦の軍用機④ 宗家ソ連から強力な助っ人参上 344

◆ポテ540爆撃機◆ドボアチンD.371／D.372戦闘機◆ドボアチンD.510TH戦闘機◆ロワール46C1戦闘機◆ブロックMB200／MB210爆撃機◆コードロンC.440／C.448ゴエラン輸送機◆モランソルニエMS233練習機◆ポリカルポフI-15／I-16（タイプ10）／I-152戦闘機◆ポリカルポフR-Z襲撃機◆ツポレフSB爆撃機

スペイン内戦の軍用機⑤ あの手この手の購入ルート開拓 348

◆コールホーヘンFK51練習機（オランダ）◆デ・ハビランドD.H.89ドラゴン・ラピード軽旅客機（英）◆アエロA-101昼間爆撃機（チェコスロバキア）◆レトフS.231戦闘機（チェコスロバキア）◆P.W.S.10戦闘機（ポーランド）◆グラマンGE-23複座戦闘機（カナダ）◆バルティV1-A輸送機（米）◆ノースロップ1Dデルタ輸送機（米）◆ノースロップ5Bガンマ爆撃機（米）◆フェアチャイルド91水陸両用飛行艇（米）◆アブロ626練習機（英）◆ダグラスDC-1輸送機（米）◆フォッカーF.XX輸送機（オランダ）◆フォッカーC.X戦闘機（オランダ）◆フォッカーD.21（XXI）戦闘機

Nobさんの"ぬり絵"飛行機グラフィティ……300

あと描き……352

主な参考文献……354

双胴の悪魔たち❶
◆ 日本機を昼夜苦しめた双胴コンビ ◆

　第二次大戦前夜、ヨーロッパ諸国やアメリカ、そして日本で双発の重武装戦闘機が研究・開発されました。

　ドイツのメッサーシュミットBf110やイギリスのブリストル・ボーファイター、フランスのポテーズ630シリーズ、オランダのフォッカーG-1、アメリカのベルXFM-1やロッキードP-38、日本では陸軍の川崎キ-45や海軍の中島J1N1（のちの二式複座戦闘機「屠龍」と夜間戦闘機「月光」）であります。

　この中でフォッカーG-1とロッキードP-38は他の機体と異なり、双胴式という機体構成でした。

　1939年1月に初飛行したロッキードP-38は、ロッキード社初の戦闘機でした。また世界初の排気タービン過給器付き実用戦闘機でもありました。その破壊的な威力と容姿から「双胴の悪魔」とか「ガーベルシュワンツトイフェル（双尾の悪魔）」と枢軸軍から恐れられる存在となったのであります。

　1943年4月18日、南太平洋戦線で山本五十六連合艦隊司令長官の乗機一式陸上攻撃機を撃墜したのは、ガダルカナル島ヘンダーソン基地に配属されていたP-38Gでした。その下手人、トーマス・G・ランファイア中尉は後に、ロッキード社のテスト・パイロットになったそうです。

　太平洋戦線では昼間は「双胴の悪魔」が、夜間は「黒衣の未亡人」ノースロップP-61ブラックウィドウの双胴機コンビが日本軍機を非常に苦しめたのであります。

　中央短胴で、エンジン・ナセルから延びた側胴で尾翼を支持する形式の双胴機は、戦闘機ばかりではなく輸送機や地上支援機にまで広がり、輸送機では定番形式のひとつとなっています。

　双胴形式の輸送機はドイツでゴータGo242輸送グライダーを動力化したゴータGo242Bが実用化され、日本陸軍でも同じようにク-7-Ⅱ大型輸送グライダーを動力化した日本国際航空キ-105「鵬」輸送機を開発しましたが、5〜10機の試作で終わりました。

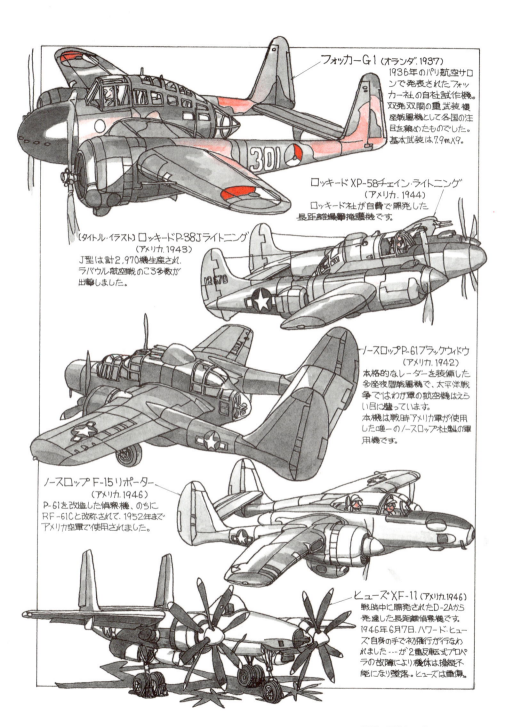

双胴の悪魔たち❶　251

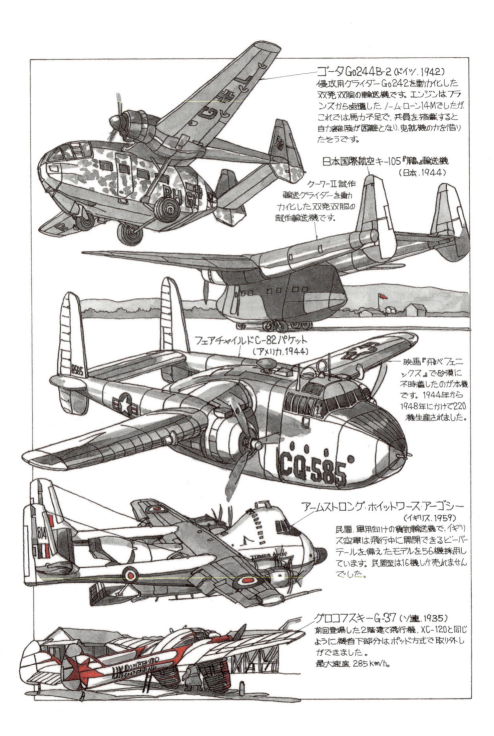

双胴の悪魔たち❶　253

双胴の悪魔たち❷
◆ 前代未聞のヤキトリ型 ◆

　1938年のパリ航空サロンでフォッカー社は、自社試作の単座双発戦闘機D23のモックアップ（タイトル・イラスト）を出展しました。発動機を操縦席の前後に配置した双胴の前代未聞の形態は、世の注目を集めたそうです。初飛行は1939年5月でした。しかし、開発途中の1940年5月、ドイツ空軍による爆撃でその短い生涯を閉じてしまいました。

　第二次大戦中にD23と同様な形態の戦闘機が日本とソ連で計画されましたが、日本の立川キ-94-Ⅰはモックアップまでいったところで計画は変更となり、ソ連のモスカロフSAM13は実用化までにいたらなかったようです。

　戦後、そんな串形双発胴機の成功例がセスナ336スカイマスターです。ベトナム戦争で活躍したアメリカ空軍の前線航空管制用機O-2Aは、336の発達型セスナ337スーパースカイマスターの軍用型です。

　中央胴にも発動機を装備した多発双胴機としては、第一次大戦のカプロニCa5や大戦間のソ連の巨人機カリーニンK-7、第二次大戦のドイツ機ブローム・ウント・フォスBv138が知られています。

　機首に強力な火力を集中するために発動機を推進式に胴体後部に装備した双胴機には、試作で終わったアメリカのバルティーXP-54や日本の未完の満州飛行機キ-98がありましたが、スウェーデンのサーブ21Aは制式化され、この形式の数少ないレシプロ戦闘機の成功作となっています。戦後、本機はジェット化されてサーブ21Rとして量産されています。

　また、デハビランド社のバンパイアからシービクセンにいたる一連のジェット戦闘機シリーズも双胴機でした。

　ロシアの高高度研究・観測機のミャシーシチェフM-17やその発達型で、1993年に高度・ペイロードのFAI記録を樹立したM-55も双胴ジェット機です。

　こうした実力機の出現で双胴機は特異な形態ではなくなったのであります。

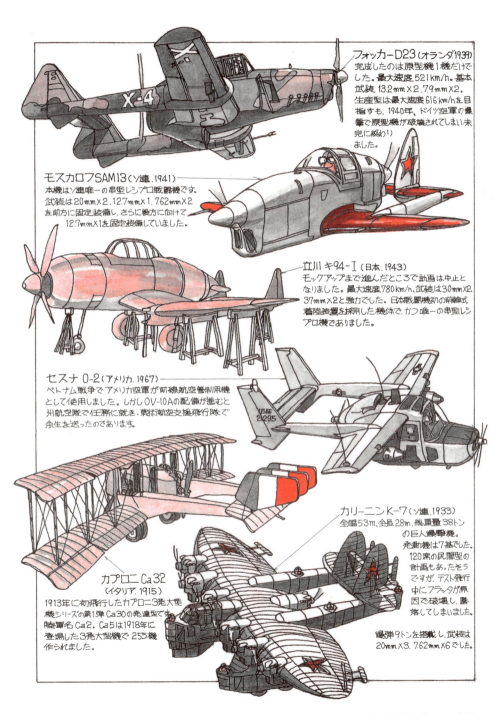

フォッカーD23 (オランダ.1939)
完成したのは原型機1機だけでした。最大速度521km/h。基本武装 13.2mm×2, 7.9mm×2。生産型は最大速度616km/hを目指すも、1940年、ドイツ空軍の爆撃で原型機が破壊されてしまい.未完に終わりました。

モスカロフSAM13 (ソ連.1941)
本機はソ連唯一の串型レシプロ戦闘機です。武装は20mm×2, 12.7mm×1, 7.62mm×2を前方に固定装備し、さらに後方に向けて12.7mm×1を固定装備していました。

立川 キ94-Ⅰ (日本.1943)
モックアップまで進んだところで計画は中止となりました。最大速度780km/h、武装は30mm×2, 37mm×2と強力でした。日本戦闘機初の前輪式着陸装置を採用した機体で、かつ唯一の串型レシプロ機でありました。

セスナ O-2 (アメリカ.1967)
ベトナム戦争でアメリカ空軍が前線航空管制用機として使用しました。しかしOV-10Aの配備が進むと州航空隊で任務に就き、戦術航空支援飛行隊で余生を送ったのであります。

カリーニンK-7 (ソ連.1933)
全幅53m、全長28m、総重量38トンの巨人爆撃機。発動機は7基でした。120席の民間型の計画もあったそうですが、テスト飛行中にフラッタが原因で破壊し、墜落してしまいました。爆弾9トンを搭載し、武装は20mm×3, 7.62mm×6でした。

カプロニ Ca32 (イタリア.1915)
1913年に初飛行したカプロニ3発大型機シリーズの第1弾 Ca30の発達型です。陸軍名Ca2。Ca5は1918年に登場した3発大型機で255機作られました。

双胴の悪魔たち❷

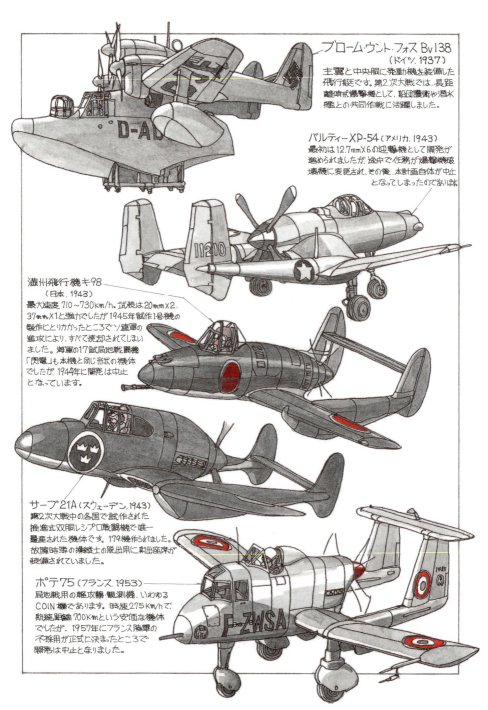

256 Nobさんの飛行機グラフィティ3

双胴の悪魔たち❷　　257

双胴の悪魔たち❸

◆ 真打ち "ツインムスタング" 登場 ◆

　ロッキードP-38ライトニングを始めとして、前項までに登場した機体は双胴といっても、中央胴と側胴を持ったいわゆる三胴方式でありました。「ふたつの胴体を持つ悪魔」というよりも、ドイツ兵がP-38に名付けたという「双尾の悪魔（ガーベルシュワンツトイフェル）」というべき機体ばかりでした。

　ふたつの胴体だけの「双胴の悪魔」、純米の「双胴の悪魔」、「双胴の悪魔」の真打ちは、第二次大戦末期に開発されたロッキードP-82ツインムスタングです。ツインムスタングはその名が示すとおり、P-51Hムスタングを中央翼によって並列に結合した、複座双発の長距離戦闘機であります。P-82はアメリカ陸軍航空隊最後のプロペラ戦闘機で、その最終発達型は中央翼にレーダーを装備した夜間戦闘機のGタイプ（タイトル・イラスト）でした。

　本機はその長距離性能を買われ、朝鮮戦争に出撃、1950年6月27日にはYak-7を撃墜して、朝鮮戦争における最初のスコア記録していま

す。

　既存の機体の胴体を並列に結合する、純米「双胴の悪魔」は第二次大戦中のドイツでも輸送グライダーの牽引機として、ハインケルHe111Zが開発、実用化されました。ZはZWILLING（ツヴィリング・双子）の略です。

　イギリスでは牽引機ではなく、輸送用グライダーの方をつないだツイン・ホットスパーを1機試作しましたが、量産にはいたりませんでした。

　このふたつの胴体だけの純米「双胴の悪魔」の歴史は古く、第一次大戦中にイギリスでライト・ツイン187や、ブラックバーンTB等の雷撃機が試作されています。

　第二次大戦中のイタリアで開発されたサボイア・マルケッティSM91双発戦闘機は、P-38によく似た本醸造「双胴の悪魔」でしたが、その発達型、SM92は中央胴が廃止され純米型となりました。しかし、両機とも原型機のみの製作で終わっています。

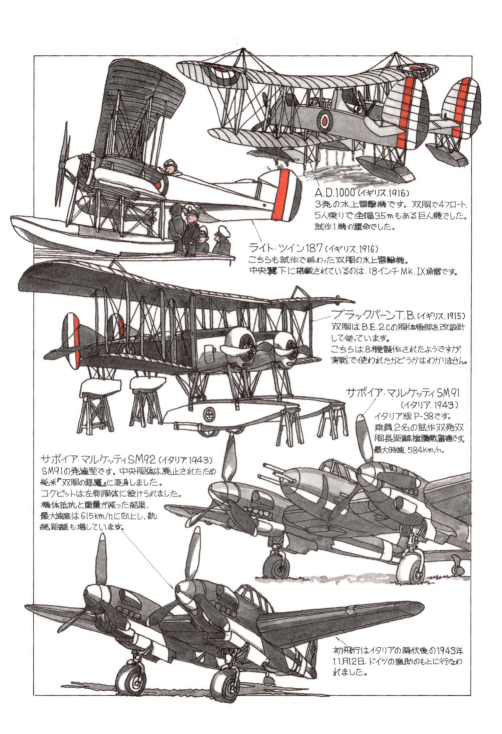

A.D.1000（イギリス.1916）
3発の水上雷撃機です。双胴で4フロート、
5人乗りで全幅35mもある巨人機でした。
試作1機の運命でした。

ライト・ツイン187（イギリス.1916）
こちらも試作で終わった双胴の水上雷撃機。
中央翼下に搭載されているのは、18インチMk.IX魚雷です。

ブラックバーンT.B.（イギリス.1915）
双胴はB.E.2Cの胴体後部を改設計
して使っています。
こちらは8機製作されたようですが、
実戦で使われたかどうかはわかりません。

サボイア・マルケッティSM91
（イタリア.1943）
イタリア版P-38です。
乗員2名の試作双発双
胴長距離援護戦闘機です。
最大時速 584km/h。

サボイア・マルケッティSM92（イタリア.1943）
SM91の発達型です。中央胴体は廃止されたため
純米『双胴の悪魔』に変身しました。
コクピットは左側胴体に設けられました。
機体抵抗と重量が減った結果、
最大速度は615km/hに向上し、航
続距離も増しています。

初飛行はイタリアの降伏後の1943年
11月12日、ドイツの援助のもとに行なわ
れました。

双胴の悪魔たち❸

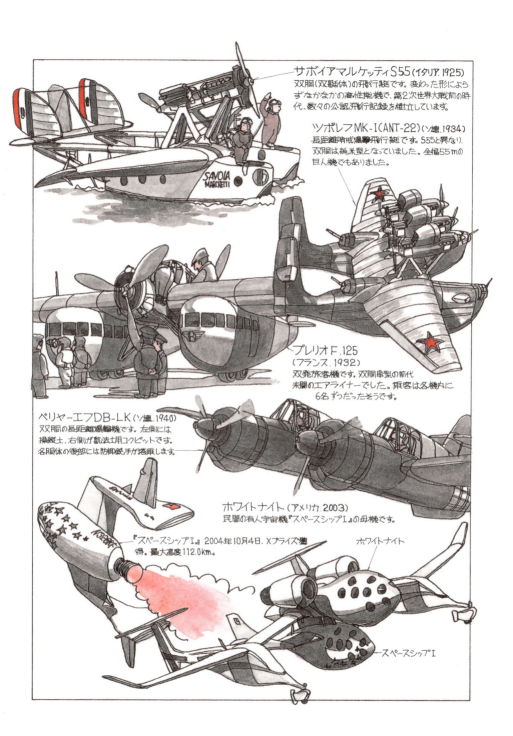

双胴の悪魔たち❸

日本軍用機「勝ち組」「負け組」❶

◆ "勝敗は時の運" は軍用機も…… ◆

昨今、巷では「勝ち組」「負け組」と勝手な物差しでレッテルを貼る、大きなお世話の風潮があるようですが、軍用機の「勝ち組」「負け組」の物差しは制式化、戦力化であります。
「競争試作」で制式化されれば「勝ち組」、そうでなければ「負け組」、また、指名試作でも能力不足による「負け組」や、情勢の変化での不本意ながらの「負け組」も考えられます。「勝敗は時の運」も大いにありえます。

陸、海軍の軍用機の競争試作は、大正13、4年頃に使用機の国産化をはかる狙いで始まりました。

大正13（1924）年、海軍はハンザ式水上偵察機にかわる、艦載カタパルト発射用近距離水上偵察機の試作を愛知、中島、横須賀海軍工廠に命じ、競争試作の結果、中島のE2N1が海軍一五式水上偵察機として制式化されました。「勝ち組」であります。

大正14（1925）年、海軍の長距離水上偵察機の競争試作では、三菱が鴻型水上偵察機で、中島は中島式ブレゲー水上偵察機、川崎はドルニエDo.D水上偵察機でのぞみましたがいずれも採用されず、この時は全員「負け組」という結果でありました。

同年、陸軍が三菱、中島、川崎、陸軍砲兵工廠に対して、陸軍最初の制式軽爆撃機の試作命令を出しました。

結果は三菱の二案のうちの2MB1（海軍一三式艦上攻撃機の改造）案が「勝ち組」となり、晴れて陸軍八七式軽爆撃機と名乗ることになったのであります。

大正15（1926）年、陸軍が三菱、中島、石川島、川崎4社に出した、乙式一型偵察機（サルムソン2A2）の後継機の競争試作命令は、川崎のKDA-2が「勝ち組」となって、陸軍八八式偵察機が誕生しています。

大正15年4月、海軍より三菱、中島、愛知3社に対して、海軍一〇式艦上戦闘機の後継機の競作が指示されました。この競争試作には川西も自主参加しましたが、「勝ち組」は中島のグロスター・ガムベット改、後の三式艦上戦闘機であります。

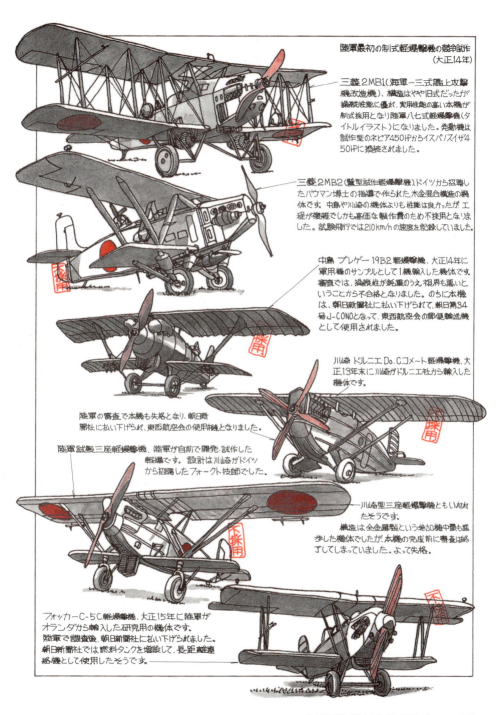

陸軍最初の制式軽爆撃機の競争試作
（大正14年）

三菱2MB1（海軍一三式艦上攻撃機改造機）、構造はやや旧式だったが操縦性能に優れ、実用性能の高い本機が制式採用となり陸軍八七式軽爆撃機（タイトルイラスト）になりました。発動機は試作型のネピア450HPからイスパノスイザ450HPに換装されました。

三菱2MB2（鷲型試作軽爆撃機）、ドイツから招聘したバウマン博士の指導で作られた木金混合構造の機体です。中島や川崎の機体よりも性能は良かったが工程が複雑でしかも高価な製作費のため不採用となりました。試験飛行では210km/hの速度を記録していました。

中島 ブレゲー19B2 軽爆撃機、大正14年に軍用機のサンプルとして1機輸入した機体です。審査では、操縦性が鈍重のうえ視界も悪いということから不合格となりました。のちに本機は、朝日新聞社に払い下げられて、朝日第34号J-CONOとなって、東西航空会の郵便輸送機として使用されました。

川崎 ドルニエ Do.C コメート軽爆撃機、大正13年末に川崎がドルニエ社から輸入した機体です。

陸軍の審査で本機も失格となり、朝日新聞社に払い下げられ、東西航空会の使用機となりました。

陸軍試製三座軽爆撃機、陸軍が自前で開発・試作した軽爆です。設計は川崎がドイツから招聘したフォークト技師でした。

川崎型三座軽爆撃機ともいわれたそうです。
構造は全金属製という参加機中最も進歩した機体でしたが、本機の完成前に審査は終了してしまっていました。よって失格。

フォッカーC-5C軽爆撃機、大正15年に陸軍がオランダから輸入した研究用の機体です。陸軍で調査後、朝日新聞社に払い下げられました。朝日新聞社では燃料タンクを増設して、長距離連絡機として使用したそうです。

日本軍用機「勝ち組」「負け組」❶ 263

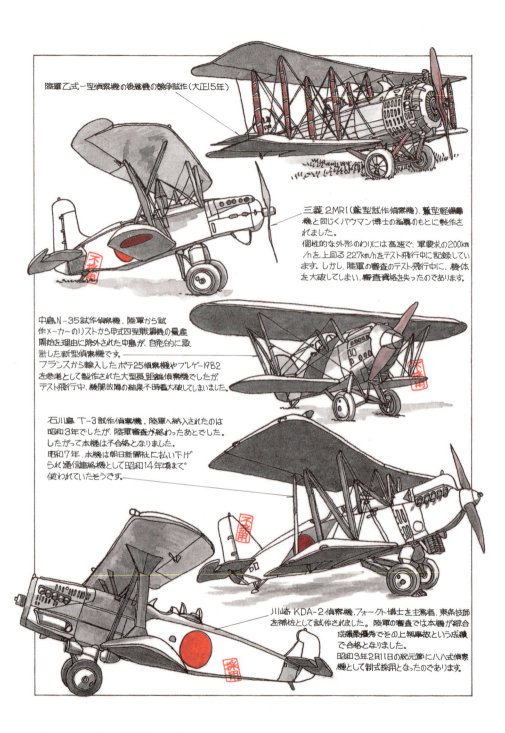

陸軍乙式一型偵察機の後継機の競争試作(大正15年)

三菱2MR1(鳶型試作偵察機)、鳶型軽爆撃機と同じくバウマン博士の指導のもとに製作されました。
個性的な外形のわりには高速で、軍要求の200km/hを上回る227km/hをテスト飛行中に記録しています。しかし、陸軍の審査のテスト飛行中に、機体を大破してしまい、審査資格を失ったのであります。

中島N-35試作偵察機、陸軍から試作メーカーのリストから甲式四型戦闘機の量産開始を理由に除外された中島が、自発的に設計した新型偵察機です。
フランスから輸入したポテ25偵察機やブレゲー19B2を参考として製作された大型長距離偵察機でしたが、テスト飛行中、機関故障の結果不時着大破してしまいました。

石川島T-3試作偵察機、陸軍へ納入されたのは昭和3年でしたが、陸軍審査が終わったあとでした。したがって本機は不合格となりました。
昭和7年、本機は朝日新聞社に払い下げられ通信連絡機として昭和14年頃まで使われていたそうです。

川崎KDA-2偵察機、フォークト博士を主務者、東条技師を補佐として試作されました。陸軍の審査では本機が綜合成績最優秀でその上無事故という成績で合格となりました。
昭和3年2月11日の紀元節に八八式偵察機として制式採用となったのであります。

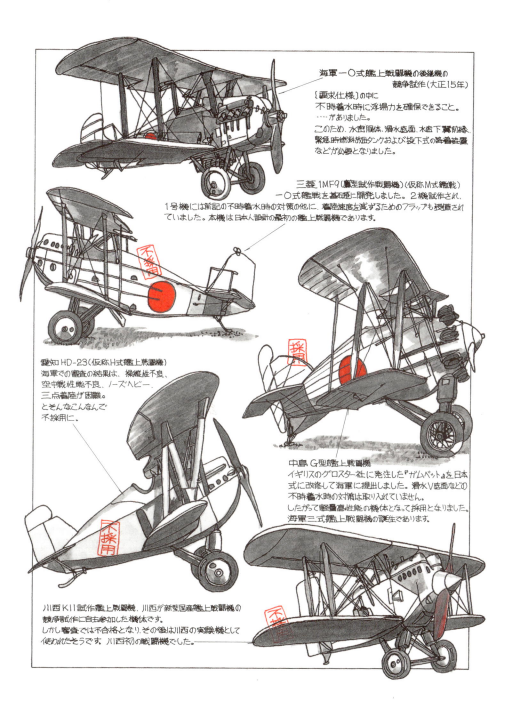

265

日本軍用機「勝ち組」「負け組」❷
◆皇紀年号下2ケタの機体命名法◆

昭和の初めに、日本軍用機の制式名称は、制式採用された皇紀年号の下2桁に機種名をつける命名法に改められました。陸軍では大正15（昭和元年、西暦1926）年に制定され、この方式を最初に採用した機体が、昭和2（皇紀2587）年に制式化された八八式重爆撃機と八七式軽爆撃機です。

海軍機は陸軍機より少し遅れて、八九式艦上攻撃機が最初の機体となりました。皇紀年数は西暦年数プラス660年、昭和年数プラス2585年で算出できます。

海軍試作機は昭和7年から試作発注年度の年数に機種名をつけて、七試艦上攻撃機のように呼ぶようになりました。また、陸軍機の試作名称キ番号は、昭和8年以降に採用され、計画順に与えられた通し番号になっています。

昭和2年、陸軍は甲式四型戦闘機の後継機になる新型高性能戦闘機の試作を三菱、川崎、中島の3社に命じました。これは最初の陸軍国産戦闘機の競争試作でしたが、昭和3年に行なわれた審査で、全機が強度に問題ありということで不合格となりました。

しかし、陸軍では中島のNC型試作戦闘機は、鍛えなおせば見込みありとして、改修を行なうことを中島に内示し、NC型増加試作機が5機製作されました。その試作第6号機をもとに、皇紀2591年に晴れて制式化され、九一式一型戦闘機が誕生したのであります。

昭和初期、各社では軍の指示により、中島の六試艦上複座戦闘機を初めとして、各種の機体が試作されていました。そんな昭和7年4月に、海軍当局より中島、三菱に、八九式艦上攻撃機の後継機、七試艦上攻撃機競争試作命令がありました。

この競争試作には愛知も自主設計で参加しましたが、結果は、昭和8年に海軍から別に試作指示を受けた横須賀海軍航空廠が試作した穴馬、仮称一三式艦上攻撃機改造型が、九二式艦上攻撃機として制式採用となったのであります。

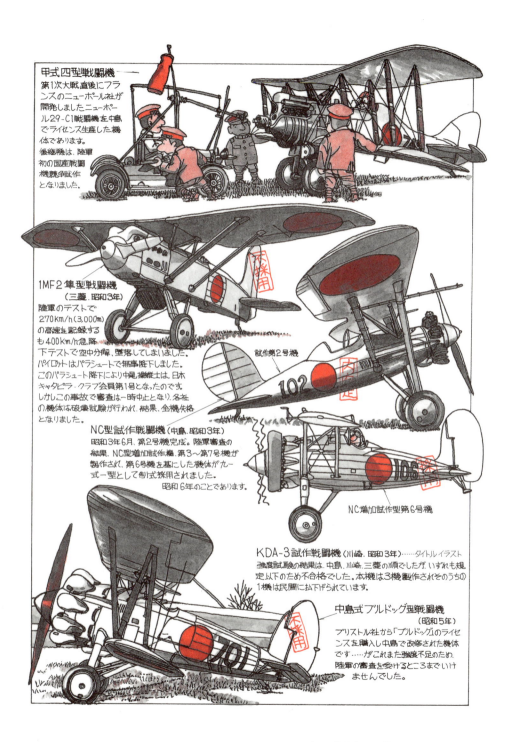

日本軍用機「勝ち組」「負け組」❷

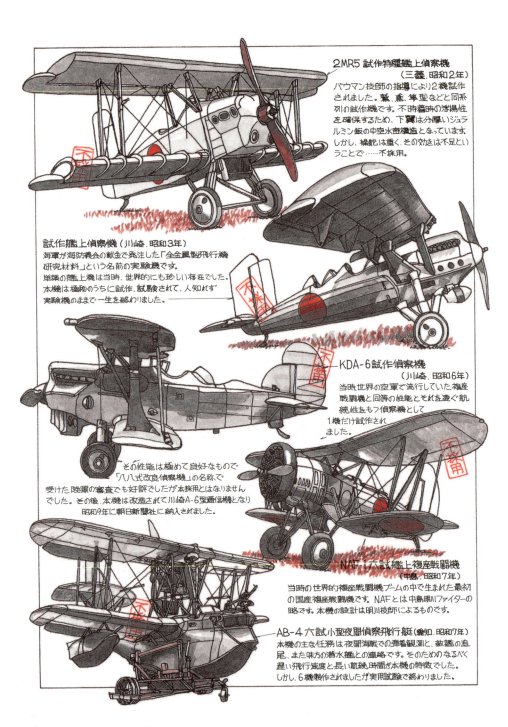

2MR5 試作特種艦上偵察機
（三菱, 昭和2年）
バウマン技師の指導により2機試作されました。鷲、鳶、隼型などと同系列の試作機です。不時着時の浮揚性を確保するため、下翼は分厚いジュラルミン板の中空水密構造となっています。しかし、操舵は重く、その効きは不足ということで……不採用。

試作艦上偵察機（川崎, 昭和3年）
海軍が海防義会の献金で発注した「全金属製飛行機研究材料」という名前の実験機です。単葉の艦上機は当時、世界的にも珍しい存在でした。本機は極秘のうちに試作、試験されて、人知れず実験機のままで一生を終わりました。

KDA-6試作偵察機
（川崎, 昭和6年）
当時、世界の空軍で流行していた複座戦闘機と同等の性能とそれを凌ぐ航続性をもつ偵察機として1機だけ試作されました。

その性能は極めて良好なもので「八八式改良偵察機」の名称で受けた陸軍の審査でも好評でしたが本採用とはなりませんでした。その後、本機は改造されて川崎A-6型通信機となり昭和9年に朝日新聞社に納入されました。

NAF-1六試艦上複座戦闘機
（中島, 昭和7年）
当時の世界的複座戦闘機ブームの中で生まれた最初の国産複座戦闘機です。NAFとは中島明川ファイターの略です。本機の設計は明川技師によるものです。

AB-4六試小型夜間偵察飛行艇（愛知, 昭和7年）
本機の主な任務は夜間海戦での弾着観測と、敵艦の追尾、また味方の潜水艦との連絡です。そのためになるべく遅い飛行速度と長い航続時間が本機の特徴でした。しかし、6機製作されましたが実用試験で終わりました。

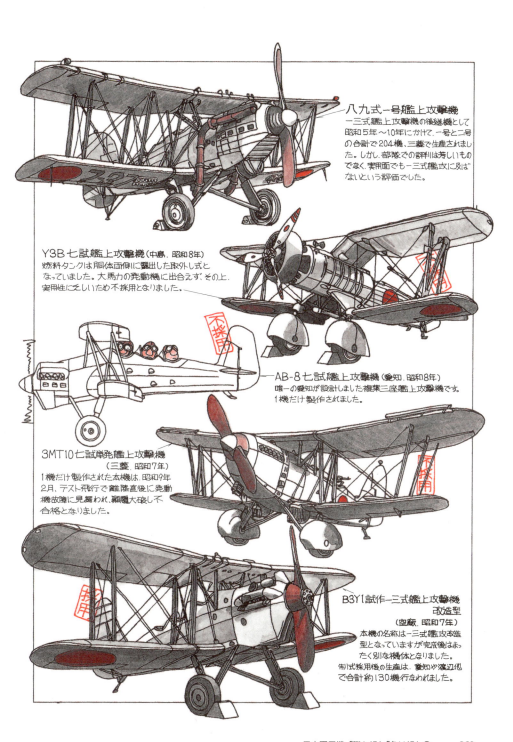

269

日本軍用機「勝ち組」「負け組」❸
◆複葉から低翼単葉への進歩◆

　昭和8年、川崎に対して陸軍から試作指示があったキ-5は、陸軍の試作名称キ番号の付いた最初の試作戦闘機です。九二式戦闘機にかわるべき機体の開発でした。

　九二式戦の原型機は、川崎が自主開発したKDA-5です。陸軍は九一式戦闘機を制式化したばかりでしたが、本機の性能の高さと満州事変の勃発もあって、昭和6年10月（皇紀2591年）に九二式戦闘機として制式採用し、急きょ量産に入ったのであります。

　制式名称と皇紀の年号とのずれは、この年すでに九一式戦闘機が制式化されていたためと思われますが、このころの機体には、制式化された皇紀年と制式名称とがずれた機体があります。その理由はよくわかりません。

　キ-5は陸軍の要求を満たすことができず、改めて陸軍は昭和9年、川崎と中島に対して、それぞれキ-10、キ-11の試作を命じました。さらに、三菱の九試単座戦闘機を陸軍向けに改造したキ-18も急きょ参戦し、複葉機と単葉機の巴戦の競争試作でした。

　審査の結果、軍配は格闘性の優れた複葉型式のキ-10に上がり、九五式戦闘機として昭和10年（皇紀2595年）に制式採用となりました。

　一方、海軍でも昭和7年、九〇式艦上戦闘機の後継機の競争試作を中島と三菱に命じました。中島の機体は陸軍の九一式戦の焼き直しでしたが、三菱は低翼単葉の斬新な機体（七試艦上戦闘機）で応募しました。結果は両機とも不合格。あらためて海軍からの指示を受けて試作された、九〇式艦戦の性能向上型が九五式艦上戦闘機として制式採用となりました。

　九五式戦は陸海軍とも複葉機となってしまいましたが、このとき海軍はすでに、次期艦戦の審査に入っていたのです。中島と三菱との競争試作となった九試単座戦闘機であります。両社機とも低翼単葉の近代的な機体でした。

　結果は三菱機が合格し、晴れて昭和11年（皇紀2596年）、九六式艦上戦闘機として制式採用となったのであります。

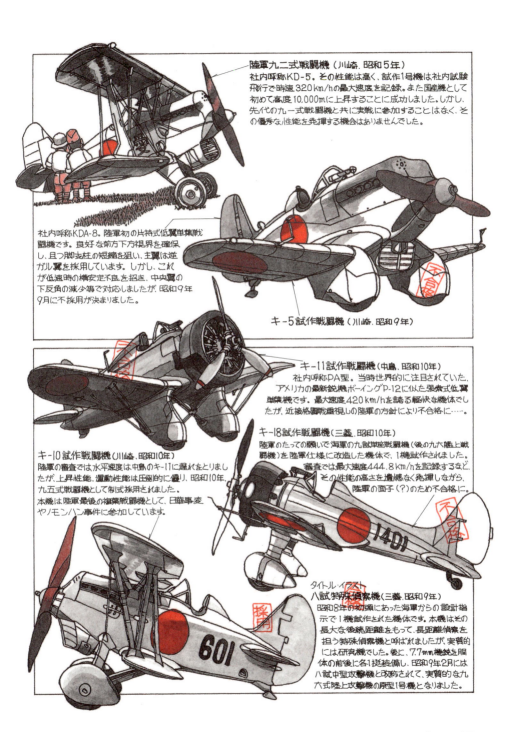

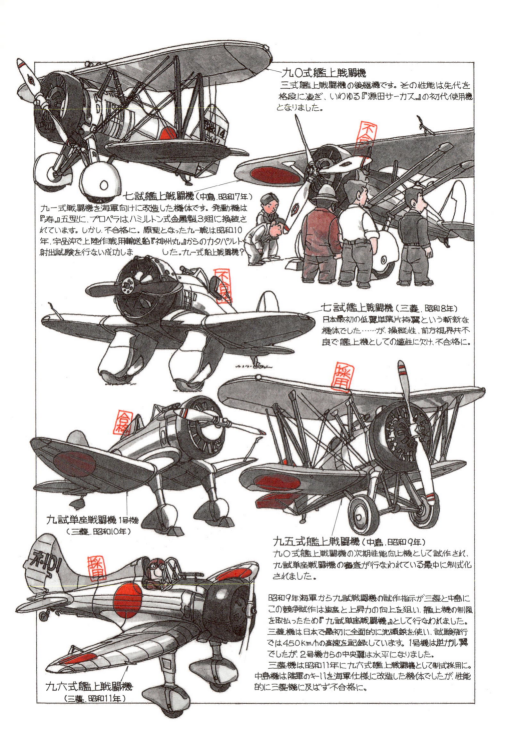

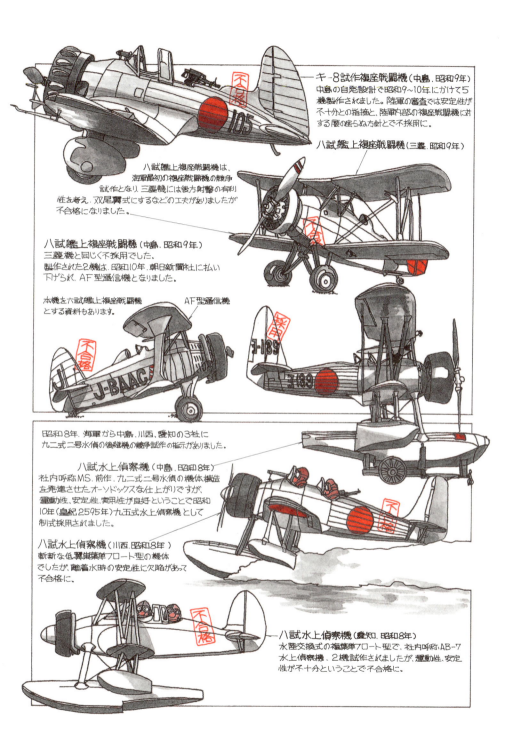

273

日本軍用機「勝ち組」「負け組」❹

◆大戦で活躍した"団魂の世代"◆

わが国の第一線軍用機は1930年代後半に、一気に全金属製単葉機へと近代化されました。1936（昭和11）年から1939（昭和14）年にかけて誕生した、九六式、九七式、九八式、九九式の各機であります。

この時代にデビューした海軍の新鋭機は、三菱九六式艦上戦闘機、三菱九六式陸上攻撃機、中島九七式艦上偵察機、中島九七式一号艦上攻撃機、三菱九七式二号艦上攻撃機（タイトル・イラスト）、川西九七式飛行艇、三菱九八式陸上偵察機、愛知九九式艦上爆撃機、空技廠九九式飛行艇であります。この他に複葉機ながら渡辺九六式小型水上偵察機と愛知九八式水上偵察機が制式化されています。

また陸軍機では、三菱九七式司令部偵察機（キ-15）、三菱九七式重爆撃機（キ-21）、中島九七式戦闘機（キ-27）、三菱九七式単発軽爆撃機（キ-30）、中島九七式輸送機（キ-34）、立川九八式直協偵察機（キ-36）、川崎九八式軽爆撃機（キ-32）、川崎九九式双軽爆撃機（キ-48）、三菱九九式襲撃機／九九式軍偵察機（キ-51）、立川九九式高等練習機（キ-55）と、すべて全金属製単葉の機体に更新されました。

この4年間は陸海軍の近代的軍用機のベビー・ブームでありました。その結果、この時代の軍用機はいわゆる「団魂の世代」の軍用機となって一大勢力を形成し、太平洋戦争での大いなる働き手となりました。

わが国の航空技術は欧米に追いつくべく官民で努めてきた結果、陸軍モ式四型飛行機や海軍横廠式ロ号甲型水偵に始まった国産機の開発技術は、ここに世界水準に達し、さらにそれを超えたと評価される近代的軍用機までをも誕生させるまでになったのです。軍用機の輝かしい時代でありました。

民間航空界でも「神風」号や「ニッポン」号、航研機などによる数々の世界的記録飛行が行なわれた、日本航空界の黄金時代でもあったのです。そしてこの時代は、陸軍機競争試作の終焉の時代でもありました。

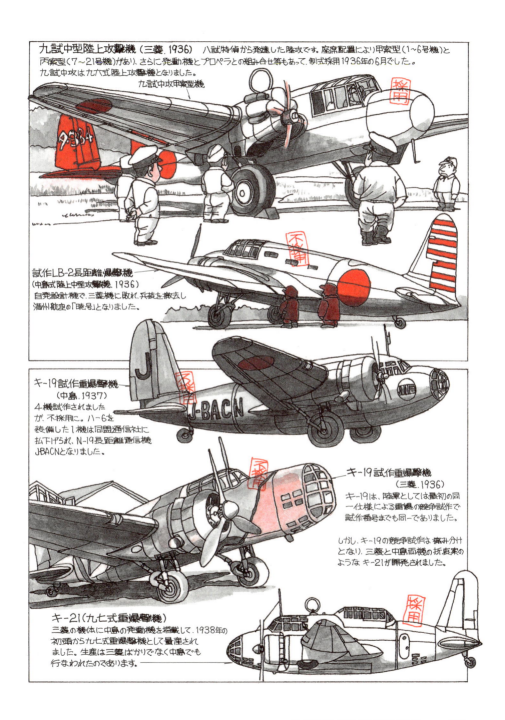

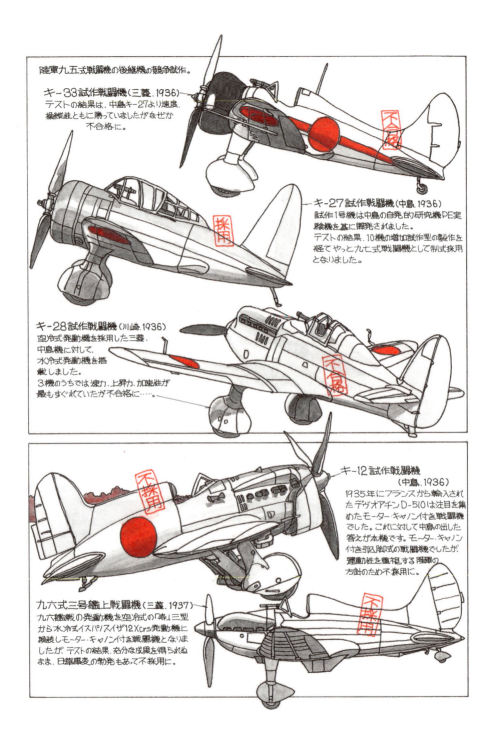

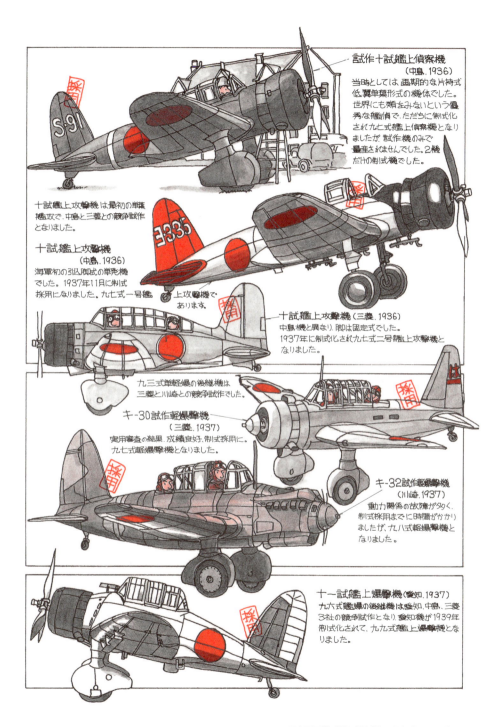

試作十試艦上偵察機
（中島、1936）
当時としては、画期的な片持式低翼単葉形式の機体でした。世界にも類をみないという優秀な艦偵で、ただちに制式化され九七式艦上偵察機となりましたが、試作機のみで量産はされませんでした。2機だけの制式機でした。

十試艦上攻撃機は最初の単葉艦攻で、中島と三菱との競争試作となりました。

十試艦上攻撃機
（中島、1936）
海軍初の引込脚式の単発機でした。1937年11月に制式採用になりました。九七式一号艦上攻撃機であります。

十試艦上攻撃機（三菱、1936）
中島機と異なり、脚は固定式でした。1937年に制式化され九七式二号艦上攻撃機となりました。

九三式単軽爆の後継機は、三菱と川崎との競争試作でした。

キ-30試作軽爆撃機
（三菱、1937）
実用審査の結果、成績良好、制式採用に。九七式軽爆撃機となりました。

キ-32試作軽爆撃機
（川崎、1937）
動力関係の故障が多く、制式採用までに時間がかかりましたが、九八式軽爆撃機となりました。

十一試艦上爆撃機（愛知、1937）
九六式艦爆の後継機は愛知、中島、三菱3社の競争試作となり、愛知機が1939年制式化されて、九九式艦上爆撃機となりました。

日本軍用機「勝ち組」「負け組」❹　　277

日本軍用機「勝ち組」「負け組」❺
◆百式と零式の"あゝ同期の桜"◆

　皇紀年号の下2桁と機種名の組み合わせによる制式名称は、皇紀2600年（昭和15年）採用の機体にかぎり、陸軍では「百式」と呼び、海軍では「零式」と呼称しました。

　陸軍機では三菱キ-46百式司令部偵察機や中島キ-49百式重爆撃機「呑龍」、三菱キ-57百式輸送機などが同期であります。

　零式海軍機の「同期の桜」は、世界に広く知られた超有名人「ゼロ戦」こと三菱零式艦上戦闘機はじめ、愛知零式水上偵察機、アメリカ本土を爆撃した唯一の日本機となった空技廠零式小型水上偵察機、三菱の設計した最後の複葉機・零式水上観測機、ダグラスDC-3を昭和で国産化した零式輸送機、そして川西零式水上初歩練習機であります。

　愛知零式水偵と川西零式水上初練は、海軍最後の競争試作によるものです。これ以降の機体は、陸軍と同じように1社特命試作となりました。

　ご指名による試作機でも油断はできません。合否の試練はあります。要求性能を満たすことができなければ制式化への道は閉ざされます。さらに用兵側の方針転換による、いわゆるオーダー流れという伏兵の可能性もあります。

　戦局がわが方不利となった太平洋戦争末期には、これらの試作機の大半が志半ばにして、大幅リストラの憂き目に遭いました。

　この混乱の中で230機以上生産され、立派に戦力の一部を担ったのに、それなのにああそれなのに制式名称を付けてもらえず、キ番号だけの機体がありました。その薄幸の機体は川崎キ-102試作襲撃／戦闘機であります。

　同じく川崎のキ-100五式戦闘機は皇紀2605年（昭和20年）制式化された陸軍最後の戦闘機でしたが、当局では「隼」や「飛燕」のように愛称まで手が回らなかったようで、制式名称のみで実戦に参加しました。

　戦後、航空再開とともに行なわれた川崎航空機（旧川崎）と富士重工（旧中島）の2社による保安隊の連絡機や海上警備隊の初等練習機の座を巡るものは、わが国最後の競争試作となりました。

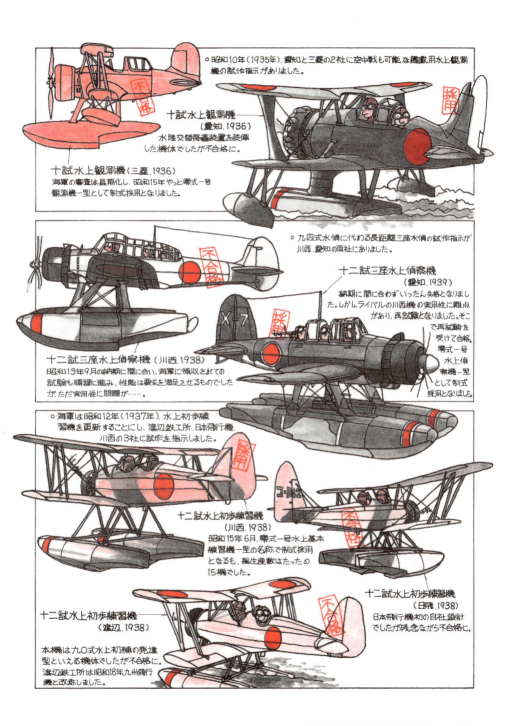

279

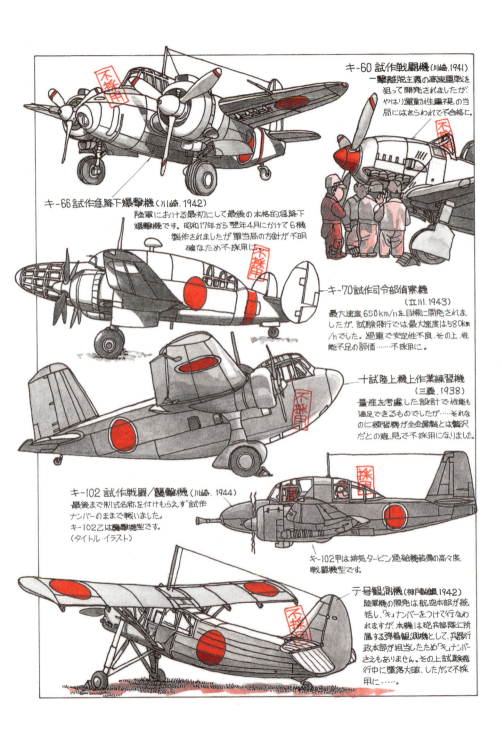

日本軍用機「勝ち組」「負け組」⑤　281

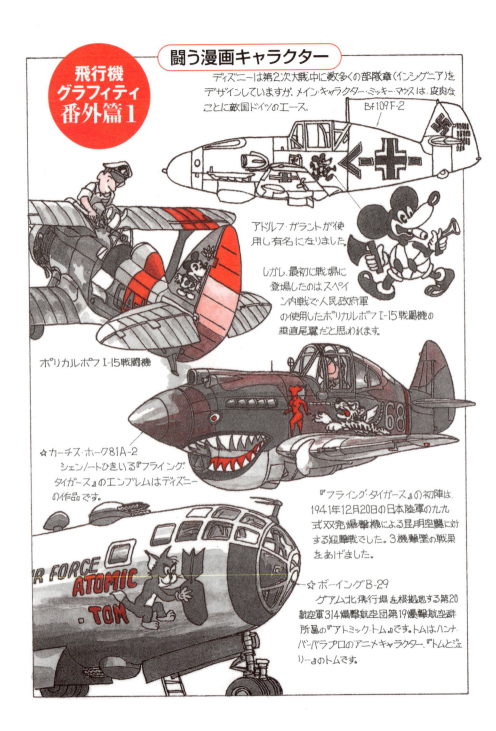

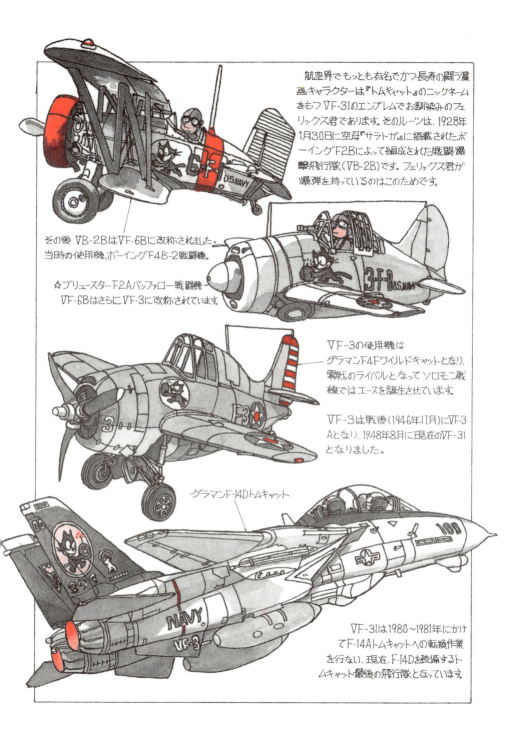

番外篇❶　283

日本の飛行記録あれこれ❶
◆ 国際航空連盟の公認記録だけ ◆

　航空機の飛行記録はFAI（国際航空連盟）に公認という御墨付きをいただいて、初めて世界的に通用する記録となります。昭和4（1929）年までは、すべて世界記録と呼ばれていましたが、翌年からは、この公認される記録は「国際記録」と「世界記録」に分けられ今日にいたっています。
　国際記録は航空機をいくつかのクラスに分けてFAIの定めた種目についての最高記録です。その中で、機種別・種目別を通じて最高記録が世界記録となります。
　昭和十二（1937）年4月に朝日新聞社の「神風」号が、東京～ロンドン間を94時間17分56秒で飛行した記録は、都市間連絡記録という種目の国際記録でした。
　今日世界記録とされる種目は、直線距離、周回距離、高度、基本線上速度、周回速度の5種目の最高記録です。
　昭和十三（1938）年5月13日～15日にかけて航空研究所長距離機（航研機）が樹立した周回距離1万1651.011kmの記録はFAI公認世界記録です。
　国際記録、世界記録とも戦時中に樹立したものは公認されない決まりです。したがって、昭和19（1944）年7月2～4日にかけてA-26が樹立した1万6435kmの周回距離世界記録は、残念ながら戦時中ということで未公認となりました。
　航研機の記録が我国唯一の公認世界記録ですが、最後の国際記録ではありません。戦後の昭和34（1959）年12月9日、戦前の中島飛行機の流れをくむ、富士重工のKM-1連絡機が、高度9917mに到達しC-1Cクラスの国際記録を樹立しています。
　日本がFAIに加盟したのは大正8（1919）年でしたが、飛行記録のスタートは明治43（1910）年12月19日に代々木練兵場で行なわれた、臨時軍用気球研究会の公式飛行であります。徳川大尉はファルマン機で高度約70m、飛行距離約3200mの記録を樹立しました。

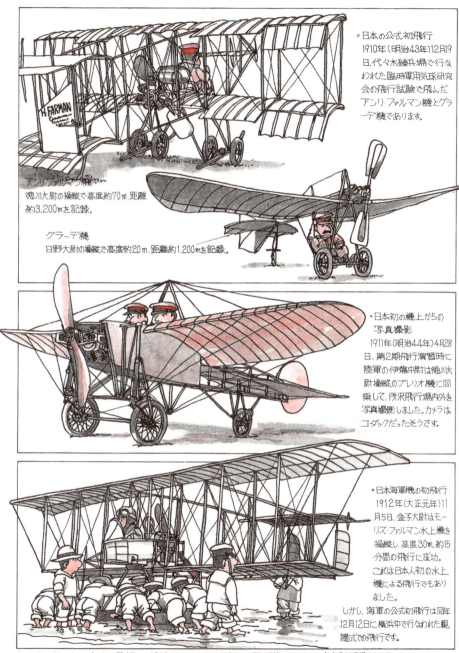

日本の飛行記録あれこれ❶

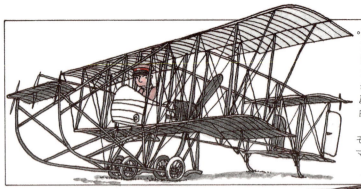

○陸軍機による所沢〜大阪間連絡飛行
1915年(大正4年)2月〜3月、モ式2機で行なわれ、往航は静岡、名古屋経由で5日、復航は3日で成功しました。

モ式ことモーリス・ファルマン1913年型。

○海軍のモ式大型水上機の大飛行
1915年3月4日、馬越中尉はモ式大型水上機を操縦して東京湾周回飛行(?)8時間の大飛行に成功しました。同中尉は5月26日には、追浜から愛知県の新舞子浜までの307kmの無着陸飛行にも成功。

○日本の飛行船の長距離飛行記録
1916年(大正5年)1月21〜22日、陸軍の飛行船『雄飛』号は、所沢から大阪城東練兵場まで飛び、460kmを平均時速40km、11時間34分の記録を樹立しました。

1917年(大正6年)5月、モ式4型を大型化したモ式6型が完成。5月25日には、坂元中尉は岩本技師に1号機に同乗させ、高度2,800mに到達して2人乗りの日本記録を樹立しました。

286　Nobさんの飛行機グラフィティ3

1918年(大正7年)4月、ニューポール24C1は所沢での陸軍の試験飛行中に高度5,200mの日本記録を樹立。

同じくスパッドS-7は、最大速度180km/hを記録。
後に、ニューポール24C1は甲式4型戦闘機として制式化され、スパッドはS-7の発達型S-13が丙式1型戦闘機として制式採用となりました。

サルムソン2A-2複座偵察機

○日本機としての初の朝鮮海峡横断飛行
1920年(大正9年)3月8〜9日、陸軍のサルムソン2A-2偵察機3機とソッピーズ2偵察機2機が所沢を出発し、途中、サルムソン1機とソッピーズ1機が落伍となったが広島に1泊後、京城(ソウル)訪問飛行に3機が成功しました。
約1,550kmの大飛行でありました。
なお帰路に北川中尉操縦のサルムソン機は、京城〜所沢間8時間31分の記録を樹立しました。

ソッピーズ2複座偵察機

○日本海軍機による初の朝鮮海峡横断飛行
1920年(大正9年)3月15日、横廠式ロ号甲型水上偵察機(燃料タンクを増設した改造単座機)3機は追浜から呉まで飛行し、そのうちの2機は朝鮮海峡を越え鎮海まで飛んだ。この2機は4月20日、鎮海から佐世保へ飛び、その後、瀬戸内海を経由して追浜までの約1,300kmを無着水で11時間35分の大飛行に成功しました。

日本の飛行記録あれこれ❶　　287

日本の飛行記録あれこれ❷
◆ 河井田中尉の連続宙返り456回 ◆

　第一次大戦が終結した翌年の1919年5月、アメリカ海軍のカーチスNC-4飛行艇が最初の大西洋横断飛行に成功し、翌月にはイギリスのアルコック大尉とブラウン中尉はビッカース・ビミー爆撃機の改造機を操縦して、大西洋無着陸水初横断を成し遂げました。この年から1933年のアメリカのウィリー・ポストがロッキード・ベガ「ウィリー・メイ」号を操縦して成功した、最初の単独世界一周飛行までの間を、世界の航空史では「大飛行の時代」と呼んでいます。冒険飛行の時代であります。

　そんな時代が始まったばかりの1921（大正10）年5月、空前絶後の驚異的な記録がわが国で打ち立てられました。陸軍の河井田中尉はソッピーズ・パップ戦闘機で、上海雑技団もビックリの連続宙返り456回の記録を樹立したのであります。ただし、本記録がFAIの公認を得られたかどうかは定かではありません。

　日本は地理的に見てヨーロッパから陸続きの飛行の終点であり、太平洋横断飛行の起終点であります。そのため、この時代、外国機の訪日が続きました。

　最初の訪日機は1920（大正9）年5月に東京の代々木練兵場に飛来した、イタリアのフェラリン、マンジェロの両中尉の操縦する2機のアンサルドS.V.A.-9です。1925（大正14）年7月25日に実施された、朝日新聞による「初風」「東風」のヨーロッパ親善訪問飛行は、この親善飛行に対しての答礼飛行を兼ねたものでした。中島ブレゲー19A-2複葉機「初風」「東風」は代々木練兵場を飛び立ち、シベリア経由で、モスクワ～パリ～ロンドンと飛行して、10月27日にローマに到着し、日本機初のヨーロッパ訪問飛行に成功したのであります。まだ国産機は黎明期にありましたが、初の日本1周飛行に成功したのは国産機でした。この壮挙は、1924（大正13）年7月23～31日にかけて、川西と大毎東日の共催で実施され、川西K-6水上輸送機改造型「春風」号が成しとげました。

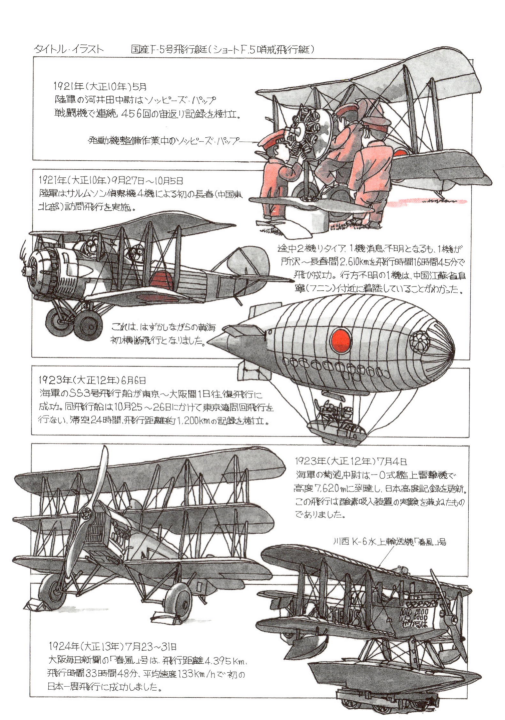

タイトル・イラスト　　国産F-5号飛行艇(ショートF.5哨戒飛行艇)

1921年(大正10年)5月
陸軍の河井田中尉はソッピーズ・パップ戦闘機で連続456回の宙返り記録を樹立。

発動機整備作業中のソッピーズ・パップ

1921年(大正10年)9月27日〜10月5日
陸軍はサルムソン偵察機4機による初の長春(中国東北部)訪問飛行を実施。

途中2機リタイア、1機消息不明となるも、1機が所沢〜長春間2,610kmを飛行時間16時間45分で飛び成功。行方不明の1機は、中国江蘇省阜寧(フニン)付近に着陸していることがわかった。

これは、はずかしながらの黄海初横断飛行となりました。

1923年(大正12年)6月6日
海軍のSS3号飛行船が東京〜大阪間1日往復飛行に成功。同飛行船は10月25〜26日にかけて東京遊周回飛行を行ない、滞空24時間、飛行距離約1,200kmの記録を樹立。

1923年(大正12年)7月4日
海軍の菊池中尉は一〇式艦上雷撃機で高度7,620mに到達し、日本高度記録を更新。この飛行は酸素吸入装置の実験を兼ねたものでありました。

川西K-6水上輸送機「春風」号

1924年(大正13年)7月23〜31日
大阪毎日新聞の「春風」号は、飛行距離4,395km、飛行時間33時間48分、平均速度133km/hで初の日本一周飛行に成功しました。

日本の飛行記録あれこれ❷　　289

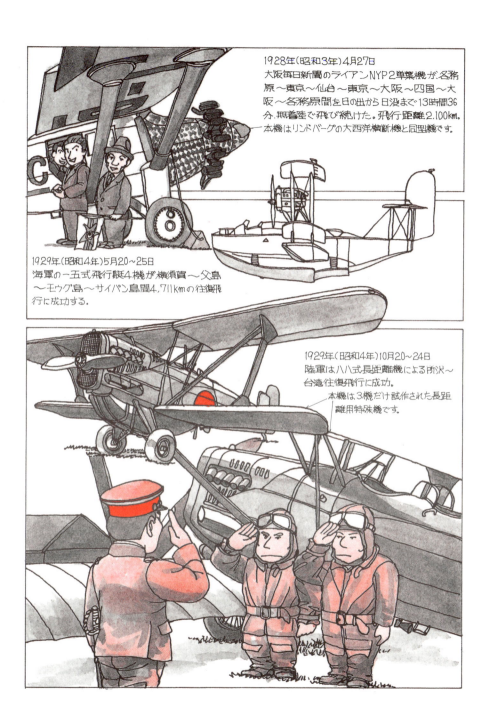

291

日本の飛行記録あれこれ❸
◆幻の日ノ丸リンドバーグ計画◆

「大飛行の時代」、1927 (昭和2) 年5月のリンドバーグによる大西洋横断飛行の成功は全世界に衝撃を与えました。

この成功に刺激を受けたわが国では、帝国飛行協会の音頭で「国産機による太平洋横断飛行」が企画され、その使用機は1928年夏、相次いで川西で完成しました。K-12第1号予備実験機とK-12第2号実行機「さくら」号であります。

しかし、両機の試験飛行の結果は芳しくなく、強度、性能、発動機の信頼性などに問題があり、そのうえ長距離機に対する最悪の評価、航続力不十分という結論で計画は頓挫。さらに、「日本のリンドバーグ」になるべく訓練中だった後藤勇吉操縦士の事故死や、寄付金募集の成績不良などもあって、結局11月には計画は事実上中止となり、短い夢と終わりました。

「大飛行の時代」は日本では「新聞航空の時代」でもありました。各新聞社は高速通信機を競って保有し、都市間連絡飛行の記録が次々と更新された時代でした。

そんな中、報知新聞社が太平洋横断飛行に手を挙げました。前年、ベルリン〜東京間の連絡飛行に成功したペアが挑みます。ユンカースA50ユニオール水上機「報知日米号」と吉原清治操縦士であります。東京〜北海道〜千島〜アリューシャン列島〜アラスカ〜シアトル〜サンフランシスコまで飛ぶという雄大な計画でしたが、「報知日米号」は千島で不時着、機体は水没、計画は挫折。しかし、太平洋横断飛行計画はめげることなく続行され、「報知日米号」の同型予備機「第2報知日米号」による同ルートの再挑戦、シアトル〜網走間太平洋逆横断機ベランカの「報知日の丸」号、太平洋逆飛び石横断機サロー・カティサーク水陸両用飛行艇の「報知日本号」、太平洋横断機ユンカースW33「第3報知日米号」と、大計画は前後五次にわたりましたが、残念ながら、全て失敗に帰するという悪夢の結果でした。こうして「日本のリンドバーグ」は幻に終わったのであります。

川西 K-12 第2号実行機
『さくら』号
幻に終わった『国産機による太平洋横断飛行』計画の使用予定機です。
本機が川西最後の民間機となりました。

1930年(昭和5年)8月20〜30日。吉原清治は、ユンカース・ユニオール機でベルリンを出発し、立川まで実飛行時間79時間58分で飛び、母国訪問飛行に成功。

1930年(昭和5年)6月22日〜8月31日。在米邦人による初の故国訪問飛行。アメリカの中華料理店オーナーの東亜作は、トラベルエア4000『東京』号で、アメリカ、ヨーロッパ、アジアの3大陸を横断し、ロスアンゼルスから立川に到着。飛行距離16,914km。飛行日数71日間でした。

1930年(昭和5年)11月4日。川崎KDA-5戦闘機の試作1号機が日本機として初めて高度10,000mに到達しました。翌年の1月22日には、試作2号機が335km/hの日本機としての最高速度を記録。1931年10月に九二式戦闘機として制式採用となりました。

1931年(昭和6年)3月14〜17日。海軍の三式八号半硬式飛行船は、霞ヶ浦基地を飛び出し周回を続け、60時間01分滞空し、イタリアの『ノルゲ』号が北極横断飛行時に記録した44時間35分を破る半硬式飛行船の最高滞空時間を記録しました。

日本の飛行記録あれこれ❸ 293

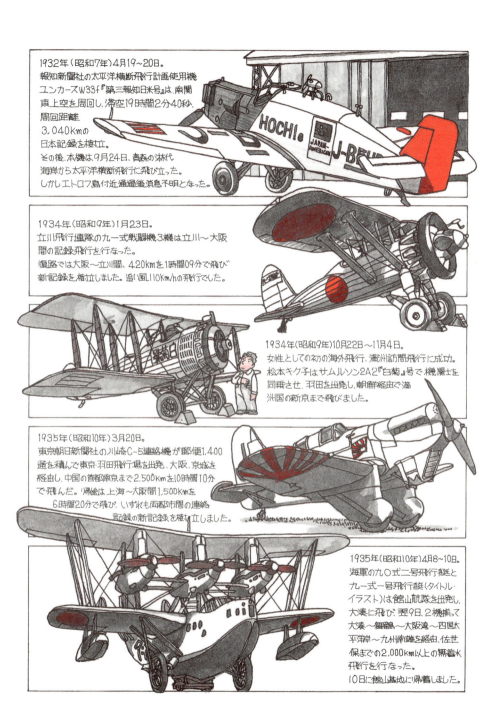

1932年(昭和7年)4月19~20日。
報知新聞社の太平洋横断飛行計画使用機
ユンカースW33f『第三報知日米号』は、南関
東上空を周回し、滞空19時間2分40秒、
周回距離
3,040kmの
日本記録を樹立。
その後、本機は、9月24日、青森の淋代
海岸から太平洋横断飛行に飛び立った。
しかしエトロフ島付近通過後消息不明となった。

1934年(昭和9年)1月23日。
立川飛行連隊の九一式戦闘機3機は立川~大阪
間の記録飛行を行なった。
復路では大阪~立川間、420kmを1時間09分で飛び
新記録を樹立しました。追い風110km/hの飛行でした。

1934年(昭和9年)10月22日~11月4日。
女性としての初の海外飛行、満州訪問飛行に成功。
松本キク子はサムルソン2A2『白菊』号で機関士を
同乗させ、羽田を出発し、朝鮮経由で満
洲国の新京まで飛びました。

1935年(昭和10年)3月20日。
東京朝日新聞社の川崎C-5連絡機が郵便1,400
通を積んで東京・羽田飛行場を出発、大阪、京城を
経由し、中国の首都南京まで2,500kmを10時間10分
で飛んだ。帰途は上海~大阪間1,500kmを
6時間20分で飛び、いずれも両都市間の連絡
記録の新記録を樹立しました。

1935年(昭和10年)4月8~10日。
海軍の九〇式二号飛行艇と
九一式一号飛行艇(タイトル・
イラスト)は館山航空隊を出発し、
大湊に飛び、翌9日、2機揃って
大湊~舞鶴~大阪湾~四国太
平洋岸~九州南端を経由、佐世
保までの2,000km以上の無着水
飛行を行なった。
10日に館山基地に帰着しました。

日本の飛行記録あれこれ❸　　295

日本の飛行記録あれこれ❹

♦悲運の日本最後の大記録飛行♦

　1936（昭和11）年は陸軍の三菱のキ-15試作機が初飛行に成功し、海軍では九六式陸攻が制式化された年です。この両機がわが国の「大飛行の時代」を担う飛行機のルーツであります。キ-15の試作2号機は朝日新聞社の「神風」号に姿を変え、飯沼操縦士、塚越機関士が搭乗し、1937（昭和12）年4月、東京～ロンドン間を97時間17分57秒で翔破し、都市連絡国際新記録を樹立しました。これは日本初のFAI国際記録であります。

　また、1939（昭和14）年に国産機による初めての世界1周に成功した毎日新聞社の「ニッポン」号は、九六式陸攻を改造した三菱双発輸送機であります。この年は同型機の大日本航空の「そよかぜ」号がテヘランのイラン皇太子御成婚祝賀兼親善飛行を、姉妹機「大和」号も日、独、伊三国防共協定締結記念飛行のためローマまで飛んでいます。

　日本が世界記録に追いつき、追い越したのは、1938（昭和13）年5月のことです。「航研機」がなしとげた、飛行距離1万1651.01kmの長距離飛行世界記録であります。

　その2年後には、この記録の更新を兼ねる雄大な計画が企画されました。朝日新聞社の皇紀2600（昭和15）年記念事業として東京～ニューヨーク間無着陸親善飛行計画であります。使用機は立川飛行機で作られたA-26長距離機、名称は朝日新聞のAと皇紀2600の26との組み合わせです。

　しかし、太平洋戦争の勃発がA-26の運命を変えました。当然、計画はおジャン。その後、2号機（タイトル・イラスト）に陸軍の「セ号飛行」計画のお鉢が回りました。そして2号機はシンガポールを出発後、消息不明となりました。

　残る1号機は1944（昭和19）年7月、満州で1万6435kmの周回距離世界記録を樹立しましたが、記録はFAIの規定により、戦時中ということで公認されませんでした。

　この飛行がわが国の「大飛行の時代」最後の記録飛行となりました。

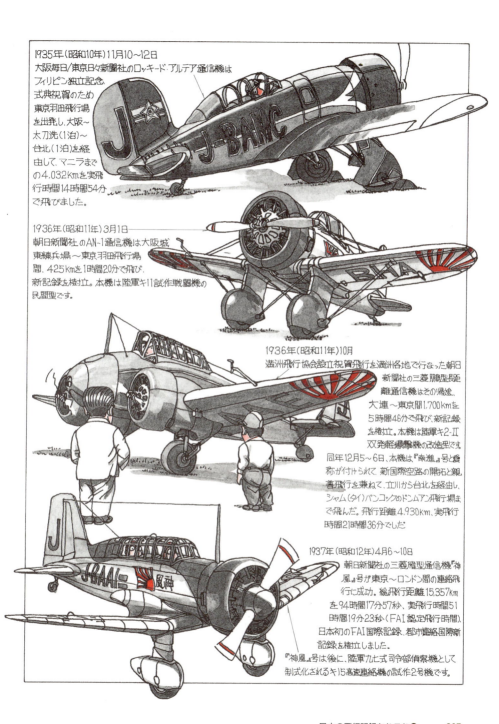

1935年(昭和10年)11月10~12日
大阪毎日/東京日々新聞社のロッキード・アルテア通信機は、フィリピン独立記念式典祝賀のため東京羽田飛行場を出発し、大阪~太刀洗(1泊)~台北(1泊)を経由して、マニラまでの4,032kmを実飛行時間14時間54分で飛びました。

1936年(昭和11年)3月1日
朝日新聞社のAN-1通信機は大阪城東練兵場~東京羽田飛行場間、425kmを1時間20分で飛び、新記録を樹立。本機は陸軍キ11試作戦闘機の民間型です。

1936年(昭和11年)10月
満洲飛行協会設立祝賀飛行を満洲各地で行なった朝日新聞社の三菱 鵬型長距離通信機はその帰途、大連~東京間1,700kmを5時間48分で飛び、新記録を樹立。本機は陸軍キ2-Ⅱ双発軽爆撃機の改造型です。
同年12月5~6日、本機は『南進』号と愛称が付けられて、新国際空路の開拓と親善飛行を兼ねて、立川から台北を経由し、シャム(タイ)バンコックのドンムアン飛行場まで飛んだ。飛行距離4,930km、実飛行時間21時間36分でした。

1937年(昭和12年)4月6~10日
朝日新聞社の三菱雁型通信機『神風』号が東京~ロンドン間の連絡飛行に成功。総飛行距離15,357kmを94時間17分57秒、実飛行時間51時間19分23秒(FAI認定飛行時間)。日本初のFAI国際記録、都市連絡国際新記録を樹立しました。
『神風』号は後に、陸軍九七式司令部偵察機として制式化されるキ15高速連絡機の試作2号機です。

日本の飛行記録あれこれ❹　　297

1938年(昭和13年)4月23〜29日
満洲航空がドイツから輸入した2機のハインケルHe116長距離郵便機がベルリンのテンペルホフ飛行場を出発し、全行程15,340Kmを143時間43分で飛び、ベルリン〜東京間の都市連絡記録を樹立しました。両機はのちに大日本航空に所属し、『乃木』号、『東郷』号と命名されて、東京〜新京間の郵便輸送に使われました。

1938年(昭和13年)5月13〜15日
航研機こと東京帝国大学航空研究所試作長距離機は、木更津〜銚子〜太田〜平塚〜木更津の周回コースを29周、62時間22分飛んで木更津飛行場に着陸し、飛行距離11,651.01kmの世界記録と10,000kmの平均速度186.192Km/hの国際記録を樹立しました。

1939年(昭和14年)4月9〜15日
大日本航空の三菱双発輸送機『そよかぜ』号がイラン皇太子御成婚祝賀親善飛行のためテヘランまで飛ぶ。12,063Kmを6日9時間28分、実飛行時間47時間12分、平均速度251km/hの飛行でした。

1939年(昭和14年)8月26日〜10月20日
毎日新聞社の三菱双発輸送機(海軍九六式陸上攻撃機の民間型)『ニッポン』号は東京羽田飛行場を出発し、〜札幌〜ノーム(アラスカ)〜フェアバンクス〜シアトル〜ロサンゼルス〜ニューヨーク(ここで第二次世界大戦が勃発)ここから〜中米・南米を経由して西アフリカへ。ヨーロッパが戦火のため予定を変更、カサブランカからローマへ飛び、南方コースを飛んで日本機による世界一周飛行に成功。

1939年(昭和14年)12月23～31日
大日本航空の三菱双発輸送機『大和』号は、日独、伊三国防共協定締結を記念して、国梓義勇飛行隊長等川良一他2名の使節を乗せて、羽田飛行場を出発し、台北～バンコック～カルカッタ～カラチ～バグダード～アレッポ～ロードス島を経由してローマのリットリオ飛行場まで飛んだ。総飛行距離14,780km、実飛行時間55時間45分でした。

1942年(昭和18年)12月27日
航空研究所『研3』高速度研究機が第31回目の飛行で699.9km/hの日本最高速度を記録。

1944年(昭和19年)7月2～4日
A-26(キ77)長距離記録機の1号機が満洲国新京飛行場を出発し、新京～ハルビン～白城子を結ぶ周回コース(1周865km)を19周して新京飛行場に帰着。飛行距離16,435km、飛行時間57時間12分でイタリアの持つ周回距離世界記録を破るとともに、史上初の15,000kmの平均速度287.72km/hの国際速度記録を樹立。しかし、記録は戦時中のため非公認となってしまった。残念!
なお、A-26のAは朝日新聞の、26は皇紀2600年の略で、紀元2600年記念事業として、はじめの予定は東京～ニューヨーク親善飛行と長距離世界記録の更新でした。

1959年(昭和34年)12月9日
富士LM『日光』号の2号機を改造して作られたXKM『スーパー日光』号が重量1,750kg以下の飛行機を対象とした「C-1-C」クラスの国際高度記録9,917mを樹立。これは国産機による戦後唯一の国際記録です。

日本の飛行記録あれこれ❹

Nobさんの"ぬり絵"飛行機グラフィティ ——"燕の兄弟"

陸軍三式戦闘機『飛燕』(キ-61)は、太平洋戦争で日本軍が使用した唯一の液冷エンジンを搭載した戦闘機です。そのエンジン、ハ-40は、ドイツから輸入したダイムラーベンツのD.B.601を川崎で国産化したものです。

その輸入エンジンD.B.601を搭載して開発されたのが、川崎キ-60 試作戦闘機です。1941(昭和16)年に3機作られました。
最大速度 560km/h. 武装 12.7mm×2、20mm×2。

ハ-40エンジン2基を前後串型配置した試作高速戦闘機が川崎キ-64です。最大速度 690km/h. 武装 20mm×2または×4。

『飛燕』の性能向上をねらって開発されたのがハ-40にメタノール噴射機能を付けたハ-140を搭載したキ-61-Ⅱ改です。ところがハ-140生産がうまくいかず、エンジン待ちの山になってしまいました。その解決策が空冷エンジンであるハ-112-Ⅱへの換装でした。こうして開発され、最後の陸軍制式戦闘機となった陸軍五式戦闘機(キ-100)であります。

※本書巻頭のカラー口絵をお手本に、下のイラストに色をぬってみよう！

300　Nobさんの飛行機グラフィティ3

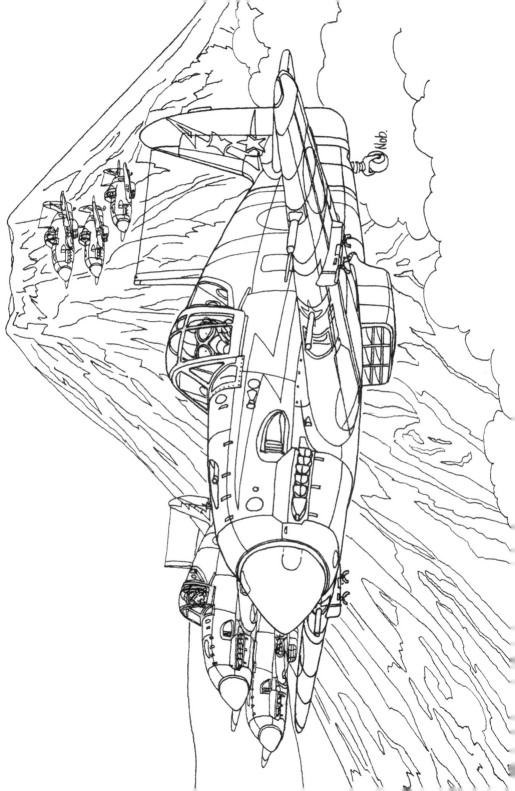

青い目の日ノ丸軍用機❶
◆ 「日ノ丸」標識のことはじめ ◆

　第一次世界大戦は軍用機やその用法を大いに発達させましたが、主戦場のヨーロッパから遠く離れた極東のわが国の航空兵力のレベルは、まったく幼稚なものでした。陸軍航空の主力は開戦の年に出現したモーリス・ファルマン1914年型のモ式四型とそのパワーアップ型モ式六型、海軍とて似たような現状で、連合軍の一員として恥ずかしいものでありました。

　この状況に一肌脱いだのが、当時の山下汽船社長・山下亀三郎です。1917（大正6）年12月、陸海軍に新鋭機の購入のための資金として50万円ずつの献金を行ない、陸軍は翌年、ソッピーズ改造一型偵察爆撃機20機とソッピーズ3パップ戦闘機50機他を購入、一方海軍もソッピーズ3パップ戦闘機をはじめショート320大型水上機、テリエ飛行艇各1機を輸入しました。また危機感を抱いていた陸軍上層部も近代化を図るべく、1917（大正6）年にフランスからニューポール24戦闘機とスパッドS7戦闘機を空中射撃研究用に輸入しています。

　これらの大戦中に陸軍が輸入した機体には日の丸の国籍標識はなく、主翼と方向舵につけられた白丸赤星の陸軍標識のみでした。1918（大正7）年に第一次世界大戦が終結した時、これらの努力の甲斐もなく、わが国はすっかり航空後進国になっていました。

　陸軍は陸軍航空を本格的戦力とするために1919（大正8）年、フランスからフォール航空教育団を招聘し、機種をフランス機で固めたひと揃えの近代的な陸軍航空を誕生させました。また海軍でもイギリスから1921（大正10）年、センピル航空教育団を招き、機材をイギリス系の機体で固めて海軍航空の近代化を図ったのであります。

　この時から陸海軍機に日の丸の国籍標識がつけられるようになったのです。「青い目の日ノ丸軍用機」の誕生でありました。その後も軍用機の国産化の進む中、「青い目の日ノ丸軍用機」は研究用に、あるいは原型機として、また不本意ながら鹵獲機として数多く誕生したのであります。

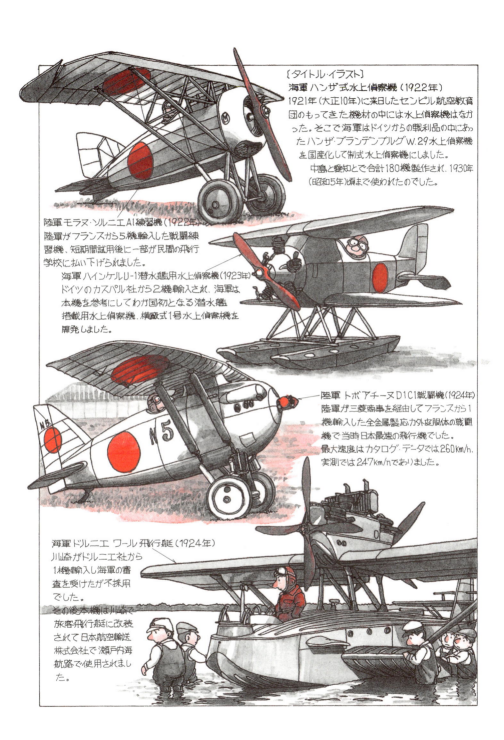

〔タイトル・イラスト〕
海軍 ハンザ式水上偵察機（1922年）
1921年（大正10年）に来日したセンピル航空教育団のもってきた機材の中には水上偵察機はなかった。そこで海軍はドイツからの戦利品の中にあったハンザ・ブランデンブルグW.29水上偵察機を国産化して制式水上偵察機にしました。
中島と愛知とで合計180機製作され、1930年（昭和5年）頃まで使われたのでした。

陸軍 モラヌ・ソルニエAI練習機（1922年）
陸軍がフランスから5機輸入した戦闘練習機、短期間試用後に一部が民間の飛行学校に払い下げられました。

海軍 ハインケルU-1潜水艦用水上偵察機（1923年）
ドイツのカスパル社から2機輸入され、海軍は本機を参考にしてわが国初となる潜水艦搭載用水上偵察機、横廠式1号水上偵察機を開発しました。

陸軍 トポアチーヌD1C1戦闘機（1924年）
陸軍が三菱商事を経由してフランスから1機輸入した全金属製応力外皮胴体の戦闘機で当時日本最速の飛行機でした。
最大速度はカタログ・データでは260km/h、実測では247km/hでありました。

海軍 ドルニエ ワール飛行艇（1924年）
川崎がドルニエ社から1機輸入し海軍の審査を受けたが不採用でした。
その後本機は川崎で旅客飛行艇に改装されて日本航空輸送株式会社で瀬戸内海航路で使用されました。

青い目の日ノ丸軍用機❶ 303

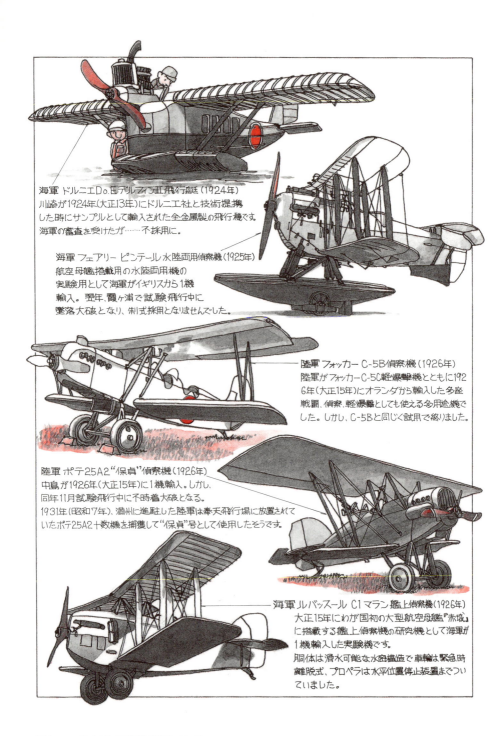

海軍 ドルニエDo.Eデルフィンll飛行艇(1924年)
川崎が1924年(大正13年)にドルニエ社と技術提携した時にサンプルとして輸入された全金属製の飛行機です。海軍の審査を受けたが……不採用に。

海軍 フェアリー ピンテール水陸両用偵察機(1925年)
航空母艦搭載用の水陸両用機の実験用として海軍がイギリスから1機輸入。翌年、霞ヶ浦で試験飛行中に墜落大破となり、制式採用となりませんでした。

陸軍 フォッカー C-5B偵察機(1926年)
陸軍がフォッカーC-5C軽爆撃機とともに1926年(大正15年)にオランダから輸入した多座戦闘、偵察、軽爆撃としても使える多用途機でした。しかし、C-5Bと同じく試用で終りました。

陸軍 ポテ25A2"保貞"偵察機(1926年)
中島が1926年(大正15年)に1機輸入。しかし、同年11月試験飛行中に不時着大破となる。1931年(昭和7年)、満州に進駐した陸軍は奉天飛行場に放置されていたポテ25A2十数機を捕獲して"保貞"号として使用したそうです。

海軍 ルバッスール C1マラン艦上偵察機(1926年)
大正15年にわが国初の大型航空母艦『赤城』に搭載する艦上偵察機の研究機として海軍が1機輸入した実験機です。胴体は滑水可能な水密構造で車輪は緊急時離脱式、プロペラは水平位置停止装置までついていました。

304　Nobさんの飛行機グラフィティ3

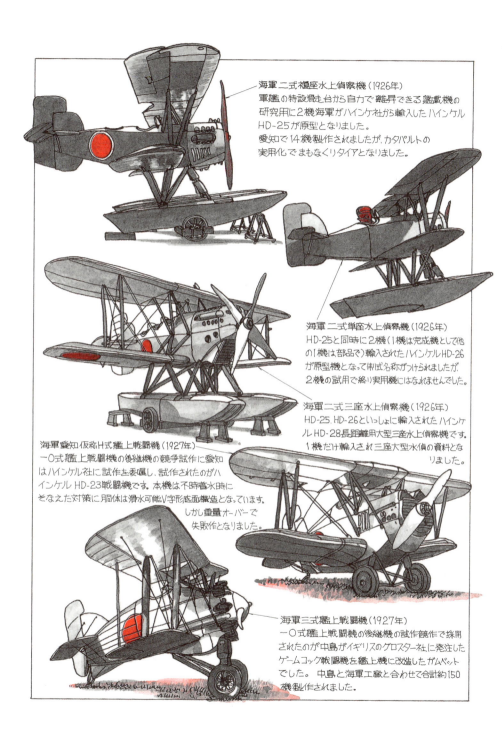

海軍 二式複座水上偵察機 (1926年)
軍艦の特設滑走台から自力で離昇できる艦載機の研究用に2機海軍がハインケル社から輸入したハインケルHD-25が原型となりました。
愛知で14機製作されましたが、カタパルトの実用化でまもなくリタイアとなりました。

海軍 二式単座水上偵察機 (1926年)
HD-25と同時に2機(1機は完成機として他の1機は部品で)輸入されたハインケルHD-26が原型機となって制式名称がつけられましたが、2機の試用で終り実用機にはなれませんでした。

海軍 二式三座水上偵察機 (1926年)
HD-25、HD-26といっしょに輸入されたハインケルHD-28長距離用大型三座水上偵察機です。1機だけ輸入され三座大型水偵の資料となりました。

海軍 愛知仮称H式艦上戦闘機 (1927年)
一〇式艦上戦闘機の後継機の競争試作に愛知はハインケル社に試作を委嘱し、試作されたのがハインケルHD-23戦闘機です。本機は不時着水時にそなえた対策に胴体は滑水可能V字形底面構造となっています。
しかし重量オーバーで失敗作となりました。

海軍 三式艦上戦闘機 (1927年)
一〇式艦上戦闘機の後継機の試作競作で採用されたのが中島がイギリスのグロスター社に発注したゲームコック戦闘機を艦上機に改造したガムベットでした。中島と海軍工廠と合わせて合計約150機製作されました。

青い目の日ノ丸軍用機❶

青い目の日ノ丸軍用機❷

◆外国人技師が設計した日本機◆

　第一次大戦後に、フランスとイギリスから航空教育団を招いて近代化した日本陸海航空の次のステップは、輸入機依存から脱する国産軍用機の試作・実用化でありました。
　陸軍は昭和のはじめに国産の八七、八八、九一、九二各型式の戦闘機や爆撃機、偵察機を制式化しましたが、その設計には航空先進国のドイツやイギリス、フランスなどから招聘された設計技師が関わっていました。また、設計や原型機の開発そのものを外国メーカーに依頼するケースもありました。
　三菱八七式軽爆撃機の原型はイギリス人のスミス技師の設計した一三式艦上攻撃機であり、川崎八七式重爆撃機の設計はドイツのドルニエ社によるものでした。名機の誉れの高い、川崎八八式偵察／軽爆撃機はドイツ人のフォークト博士を設計主務者として製作されたKDA-2偵察機が原型機でした。
　また、フランス人のマリー、ロボン両技師が設計の指導にあたって生まれたのが、陸軍初の国産戦闘機となった中島九一式戦闘機でありま

す。陸軍最大の爆撃機であり、唯一の4発軍用機であった三菱九二式重爆撃機は、当時のドイツの巨人輸送機ユンカースG-38を原型機として開発され、計6機製作されました。
　一方、海軍においては、大正期に馬越大尉設計による純国産機ロ号甲型水上偵察機を200機以上製作するという実績がありますが、同じく大正期に制式採用された三菱製の一〇式艦上戦闘機や一〇式艦上偵察機、一三式艦上攻撃機はイギリス人のスミス技師によるものでした。また昭和5（1930）年に制式化された八九式艦上攻撃機は、ブラックバーン社に設計と原型機（ブラックバーン3MR4）の製作を依頼した機体であります。
　この時代に輸入された機体のひとつ、ヴォートO2U-1コルセア水上偵察機を原型機として中島九〇式二号水上偵察機が誕生しました。日華事変や太平洋戦争の序盤戦でよく働いた中島九五式水上偵察機は、コルセアの発達型、その孫にあたる日系3世の「青い目の日ノ丸軍用機」であります。

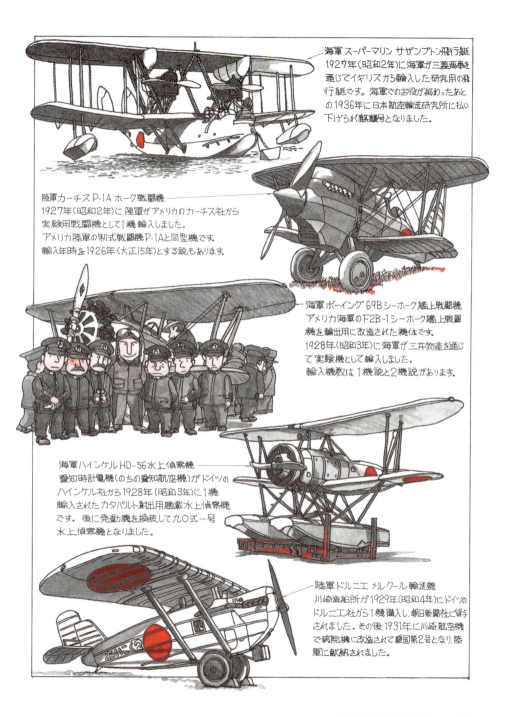

海軍 スーパーマリン サザンプトン飛行艇
1927年(昭和2年)に海軍が三菱商事を通じてイギリスから輸入した研究用の飛行艇です。海軍でのお役が終わったあとの1936年に日本航空輸送研究所に払い下げられ(麒麟号)となりました。

陸軍カーチスP-1A ホーク戦闘機
1927年(昭和2年)に陸軍がアメリカのカーチス社から実験用戦闘機として1機輸入しました。アメリカ陸軍の制式戦闘機P-1Aと同型機です。輸入年時を1926年(大正15年)とする説もあります。

海軍 ボーイング 69B シーホーク艦上戦闘機
アメリカ海軍のF2B-1シーホーク艦上戦闘機を輸出用に改造された機体です。1928年(昭和3年)に海軍が三井物産を通じて実験機として輸入しました。輸入機数は、1機説と2機説があります。

海軍ハインケルHD-56水上偵察機
愛知時計電機(のちの愛知航空機)がドイツのハインケル社から1928年(昭和3年)に1機輸入されたカタパルト射出用艦載水上偵察機です。後に発動機を換装して九〇式一号水上偵察機となりました。

陸軍ドルニエ メルクール 輸送機
川崎造船所が1929年(昭和4年)にドイツのドルニエ社から1機購入し、朝日新聞社に貸与されました。その後1931年に川崎航空機で病院機に改造されて愛国第2号となり、陸軍に献納されました。

青い目の日ノ丸軍用機❷ 307

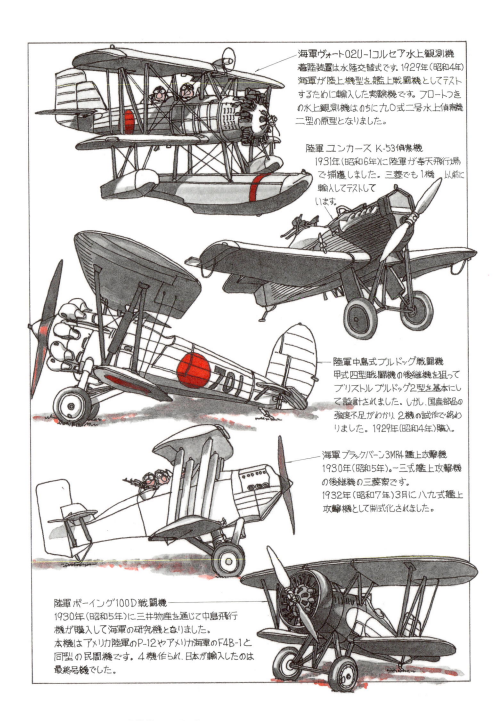

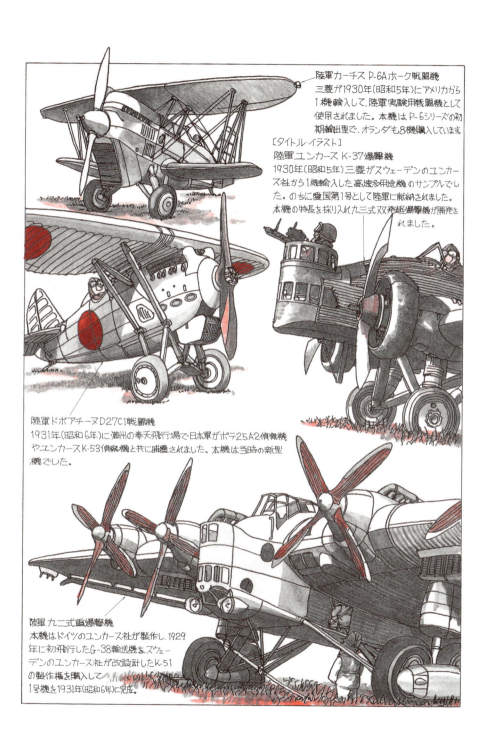

陸軍カーチス P-6Aホーク戦闘機
三菱が1930年(昭和5年)にアメリカから1機輸入して、陸軍実験用戦闘機として使用されました。本機は P-6シリーズの初期輸出型で、オランダも8機購入しています。
〔タイトル・イラスト〕

陸軍ユンカース K-37爆撃機
1930年(昭和5年)三菱がスウェーデンのユンカース社から1機輸入した高速多用途機のサンプルでした。のちに愛国第1号として陸軍に献納されました。本機の特長を採り入れ九三式双発軽爆撃機が開発されました。

陸軍ドボアチーヌ D27C1戦闘機
1931年(昭和6年)に満州の奉天飛行場で日本軍がポテ25A2偵察機やユンカース K-53偵察機と共に捕獲されました。本機は当時の新型機でした。

陸軍 九二式重爆撃機
本機はドイツのユンカース社が製作し、1929年に初飛行したG-38輸送機をスウェーデンのユンカース社が改設計したK-51の製作権を購入して1号機を1931年(昭和6年)に完成。

青い目の日ノ丸軍用機❷　　309

青い目の日ノ丸軍用機❸
◆輸入機に学ぶ先進航空技術◆

　モボ・モガが巷を闊歩していた昭和6 (1931) 年9月19日1時07分、「18日夜10時半頃、奉天北方北大営側において……」で始まる関東軍から陸軍中央部に届いた至急電は、満州事変を知らせる第一報でありました。
　事変は昭和8 (1933) 年5月31日に停戦協定が締結されるまでの約1年8ヵ月続きました。その間、昭和7 (1932) 年1月には第一次上海事変が勃発し、両事変には陸軍の八八式偵察機や八八式軽爆撃機をはじめとして、海軍の三式艦上戦闘機などの国産軍用機が出撃し、中国軍相手に活躍しました。
　そのころ、わが国に新しい型式の飛行機がお目見えしました。スペイン人のシェルヴァが1923 (大正12) 年に開発に成功したオートジャイロです。
　昭和7年に海軍ではイギリスからシェルヴァC19Mk4オートジャイロを1機輸入し、試用しましたが採用にはいたりませんでした。また朝日新聞社でも同型機を別に1機輸入しています。翌年、陸軍はアメリカからケレットK-3オートジャイロを2機輸入しテストしましたが、制式採用とはなりませんでした。愛国81号、82号が本機であります。
　海軍の特爆（艦上急降下軽爆撃機）は六試、七試と失敗作続きでした。昭和8年、八試特殊爆撃機の新たな試作指示を受けた愛知は、再建ドイツ空軍の最初の急降下爆撃機ハインケルHe50から発達した輸出型、ハインケルHe66を提案し、昭和9 (1934) 年、九四式艦上軽爆撃機として制式採用され、後に九六式艦上爆撃機へと発展しました。
　同年、海軍がアメリカから1機輸入した日本最初の低翼単葉急降下爆撃機、ノースロップ2Eガンマ攻撃爆撃機は制式採用とはなりませんでしたが、新型国産機設計の有益な参考資料となりました。まだまだ日本は航空先進国の欧米から学ぶものはたくさんありました。

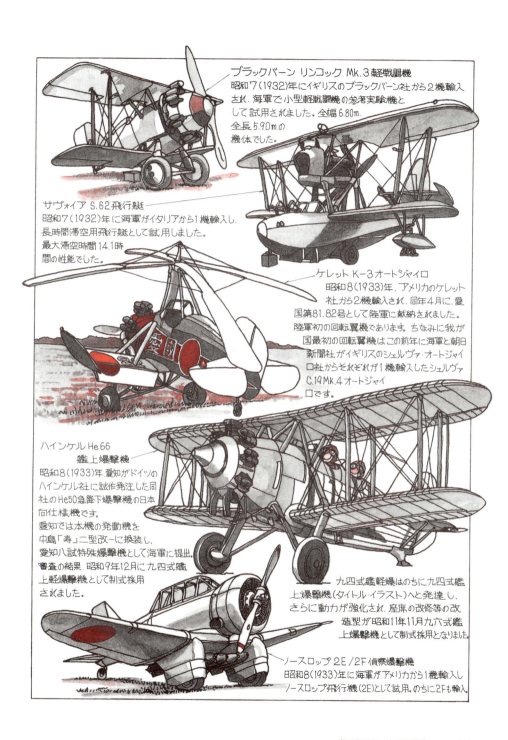

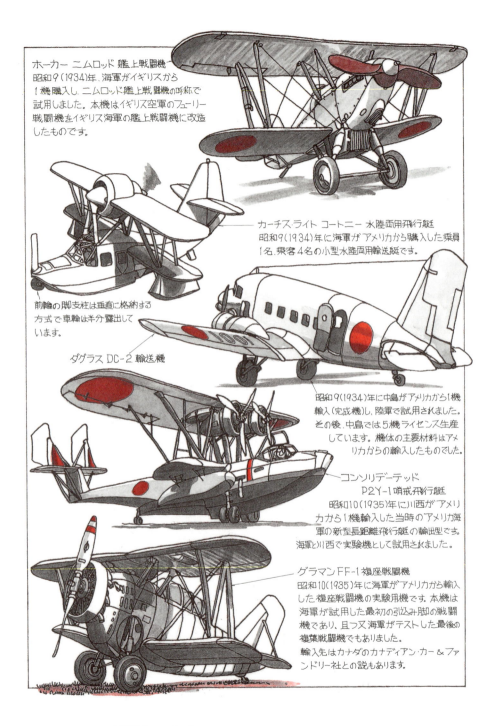

ドヴォアチーヌ D-510J 戦闘機
昭和10(1935)年に陸海軍の意を受けて三菱が研究用に2機フランスから輸入した当時世界的に注目されていたモーター・カノン付戦闘機です。国産戦闘機との性能比較が行なわれた結果、陸軍のキ-27や海軍のA5M1(のちの九六式艦上戦闘機)に破れました。

ユンカース Ju160 輸送機
昭和10(1935)年、三菱がライセンス契約を結ぶとともにサンプルとして3機輸入しました。
その内の2機は陸軍に愛国号患者輸送機として献納されました。
残りの1機は発動機を換装して海軍に納入され、テスト後民間に払い下げられました。
その他に満州航空でも2機使用していたそうです。

ハインケル He70 輸送機
昭和10(1935)年に愛知が1機ドイツから輸入した当時の世界最速旅客機です。
本機は海軍の試用に供され、ハインケル輸送機の名称でテストを受けた結果は高評価でありましたが、需要が望み薄ということで本機の国産化は実現しませんでした。
日本の陸海軍のテスト・パイロットは本機を絶賛していたそうです。

ハインケル He74b 練習機
昭和10年、上記のHe70ともに愛知が輸入し、海軍の試用に供したあらゆる曲技飛行が可能な機体でした。

青い目の日ノ丸軍用機❸ 313

青い目の日ノ丸軍用機❹
◆爆弾もイタリアから直輸入◆

　世界の軍用機が全金属製単葉機になった1930代の後半は、わが国でも九六式から百式（海軍は零式）にいたる新鋭機たちが続々と誕生した国産機の黄金時代でもありました。これらの機体は同期生が多く、いわゆる日ノ丸軍用機の「団魂の世代」であります。
　そんな時代の昭和12（1937）年7月7日に勃発した「北支事変」は9月2日に呼称が「支那事変」に改められ、日本は全面的な中国との戦争に突入していきました。
　この「事変」に間に合った「団魂の世代」の軍用機は海軍機1期生の九六式陸上攻撃機と九六式艦上戦闘機の2機種だけでした。戦線の拡大に伴い爆撃機をまもる護衛戦闘機と陸上基地を防空する局地戦闘機の必要性が生じ、海軍は昭和12年に20（1説に25）機のセヴァスキー2PA-B3複座戦闘機を輸入し、翌年にはドイツにハインケルHe112B-0戦闘機30機を発注（日本到着は12機？）して、それぞれの任務に付けましたが両機とも全くの期待外れの性能

でありました。
　一方、陸軍では九七式各機種の装備が進まず、航空戦力は手薄な状況で、中でも前近代的な九三式重爆撃機ではいかんともしがたく、そこで九七式重爆撃機の戦力化までのつなぎ役として白羽の矢が立ったのがイタリアのフィアットBR20爆撃機であります。本機は昭和13年に88機輸入され、イ式爆撃機として陸軍制式爆撃機となりましたが、爆弾の規格は日本とイタリアでは異なっていたため、搭載爆弾もイタリアからの輸入品でありました。本機の購入価格は当時の金額で6000万円でしたが、イタリアへは全額支払われていなかったようで、残金の精算は戦後となってしまったそうです。
　この他に陸海軍では輸入機を国産化して制式採用した機体がありました。ロッキード14WG-3（陸軍ロ式輸送機）、ダグラスDC-3（海軍零式輸送機）、ビュッカーユングマン（海軍二式陸上練習機／陸軍四式基本練習機）が日ノ丸軍用機となりました。

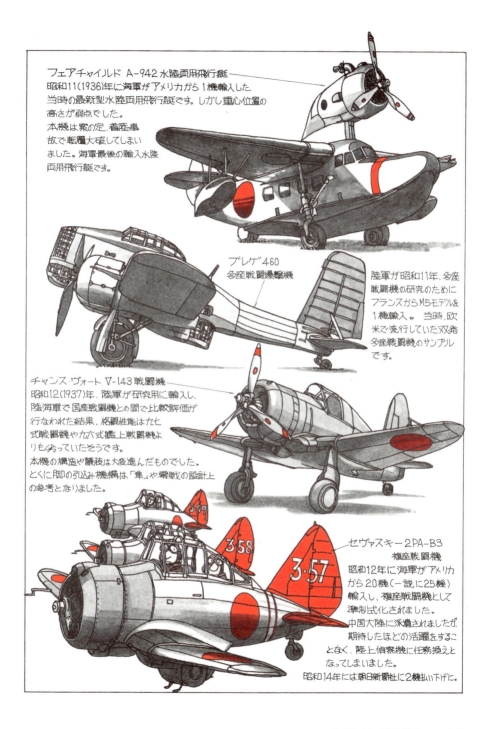

フェアチャイルド A-942 水陸両用飛行艇
昭和11(1936)年に海軍がアメリカから1機輸入した当時の最新型水陸両用飛行艇です。しかし重心位置の高さが弱点でした。
本機は案の定、着陸事故で転覆大破してしまいました。海軍最後の輸入水陸両用飛行艇です。

ブレゲ460 多座戦闘爆撃機

陸軍が昭和11年、多座戦闘機の研究のためにフランスからM5モデルを1機輸入。当時、欧米で流行していた双発多座戦闘機のサンプルです。

チャンス・ヴォート V-143 戦闘機
昭和12(1937)年、陸軍が研究用に輸入し、陸海軍で国産戦闘機との間で比較評価が行なわれた結果、格闘性能は九七式戦闘機や九六式艦上戦闘機よりも劣っていたそうです。
本機の構造や艤装は大変進んだものでした。とくに脚の引込み機構は、「隼」や零戦の設計上の参考となりました。

セヴァスキー 2PA-B3 複座戦闘機
昭和12年に海軍がアメリカから20機(一説に25機)輸入し、複座戦闘機として準制式化されました。中国大陸に派遣されましたが、期待したほどの活躍をすることなく、陸上偵察機に任務換えとなってしまいました。
昭和14年には朝日新聞社に2機払い下げに。

青い目の日ノ丸軍用機❹　315

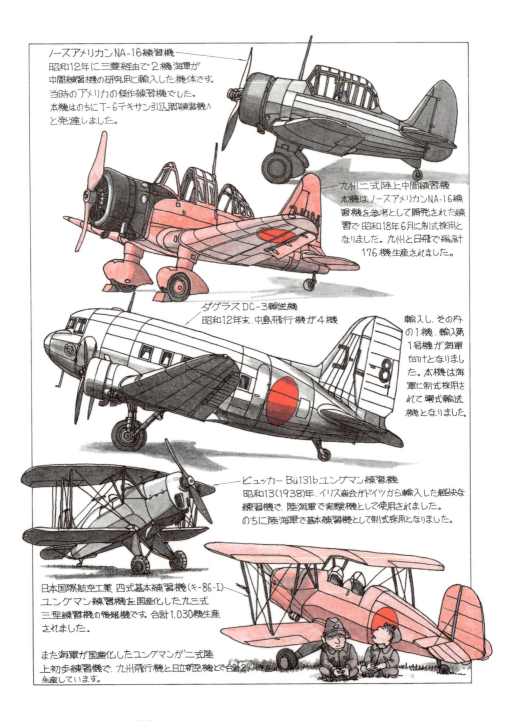

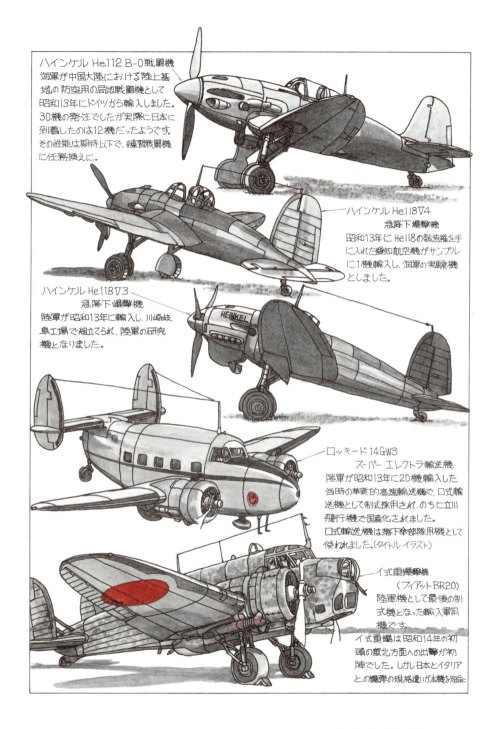

ハインケル He112 B-0 戦闘機
海軍が中国大陸における陸上基地の防空用の局地戦闘機として昭和13年にドイツから輸入しました。30機の発注でしたが実際に日本に到着したのは12機だったようです。その性能は期待以下で、練習戦闘機に任務換えに。

ハインケル He118 V4
急降下爆撃機
昭和13年にHe118の製造権を手に入れた愛知航空機がサンプルに1機輸入し、海軍の実験機としました。

ハインケル He118 V3
急降下爆撃機
陸軍が昭和13年に輸入し、川崎岐阜工場で組立てられ、陸軍の研究機となりました。

ロッキード 14GW3
スーパー・エレクトラ輸送機
陸軍が昭和13年に20機輸入した当時の革新的な高速輸送機で、口式輸送機として制式採用され、のちに立川飛行機で国産化されました。口式輸送機は落下傘部隊用機として使われました。(タイトル・イラスト)

イ式重爆撃機
(フィアット BR20)
陸軍機として最後の制式機となった輸入軍用機です。
イ式重爆は昭和14年の初頭の華北方面への出撃が初陣でした。しかし日本とイタリアとの爆弾の規格違いが本機を短命

青い目の日ノ丸軍用機❹ 317

青い目の日ノ丸軍用機❺
◆閉ざされた航空機輸入の道◆

　昭和12（1937）年に勃発した北支事変が、支那事変と名を変えて中国と全面戦争となりました。陸海軍では航空兵力不足を輸入機の戦力化で急場をしのぐ計画でしたが、晴れて日ノ丸軍用機となった機体は「帯に短し襷に長し」で、期待外れの結果でした。

　戦線は拡大の一途、昭和14（1939）年、日本軍の作戦方針は中国を作戦地域と治安地区とに区分して戦力の消耗を防がなければならないという、戦線は手一杯の「モグラたたき」状況にありました。

　その状況に追い討ちをかけるように5月中旬、満州北西部ハイラルの南方約200キロの草原に巨大なモグラが出現──外蒙ソ連軍の侵入であります。9月中旬に停戦協定が成立するまでの約4ヵ月間続いたノモンハン事件の始まりでした。

　陸軍の航空部隊は九七式戦闘機を中心に奮戦。5月20日から月末までに戦果は撃墜59機に対し、わが方の損害は皆無という緒戦でした。しかし、航空戦はソ連戦闘機のポリカルポフⅠ15bis、Ⅰ153、Ⅰ16戦闘機の奮闘により消耗戦に入り、ソ連軍の空陸呼応した8月下旬の大攻勢では、航空優位も危機的な状況にまで陥ったのであります。

　ノモンハン航空戦で、ソ連軍のポリカルポフⅠ15bis複葉戦闘機が満州国内に越境投降し、日本軍に鹵獲されました。さらに停戦後の昭和15（1940）年春には、満州国に逃亡したポリカルポフⅠ16戦闘機を日本軍が手に入れ立川でテスト（タイトル・イラスト）を行なっています。

　長引く支那事変は日米関係の悪化をもたらし、ついに昭和14年7月26日、アメリカは日本に対して日米通商条約破棄を通告し、対日航空機禁輸が実施されました。

　最後のアメリカからの輸入機となったのが、当時最大の陸上機といわれたダグラスDC-4（後のDC-4E）で、中島の大型陸上攻撃機「深山」の設計資料となった機体であります。

　残された輸入機のパイプはドイツからの1本となり、そのパイプも太平洋戦争末期には細り、かろうじて流れることができたのは機体の資料だけという状況になってしまいました。

○ダグラス DB-19急降下爆撃機
昭和13(1938)年に海軍がアメリカから研究実験用に輸入した機体で、アメリカ海軍のノースロップBT-1爆撃・雷撃機の輸出型です。ノースロップ社がダグラス社に合併されたため輸入時にはメーカー名が変わりました。本機は後にダグラスSBDドーントレス偵察・爆撃機に発達しました。

○ユンカースJu87A-2急降下爆撃機
昭和14(1939)年に陸軍が急降下爆撃機の研究用にドイツから2機輸入し、組み立ては三菱で行なわれ、1号機は立川で、2号機は浜松でそれぞれテストされました。(昭和13年輸入説もあります)

○コードロンC-690練習戦闘機
昭和14年5月に渡辺鉄工所(のちの九州飛行機)がフランスから1機輸入し、海軍でコードロン練習機の名称でテストされました。

○ポリカルポフI15bis戦闘機
原型機の完成は1933(昭和8)年、スペイン人民戦軍や中国軍に多数供与されたソ連の制式単座戦闘機です。昭和14年のノモンハン事件では、ポリカルポフI153やポリカルポフI16戦闘機と共に日本軍の九七式戦闘機に対して奮闘しました。当時その中のI15bis1機が満州国内に越境投降して日本軍に鹵獲され、日本でテストされたそうです。

青い目の日ノ丸軍用機❺ 319

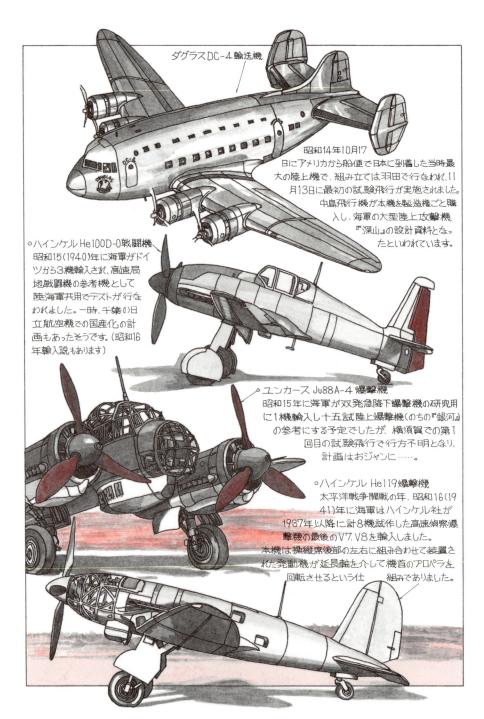

○メッサーシュミットBf109E-7戦闘機
昭和16年5月に陸軍がドイツから3機輸入し、その夏、各務ヶ原でドイツから来日した実戦経験のあるパイロットが搭乗して国産戦闘機の九七式戦や一式戦『隼』、キ44(のちの二式戦『鍾馗』、キ45(キ45改二式複戦『屠竜』の原型)などと模擬空中戦が行なわれています。

○フィーゼラーFi156Cシュトルヒ連絡機
陸軍がドイツから1機輸入し、昭和16年6月に貼着したSTOL連絡機です。キ76(のちの三式指揮連絡機)との比較審査では両機とも一長一短という結果だったそうです。

○メッサーシュミットMe210A-1戦闘機
Bf110の後継機として開発された双発複座戦闘機。本機は実戦で事故が続出したという曰く付きの機体でしたが、昭和18(1943)年1月に陸軍が1機輸入しました。はたせるかな、陸軍のテスト飛行で片発故障、不時着、再起不能となり川崎の研究機材となってしまいました。

○フォッケ・ウルフFw190A-5戦闘機
昭和18年1月に陸軍が1機輸入し、福生飛行場を中心に当時開発中だったキ84(のちの四式戦『疾風』)などの単座戦闘機と比較審査が行なわれました。
本機はMe210A-1と共にドイツから輸入された最後の機体でした。

青い目の日ノ丸軍用機❺   321

青い目の日ノ丸軍用機❻
◆待てば敵機の鹵獲あり◆

　日本陸軍は太平洋戦争の緒戦のマレー作戦、比島作戦、香港攻略戦、ビルマ作戦、蘭印作戦で勝利し、多数の飛行可能な連合国軍機を鹵獲しました。
　これら戦利機のうち、ホーカー・ハリケーンMk2B戦闘機、カーチスP-40Eキティホーク戦闘機、ブリュースター339Dバッファロー戦闘機、ダグラスA-20Aハボック攻撃機、ボーイングB-17Dフライングフォートレス爆撃機、ダグラスDC-5旅客機の6機が昭和17（1942）年7月4～8日に羽田の飛行場で、日本側で調査したデータと共に展示され、一般に公開されました。
　戦利機の多くはアメリカ製やイギリス製の機体でしたが、太平洋戦争の開戦に先だって昭和15（1940）年9月23～26日に行なわれた北部仏印進駐では、ポテ540双発爆撃機などのフランス機も押収機となっています。
　また、香港攻略戦では1機の中国国営航空のカーチス・ライトAT-32コンドルⅡ複葉双発輸送機が日本軍の砲爆撃の被害を奇跡的にまぬがれ戦利機となりました。

　蘭印作戦においては、多数のオランダ東インド軍機がジャワのバンドン飛行場をはじめとして、オランダ領東インド各地で日本軍の戦利機となり、前記のバッファロー戦闘機やダグラスDC-5旅客機は、このとき日本軍籍に移籍しました。
　敵機鹵獲には敵地に攻め込むばかりではなく、「待てば海路の日和あり」の投降機や亡命機、また「木の根っこで転んだウサギ」、不時着機の回収という方法があります。
　「待てば……」方式の鹵獲機には、昭和16（1941）年9月29日に南京政府に投降する飛行将校3名を乗せて、日本軍の漢口飛行場に着陸したツポレフSB-2bis中型爆撃機と、昭和17年の初めに、ソ満国境を越えてきた亡命機、ラヴォーチキンLaGG-3戦闘機があり、「木の根っこ……」方式では昭和20年春に中国大陸の日本軍占領地に不時着したノースアメリカンP-51Cムスタング戦闘機が日ノ丸に衣がえし、最後の鹵獲連合軍機となりましたが、この年の夏には、すべての日本軍機は連合軍の鹵獲機となりました。終戦であります。

○ポテ540双発爆撃機
　昭和15(1940)年の北部仏印進駐時に押収。
○最大速度：310km/h(高度4000m)。武装：7.7mm
　　　　　　×3〜5。爆弾：1000kg。

○カーチスP-40E
　キティホーク戦闘機
　(前ページ イラスト)
　昭和17(1942)年にフィリピンで捕獲。日本に運ばれ、明野飛行学校の教材となり、模擬空中戦に使用されました。終戦時には福生の航空審査部にありました。
○最大速度：561km/h(高度4500m)。武装：12.7mm×6。

○ボーイングB-17E フライングフォートレス 爆撃機
　昭和17年にB-17Cと共に捕獲。
○最大速度：約450km/h。武装：7.62mm×1、12.7mm×8
○爆弾：2000kg。

B-17C
B-17E

○ホーカー ハリケーン Mk.2B 戦闘機
　昭和17年、マレー作戦時にマレー
　半島で押収。
○最大速度：520km/h(高度5520m)
○武装：7.7mm×12。

○ダグラス A-20A
　ハボック 攻撃機 (米陸軍航空隊)
○最大速度：490km/h(高度4000m)
○武装：7.7mm×7。爆弾：910kg〜
　最大1,180kg。
　イギリス空軍でボストン3の名で使用。

青い目の日ノ丸軍用機❻　　323

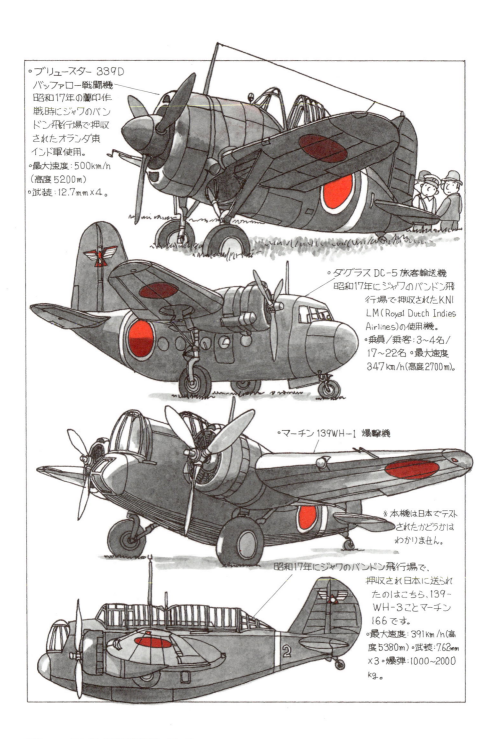

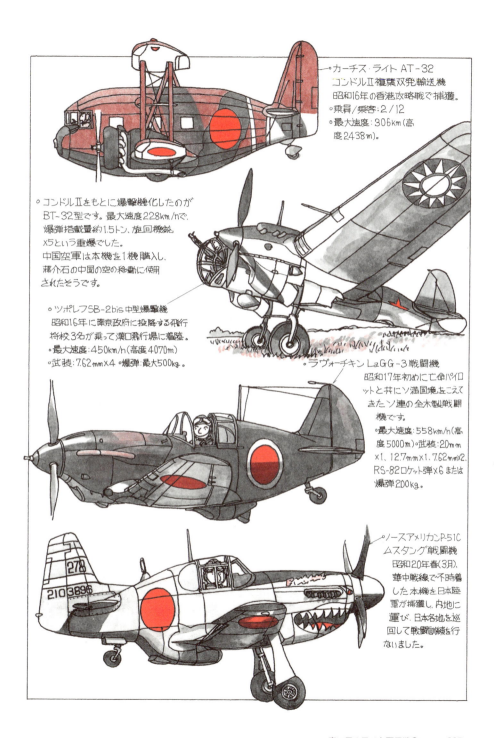

青い目の日ノ丸軍用機❻ 325

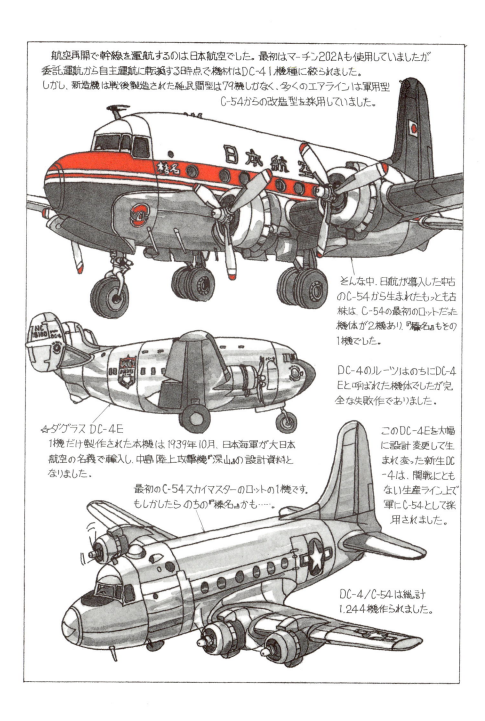

有人ジェット速度記録機

◆ FAIの不滅の記録 ◆

　世界初のジェット機による世界記録は、イギリス空軍のグロスター・ミーティアF4が1945年11月7日に記録した975.67km/hで、戦後初のFAI（国際航空連盟）公認速度記録でもあります。

　この記録は1939年4月26日に、ドイツのメッサーシュミットBf109Rことメッサーシュミット Me209V1が打ち立てた754.97km/hを破るもので、イギリスは戦争と速度競争でドイツに勝利しました。

　ミーティアのライバル、メッサーシュミット Me262は高速試験機S1（Ⅵ+AG）で、1944年6月25日に1004km/hを記録していたのです。しかし、FAIの戦時中の速度記録は公認しないという規定により、残念ながらジェット機初の世界記録は未公認となってしまいました。

　初めて時速1000kmを超えたFAI公認記録は、ミーティアやMe262と同じ戦中組のロッキードP-80Rレイシーが1947年7月19日に記録した1003.6km/hであります。

　当時のFAIの世界速度記録認定規定は、高度50m以下で3kmのコースを4往復超低空飛行する機体をレシプロ時代そのままに、地上からのカメラ測定方式でありました。

　超低空を音速に近い速度で飛行せざるを得ない危険きわまりないこの規定は、1953年10月29日にノースアメリカンYF-100Aスーパーセイバーが樹立した1215.04km/hの世界記録まで適用されていましたが、以後は高高度飛行での記録も認定されることとなりました。

　このFAI新規定では位置エネルギーから運動エネルギーへの変換を防ぐために、高度差100mを維持のルールがありました。

　新規定での世界記録第1号は、1955年8月20日にノースアメリカンF-100Cの樹立しました1323.03km/hです。

　この新規定により、人類はロッキードYF-104Aでマッハ2の世界を、ロッキードYF-12Aによりマッハ3の世界を手に入れたのであります。さらに本機の姉妹機ロッキードSR-71Aが樹立した3529.5km/hは、現在まで続く不滅のFAI公認有人ジェット機速度記録となっています。

・グロスター・ミーティア F.4（イギリス）
1945年11月7日、F.4仕様に改造されたF.3（EE454）は、H.Jウィルスン大佐の操縦で、975.67km/hを記録し、ジェット機初のFAI公認速度記録を樹立しました。
1946年9月7日、F4（EE549）が990.79km/hを記録し、記録を更新。

・ロッキード P-80Rレイシー（アメリカ）
P-80Bの原型改造速度記録挑戦機です。1947年7月19日、アルバード・ボイド大佐の操縦で1,003.60km/hの世界記録を樹立。

・ダグラスD-558 スカイストリーク（アメリカ）
3機製造された遷音速飛行研究機。1947年8月23日にターナー.F.コールドウェル海軍中佐の操縦で1号機が1,030.95km/hを記録、5日後には、マリオン.E.カール海兵隊少佐が2号機で記録を1,047.33km/hへ更新。

・ノースアメリカン F-86A-1 セイバー（アメリカ）
1948年9月15日、リチャード.L.ジンソン少佐の操縦で1,079.5km/hの新記録を樹立。（前ページイラスト、手前右から2人目が少佐です）

・ノースアメリカン F-86D セイバー（アメリカ）
1952年11月18日、F-86D-20の2号機が1,123.89km/hを記録。パイロットはJ.スレイド・ナッシュ大尉。翌年の7月15日にはF-86D-35（51-6145）が1,151.64km/hを記録。

・ホーカー・ハンター F.3（イギリス）
1953年9月7日、ネビル・デューク少佐の操縦で1,170.76km/hの世界記録を樹立。F.3はハンターの原型1号機にアフターバーナーつきのエイボンR.A.7R装備モデルです。

有人ジェット速度記録機　　329

- コンベア F-106A デルタダート（アメリカ）
1959年12月15日、ジョセフ.W.ロジャース空軍少佐により、2,455.74km/hのFAI公認記録を樹立。

- マクダネル XF-4H-1 ファントムⅡ（アメリカ）　XF-4H-1の原型2号機は1961年11月22日、ロバート.B.ロビンソン海兵隊中佐の操縦で2,585.43km/hを記録し、FAI記録を更新。

- ミコヤン E-166（ソ連）
全天候迎撃戦闘機のための研究機 Ye-150 シリーズの1機、Ye-152 が E-166 の名称で1962年7月7日にゲオルギー・モソロフ大佐の操縦で2,681.00km/hの世界記録を樹立。

- ロッキード YF-12A（アメリカ）
1965年5月1日、ロバート.L.スティーブンス大佐（パイロット）と兵装システム操作員（WSO）のダニエル・アンドレ中佐のクルーが 3,331.51km/hのFAI公認記録を樹立。YF-12は迎撃戦闘機として開発されましたが、量産にはいたりませんでした。

- ロッキード SR-71A の最高速度記録クルー
RSOのジョージ・モーガン少佐
パイロットのエルドン・ジョーズ大尉

- ロッキード SR-71A（アメリカ）
本機は YF-12A の姉妹機です。1976年7月28日、3,529.5km/hのFAI公認記録を樹立。この記録は現在の有人ジェット機の最高速度記録です。

有人ジェット速度記録機　　331

スペイン内戦の軍用機❶
◆ 開幕時の先発陣 ◆

　いま（2006年）から70年前の1936年7月、スペイン内戦が勃発しました。
　約3年に及んだこの戦争は、共産主義者や社会主義者、さらに無政府主義者らが支援する共和国政府の人民戦線派と、その打倒を旗印としたフランシスコ・フランコ将軍の率いるナショナリスト派との戦いで、56万人以上が死亡し、1939年3月にナショナリスト派の完勝をもって終わりました。
　スペイン内戦当初、列強のイギリス、フランス、ドイツ、イタリア、ソ連はロンドンで会合し、どちら側にも与しない「不干渉」協定を締結しましたが、協定はすぐに破られ、ナショナリスト派にはドイツやイタリアが、人民戦線派にはソ連が援助し、市民の迷惑を顧みず、やがて内戦は新兵器の実験場の様相を呈するようになったのであります。
　また、戦争が始まり航空機の入手に必死の両当事者には、イギリスとフランスが共同で設けた封鎖網を破り、各国から多様雑多の航空機が急送されました。両派の航空機の入手先は多岐にわたり、さらに重複しています。

　人民戦線派はフランスをはじめベルギー、チェコスロバキア、エストニア、イタリア、オランダ、スウェーデン、イギリス、アメリカ、カナダ、メキシコの各国から。
　ナショナリスト派はドイツをはじめイタリア、フランス、オランダ、ポルトガル、ポーランド、イギリスの各国と拿捕した人民戦線派の船舶からであります。
　開戦時の両派の航空機の供給先は、内戦のためスペイン共和国の空軍と海軍でしたが、多くは人民戦線側に付きました。
　その主力は航空機製造SA（CASA）やイスパノスイザで1920年代にライセンス生産されたCASAブレゲー19複葉偵察・爆撃機、CASAビッカース・ビルドビースト雷撃機、CASAドルニエ・ワール飛行艇、イスパノ-ニューポール52戦闘機（タイトル・イラスト）とオリジナルのヒスパノE30練習機とイタリア製のマッキM18飛行艇やサボイアS62飛行艇、その他合わせて214機で、ナショナリスト側はCASAブレゲー19複葉偵察・爆撃機を主力とする計63機でした。

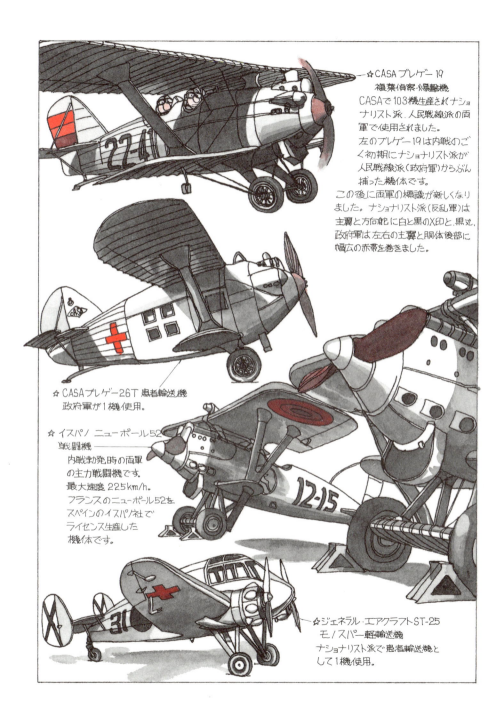

スペイン内戦の軍用機❶ 333

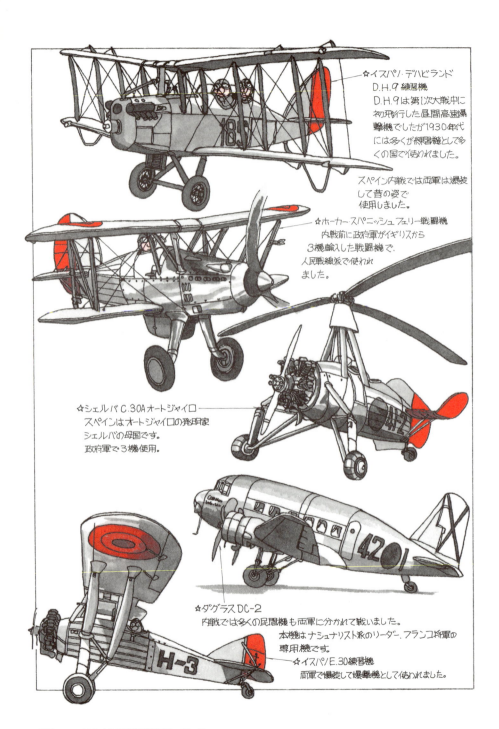

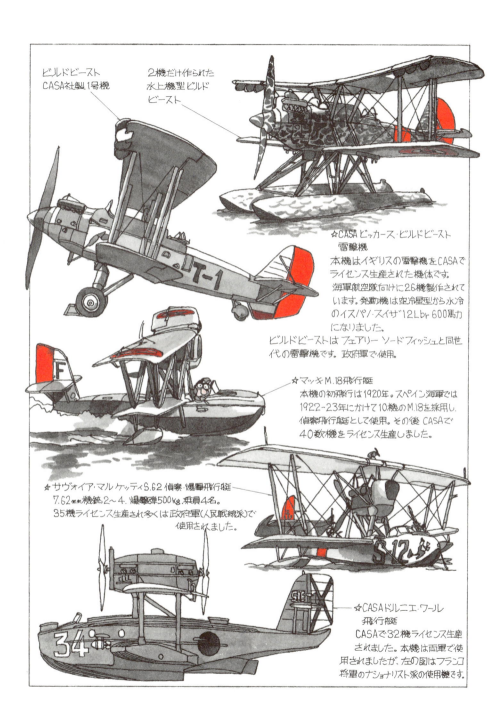

☆CASA ビッカース・ビルドビースト 雷撃機
本機はイギリスの雷撃機をCASAで ライセンス生産された機体です。 海軍航空隊向けに26機製作されて います。発動機は空冷星型から水冷 のイスパノ・スイザ12Lbr 600馬力 になりました。
ビルドビーストはフェアリー ソードフィッシュと同世 代の雷撃機です。政府軍で使用。

☆マッキM.18飛行艇
本機の初飛行は1920年。スペイン海軍では 1922-23年にかけて10機のM.18を採用し、 偵察飛行艇として使用。その後CASAで 40数機をライセンス生産しました。

☆サヴォイア・マルケッティS.62 偵察・爆撃飛行艇
7.62mm機銃2～4、爆撃弾500kg、乗員4名。 35機ライセンス生産され多くは政府軍(人民戦線派)で 使用されました。

☆CASAドルニエ・ワール 飛行艇
CASAで32機ライセンス生産 されました。本機は両軍で使 用されましたが、左の図はフランコ 将軍のナショナリスト派の使用機です。

スペイン内戦の軍用機① 335

スペイン内戦の軍用機❷
◆ コンドル軍団作戦開始 ◆

　1936年7月18日、スペイン左翼政権に対する反乱で、フランコ将軍ひきいる反乱軍（ナショナリスト派革命軍）は、スペイン本土の北西部と南部のアンダルシア地方、スペイン領モロッコを掌握しましたが、アンダルシア地域へは援軍の必要性がありました。
　スペイン領モロッコのメリーニャに革命本部を設置したフランコ軍はジブラルタル海峡近くのテトゥアンから援軍を送る作戦でしたが、海峡の制海権が共和国政府軍（人民戦線派）にあり、援軍増派は旧式のフォッカーⅦb3m3機とドルニエ・パル2機での、焼け石に水の空輸作戦しか取れずにいました。ここでフランコ将軍の打った手がヒトラーへの軍事援助要請であります。
　7月28日には20機のユンカースJu52/3mとそれに伴う要員供与決定の知らせがフランコ将軍に届き、新造のJu52/3mg3e（再建ドイツ空軍の補助爆撃機）は、半数がルフトハンザ航空所属の民間機を装いイタリア経由空路で、残り半数は6機のハインケルHe51複葉戦闘機と共に分解され、海路スペインのカディスに8月7日到着しました。
　ドイツのフランコ軍に対する援助の第1陣であります。ドイツも参加してロンドンで締結された列国の「不干渉」協定は今時の国連安保理の議長声明と同様の効力のないものでした。
　その後の2ヵ月間でJu52/3mg3eはムーア人部隊をモロッコからアンダルシア地方のセビリアに空輸し、また8月14日にスペイン内戦における初爆撃、マドリード南方の政府軍部隊に対して爆撃を投下しました。
　また11月15日にはドイツのコンドル軍団が作戦を開始しました。
　初期の主力は、3個飛行隊のハインケルHe51戦闘機、4個飛行隊のユンカースJu52/3m爆撃／輸送機、1個飛行隊のハインケルHe70偵察機、各1個飛行隊のHe59およびHe60水上偵察機でした。
　その後、新兵器の実験場と化したスペインの空にはハインケルHe111やユンカースJu87、メッサーシュミットBf109、ドルニエDo17等の新鋭機が続々と送り込まれ、実戦経験を積んでいったのであります。

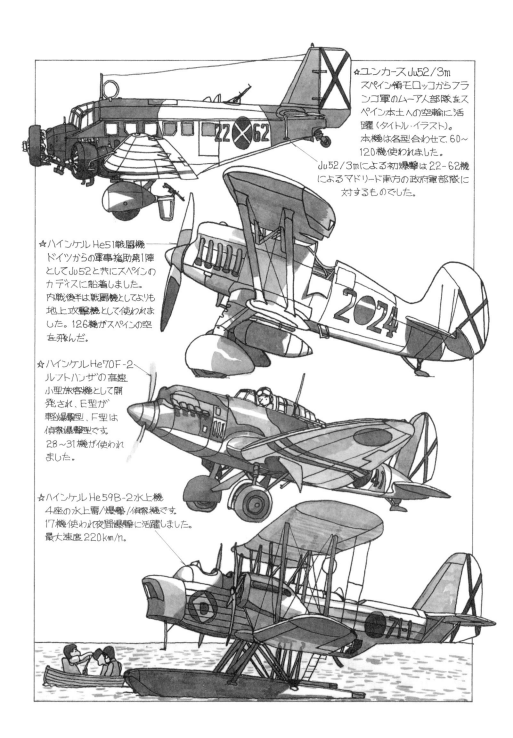

☆ユンカース Ju52/3m
スペイン領モロッコからフランコ軍のムーア人部隊をスペイン本土への空輸に活躍(タイトル・イラスト)。本機は各型合わせて、60〜120機使われました。Ju52/3mによる初爆撃は22-62機によるマドリード南方の政府軍部隊に対するものでした。

☆ハインケル He51戦闘機
ドイツからの軍事援助第1陣としてJu52と共にスペインのカデスに船着しました。内戦後半は戦闘機としてよりも地上攻撃機として使われました。126機がスペインの空を飛んだ。

☆ハインケル He70F-2
ルフトハンザの高速小型旅客機として開発され、E型が軽爆撃型、F型は偵察爆撃型です。28〜31機が使われました。

☆ハインケル He59B-2水上機
4座の水上雷/爆撃/偵察機です。17機使われ夜間爆撃に活躍しました。最大速度220km/h。

スペイン内戦の軍用機❷ 337

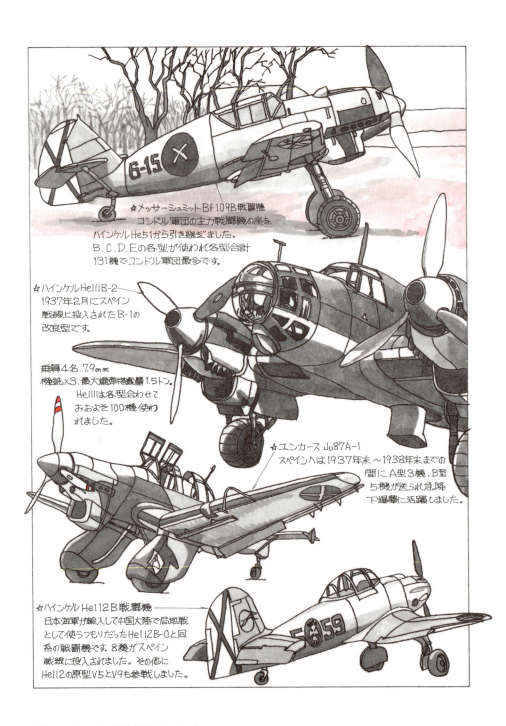

☆メッサーシュミットBf109B戦闘機
コンドル軍団の主力戦闘機の座を
ハインケルHe51から引き継ぎました。
B.C.D.Eの各型が使われ各型合計
131機でコンドル軍団最多です。

☆ハインケルHe111B-2
1937年2月にスペイン
戦線に投入されたB-1の
改良型です。

乗員4名、7.9mm
機銃×3、最大爆弾搭載量1.5トン。
He111は各型合わせて
おおよそ100機使わ
れました。

☆ユンカース Ju87A-1
スペインへは1937年末～1938年末までの
間にA型3機、B型
5機が送られ急降
下爆撃に活躍しました。

☆ハインケルHe112B戦闘機
日本海軍が輸入して中国大陸で局地戦
として使うつもりだったHe112B-0と同
系の戦闘機です。8機がスペイン
戦線に投入されました。その他に
He112の原型V5とV9も参戦しました。

スペイン内戦の軍用機❷ 339

スペイン内戦の軍用機❸

◆ ムッソリーニからの贈り物 ◆

　1936年7月19日、反乱軍をひきいるフランコ将軍は、自軍の保有していたデハビランドD.H.89ドラゴン・ラピードで、スペイン本土への出撃拠点、ジブラルタル海峡に近いスペイン領モロッコのテトゥアンに到着した。スペイン本土への援軍増派の算段をした結果、ドイツのヒトラー総統とイタリアのムッソリーニ首相への軍事援助の要請を行ないました。

　ヒトラーの供与決定に遅れること2日、1936年7月30日にムッソリーニはサボイア・マルケッティS.81ピピステルロ爆撃輸送機12機を現金200万ポンドで反乱軍に供与することで合意するとともに、義勇軍としてフィアットC.R.32単座複葉戦闘機12機の派遣を決断したのであります。

　S.81ピピステルロ爆撃輸送機は空路、3機ずつ4回に分けて、また、C.R.32戦闘機は分解されて海路、スペイン領モロッコへ送られました。

　これを皮切りに、イタリアからフランコ軍に対する軍事援助はサボイア・マルケッティS.81ピピステルロ爆撃輸送機66～70機、フィアットC.R.32戦闘機377機、カントZ501ガッビアーノ偵察爆撃飛行艇9機、マッキM.41戦闘飛行艇3機、メリジオナリ（IMAM）Ro.37bis戦闘偵察機68機、ブレダBa.65偵察爆撃機23機、Ba.64戦闘偵察軽爆撃機1機、サボイア・マルケッティS.79スパルヴィエロ爆撃機100機、フィアットB.R.20チコグナ爆撃機13～19機、カプロニ・ベルガマスキCa.310リベッチオ偵察爆撃機10機、カプロニ・ベルガマスキCa.135ティポ・スパグナ爆撃機2機、カントZ506Bアイローネ水上偵察爆撃機4機、サボイア・マルケッティS.55X雷・爆撃輸送飛行艇3機、フィアットG.50フレッチア戦闘機10機、フィアットC.R.20戦闘練習機6機、フィアットC.R.30練習戦闘機2機、メリジオナリ（IMAM）Ro.41練習戦闘機28機、カプロニ・ベルガマスキAP.1軽偵察爆撃機10機、その他練習機や連絡機9機の計738～749機と、ドイツの663～763機に匹敵する戦力まで膨らみました。

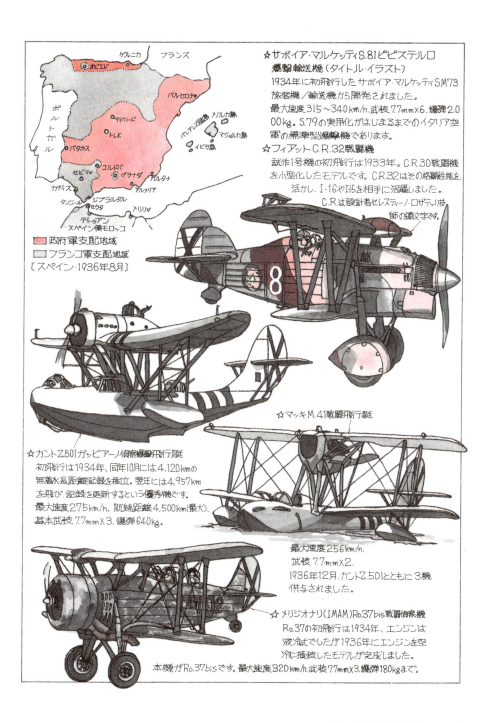

☆サボイア・マルケッティS.81ピピステルロ爆撃輸送機(タイトル・イラスト)
1934年に初飛行したサボイア・マルケッティSM73旅客機/輸送機から開発されました。最大速度315～340km/h.武装7.7mm×6.爆弾2.000kg。S.79の実用化がはじまるまでのイタリア空軍の標準型爆撃機であります。

☆フィアットC.R.32戦闘機
試作1号機の初飛行は1933年。C.R.30戦闘機を小型化したモデルです。C.R.32はその格闘性能を活かし、I-16やI15を相手に活躍しました。C.Rは設計者セレスティーノ・ロザテッリ技師の頭文字です。

☆カントZ.501ガッビアーノ偵察爆撃飛行艇
初飛行は1934年、同年10月には4,120kmの無着水長距離記録を樹立。翌年には4,957km を飛び、記録を更新するという優秀機です。最大速度275km/h、航続距離4,500km(最大)、基本武装7.7mm×3、爆弾640kg。

☆マッキM.41戦闘飛行艇
最大速度256km/h.
武装7.7mm×2。
1936年12月、カントZ.501とともに3機供与されました。

☆メリジオナリ(IMAM)Ro.37bis戦闘偵察機
Ro.37の初飛行は1934年、エンジンは液冷式でしたが1936年にエンジンを空冷に換装したモデルが完成しました。本機がRo.37bisです。最大速度320km/h.武装7.7mm×3.爆弾180kgまで。

スペイン内戦の軍用機❸ 341

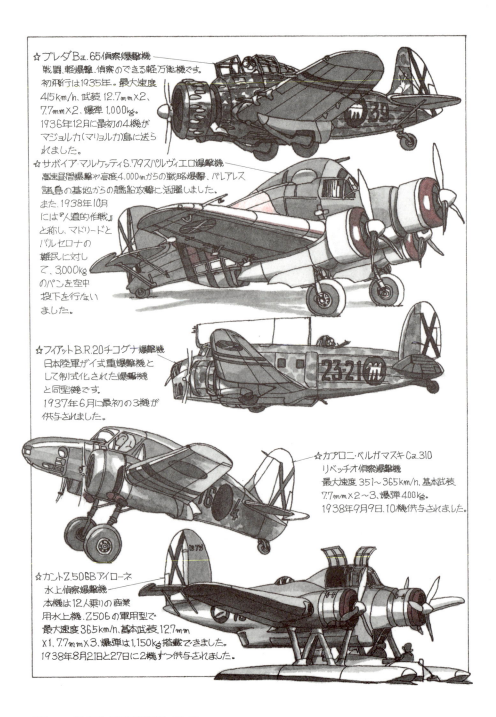

☆ブレダBa.65偵察爆撃機
戦闘、軽爆撃、偵察のできる軽万能機です。初飛行は1935年。最大速度415km/h、武装12.7mm×2、7.7mm×2、爆弾1,000kg。1936年12月に最初の4機がマジョルカ(マリョルカ)島に送られました。

☆サボイア・マルケッティS.79スパルヴィエロ爆撃機
高速昼間爆撃や高度4,000mからの戦略爆撃、バレアレス諸島の基地からの艦船攻撃に活躍しました。また、1938年10月には『人道的作戦』と称し、マドリードとバルセロナの難民に対して、3,000kgのパンを空中投下を行ないました。

☆フィアットB.R.20チコグナ爆撃機
日本陸軍がイ式重爆撃機として制式化された爆撃機と同型機です。1937年6月に最初の3機が供与されました。

☆カプロニ・ベルガマスキCa.310リベッチオ偵察爆撃機
最大速度351〜365km/h、基本武装7.7mm×2〜3、爆弾400kg。1938年9月9日、10機供与されました。

☆カントZ.506Bアイローネ水上偵察爆撃機
本機は12人乗りの商業用水上機、Z506の軍用型で最大速度365km/h、基本武装12.7mm×1、7.7mm×3、爆弾は1,150kg搭載できました。1938年8月21日と27日に2機ずつ供与されました。

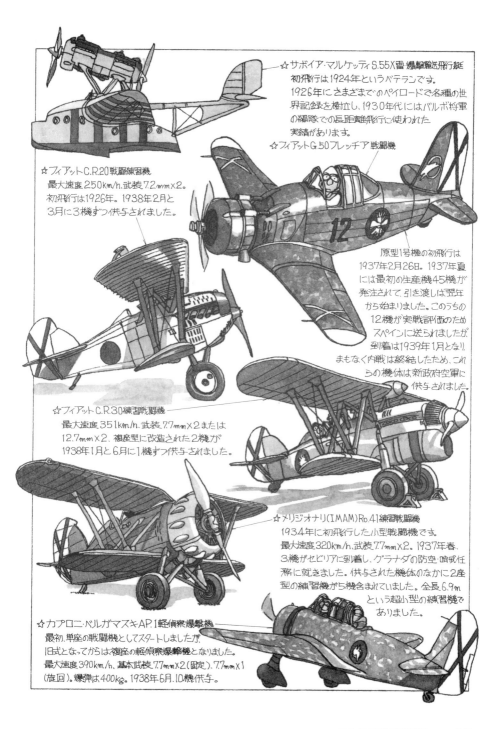

スペイン内戦の軍用機❸ 343

スペイン内戦の軍用機❹

◆宗家ソ連から強力な助っ人参上◆

　1936年7月に勃発したスペイン内戦に対して、英・仏・独・伊・ソの列強は不干渉協定に調印し、どちら側にも味方しないことを決めましたが、すでにフランコ将軍は、スペイン領モロッコからスペイン本土へ援軍を送るために必要な軍事援助を、ドイツとイタリアに要請し、快諾を得ていました。

　一方、共和国政府は内戦勃発4日目の7月21日、スペインのアサニャ人民戦線内閣に友好的なフランス人の人民戦線内閣のブルム首相に軍事援助を要請し、20機のポテ540爆撃機を163万5000フラン（武装なし価格）での供与と、リトアニア政府の快諾を得てリトアニア向けのドボアチンD.372戦闘機14機の供与も取り付けていました。

　ところがフランスから援助第1陣、6機のポテ540とD.372 13機（空輸中に1機墜落）がバルセロナに到着した1936年8月8日、フランス政府は内政不干渉を一方的に共和国政府に宣言しました。

　前日の7日にはドイツのフランコ軍への軍事援助の第1陣が、海路スペインのカディスに到着しており、共和国政府にとっては人民戦線の同志と思っていたフランスの宣言は、青天の霹靂、泣き面にハチの決定となりました。

　フランスから共和国への支援は、援助組織が集めた民間登録機だけの多種雑多な機体で、現用軍用機などは望むべくもなく、戦力はじり貧の一途、人民戦線の危機であります。

　ここで腰を上げたのが社会主義国の元祖、人民戦線の宗家ソ連の独裁者、豪腕スターリンでした。

　1936年10月から気前良くポリカルポフⅠ-15戦闘機153機、同じくⅠ-16戦闘機276機、同じくⅠ-152戦闘機30機、同じくR-5武装偵察機31～62機、同じくR-Z襲撃機93～124機、それに最新鋭のツポレフSB爆撃機93～108機でした。

　「ポリカルポフ」づくしに「ツポレフ」で味付けした「義勇軍」という名で、正規軍を送り込みました。

　この強力な助っ人の登場が、ドイツの「コンドル軍団（公式呼称第88航空団）」編成の切っ掛けとなりました。

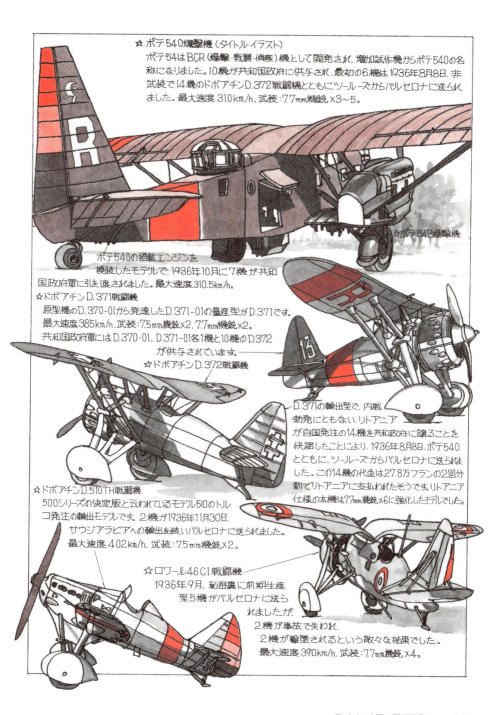

☆ポテ540爆撃機（タイトル・イラスト）
ポテ54はBCR（爆撃・戦闘・偵察）機として開発され、増加試作機からポテ540の名称になりました。10機が共和国政府に供与され、最初の6機は1936年8月8日、非武装で14機のドボアチンD.372戦闘機とともにツールーズからバルセロナに送られました。最大速度310km/h、武装：7.7mm機銃×3〜5。

☆ポテ542爆撃機
ポテ540の搭載エンジンを換装したモデルで、1936年10月に7機が共和国政府軍に引き渡されました。最大速度310.5km/h。

☆ドボアチンD.371戦闘機
原型機のD.370-01から発達したD.371-01の量産型がD.371です。最大速度385km/h、武装：7.5mm機銃×2、7.7mm機銃×2。共和国政府軍にはD.370-01、D.371-01各1機と10機のD.372が供与されています。

☆ドボアチンD.372戦闘機
D.371の輸出型で、内戦勃発にともない、リトアニアが自国発注の14機を共和政府に譲ることを快諾したことにより、1936年8月8日、ポテ540とともに、ツールーズからバルセロナに送られました。この14機の代金は27.8万フランの2回分割でリトアニアに支払われたそうです。リトアニア仕様の本機は7.7mm機銃×6に強化したモデルでした。

☆ドボアチンD.510TH戦闘機
500シリーズの決定版と云われているモデル510のトルコ発注の輸出モデルです。2機が1936年11月30日、サウジアラビアへの輸出を装いバルセロナに送られました。最大速度402km/h、武装：7.5mm機銃×2。

☆ロワール46C1戦闘機
1936年9月、秘密裏に前期生産型5機がバルセロナに送られましたが、2機が事故で失われ、2機が撃墜されるという散々な結果でした。最大速度390km/h、武装：7.7mm機銃×4。

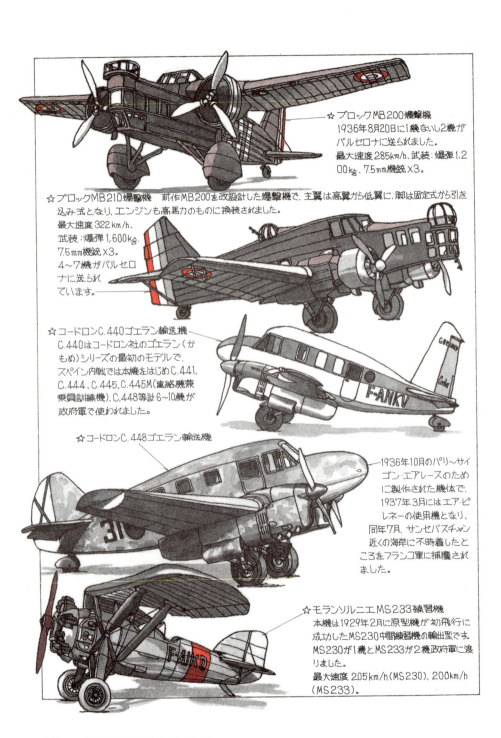

☆ブロックMB200爆撃機
1936年8月20日に1機ないし2機がバルセロナに送られました。
最大速度285km/h、武装：爆弾1,200kg、7.5mm機銃×3。

☆ブロックMB210爆撃機　前作MB200を改設計した爆撃機で、主翼は高翼から低翼に、脚は固定式から引き込み式となり、エンジンも高馬力のものに換装されました。
最大速度322km/h、武装：爆弾1,600kg、7.5mm機銃×3。
4～7機がバルセロナに送られています。

☆コードロンC.440ゴエラン輸送機
C.440はコードロン社のゴエラン（かもめ）シリーズの最初のモデルで、スペイン内戦では本機をはじめC.441、C.444、C.445、C.445M（連絡機兼乗員訓練機）、C.448等計6～10機が政府軍で使われました。

☆コードロンC.448ゴエラン輸送機

1936年10月のパリ～サイゴン・エアレースのために製作された機体で、1937年3月にはエア・ピレネーの使用機となり、同年7月、サンセバスチャン近くの海岸に不時着したところをフランコ軍に捕獲されました。

☆モランソルニエMS233練習機
本機は1929年2月に原型機が初飛行に成功したMS230中間練習機の輸出型です。MS230が1機とMS233が2機政府軍に渡りました。
最大速度205km/h(MS230)、200km/h(MS233)。

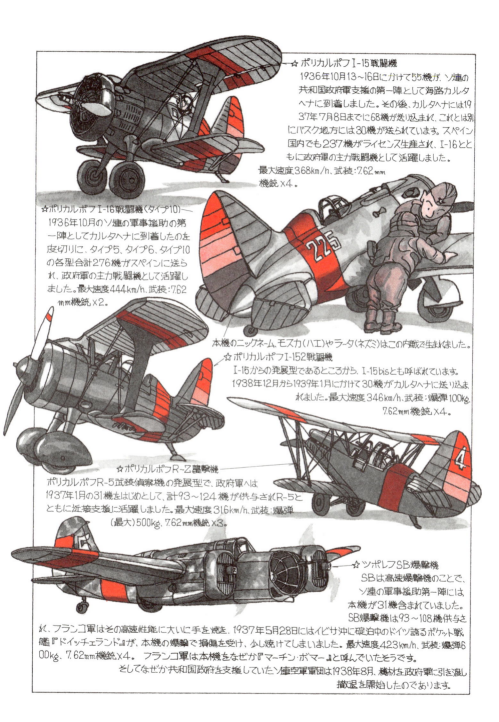

☆ポリカルポフ I-15戦闘機
1936年10月13〜16日にかけて55機が、ソ連の共和国政府軍支援の第一陣として海路カルタヘナに到着しました。その後、カルタヘナには1937年7月8日までに68機が送り込まれ、これとは別にバスク地方には30機が送られています。スペイン国内でも237機がライセンス生産され、I-16とともに政府軍の主力戦闘機として活躍しました。最大速度368km/h、武装：7.62mm機銃×4。

☆ポリカルポフ I-16戦闘機（タイプ10）
1936年10月のソ連の軍事援助の第一陣としてカルタヘナに到着したのを皮切りに、タイプ5、タイプ6、タイプ10の各型合計276機がスペインに送られ、政府軍の主力戦闘機として活躍しました。最大速度444km/h、武装：7.62mm機銃×2。

本機のニックネーム、モスカ(ハエ)やラータ(ネズミ)はこの内戦で生まれました。

☆ポリカルポフ I-152戦闘機
I-15からの発展型であるところから、I-15bisとも呼ばれています。1938年12月から1939年1月にかけて30機がカルタヘナに送り込まれました。最大速度346km/h、武装：爆弾100kg、7.62mm機銃×4。

☆ポリカルポフ R-Z襲撃機
ポリカルポフR-5武装偵察機の発展型で、政府軍へは1937年1月の31機をはじめとして、計93〜124機が供与されR-5とともに近接支援に活躍しました。最大速度316km/h、武装：爆弾（最大）500kg、7.62mm機銃×3。

☆ツポレフSB爆撃機
SBは高速爆撃機のことで、ソ連の軍事援助第一陣には、本機が31機含まれていました。SB爆撃機は93〜108機供与され、フランコ軍はその高速性能に大いに手を焼き、1937年5月28日にはイビサ沖に碇泊中のドイツ誇るポケット戦艦『ドイッチェランド』が、本機の爆撃で損傷を受け、少し焼けてしまいました。最大速度423km/h、武装：爆弾600kg、7.62mm機銃×4。フランコ軍は本機をなぜか『マーチン・ボマー』と呼んでいたそうです。そしてなぜか共和国政府を支援していたソ連空軍軍団は1938年8月、機材を政府軍に引き渡し撤退を開始したのであります。

スペイン内戦の軍用機❹　　347

スペイン内戦の軍用機❺
◆あの手この手の購入ルート開拓◆

　内戦勃発後まもなく、列強各国が「不干渉」協定に調印したことにより軍用機のスペインへの輸出は禁止となりましたが、共和国軍・フランコ軍の双方とも、あの手この手の手段を駆使して外国からの購入ルートを開拓しました。

　そのひとつが第三国経由での輸入で、共和国軍が1936年10月にチェコスロバキアに発注したアエロA-101昼間爆撃機の購入にはこの手法が採られました。

　発注後、同国が「不干渉」協定に調印したため、一時、輸入困難な事態となってしまい、第三国経由──最終的にエストニア政府との密約で同国を経由することで、この危機を乗り越えました。

　その第1便、1937年4月8日、ポーランドの港町グディニャから海路、スペインへと向かった22機のアエロA-101は「一難去ってまた一難」、4月16日、ビスケー湾で哨戒中のフランコ軍の巡洋艦によって貨物船ごと全機鹵獲されてしまったのであります。

　これは前月のヴァルティV1-A4他計8機を鹵獲したのに続く、フランコ軍にとって「ビスケー湾の2匹目のドジョウ」でした。

　またロンドンやパリに事務所を持つ両軍の支援組織は、仲買人や代理人を通じて、ヨーロッパ諸国やアメリカの中古機市場から種々雑多な機体を買い付け、第三国の登録ナンバーを付けてスペインに送り込みました。

　ツールーズからピレネー山脈越えのルートは共和国軍が第三国の民間機に偽装した機体のメイン仕入れルートでありました。このルートも安心油断すると、オランダに発注したコールホーヘンFK51練習機のような目に遭いました。1937年11月、フランスの反共和派新聞に本機がスペイン人パイロットの手で空輸されていることがすっぱ抜かれ、28機のうち6機が足止めとなっています。

　このルートで送り込まれた共和国軍機の中には、近代輸送機のルーツであるダグラスDC-1のような「お宝」機もありました。

　第三国が発注した機体を回してもらうという手段で共和国軍が導入したのがグラマンGE-23複座戦闘機です。本機は1937年7月にトルコが発注し、カナダでライセンス生産した機体であります。

　「この道抜けられます」

タイトル・イラスト
☆コールホーヘンFK51練習機(オランダ)共和国軍
夜間飛行や計器飛行もでき、後席を銃座とすることもできる最大速度217km/hの複座練習機です。1937年1月から11月にかけて、22機がツールーズからピレネー山脈を超えてバルセロナに送られ、上翼に機銃を装備してバルセロナやバレンシアで試験的に夜間防空任務に就きました。

☆デハビランドD.H.89ドラゴン・ラピード
軽旅客機(イギリス)フランコ軍/共和国軍
フランコ軍がイギリスから入手したG-ADCL機(のちの40-2?)は、胴体上面に銃座を新設し、操縦席の横に機銃を搭載、胴体下面に吊るした爆弾は、操縦室の床に開けられた穴からパイロット自身が蹴落とすという仕組みの戦闘・爆撃機に改造されました。

☆アエロA-101昼間爆撃機(チェコスロバキア)共和国軍/フランコ軍
共和国軍がエストニア経由で47機購入。しかし、フランコ軍にビスケー湾で22機横取りされて、戦力化できたのは25機だけでした。最大速度256km/h。

☆アビア51旅客機(チェコスロバキア)共和国軍
乗客数6名ながら3基のエンジンを搭載した高翼機で、胴体はモノコック構造の全金属製、主翼は金属製骨格に羽布張りです。購入した3機のうち2機は、地中海で輸送中の船がフランコ軍の軍艦によって撃沈され失われています。最大速度273.55km/h。

☆レトフS.231戦闘機(チェコスロバキア)共和国軍
1936～7年にかけての冬にエストニア経由で8機購入した半完成の機体は、スペイン北部のサンタンデルで組立られ1937年3月17日、ビルバオ防空地区に移動しました。最大速度348km/h、武装:7.92mm機銃×4(下翼)。その他に系列のS.331とS.431も使われました。合計17～21機。

☆P.W.S.10戦闘機(ポーランド)フランコ軍
ポーランドが初めて設計した戦闘機です。1936年7月23日、ポーランド政府との間で中古機20機購入の話が成立し、この年の12月、リスボン経由でフランコ軍に渡りました。最大速度217km/h、武装:7.7mm機銃×2。

スペイン内戦の軍用機❺　　349

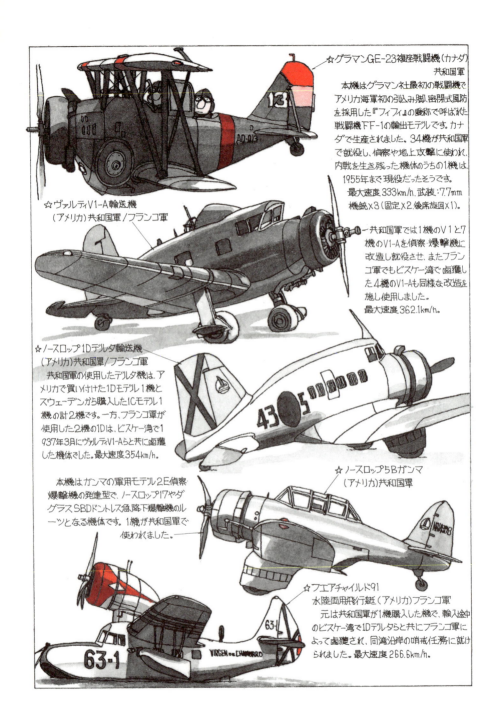

☆グラマンGE-23複座戦闘機(カナダ)
共和国軍
　本機はグラマン社最初の戦闘機で、アメリカ海軍初の引込み脚、密閉式風防を採用した『フィフィ』の愛称で呼ばれた戦闘機FF-1の輸出モデルです。カナダで生産されました。34機が共和国軍で就役し、偵察や地上攻撃に使われ、内戦を生き残った機体のうちの1機は、1955年まで現役だったそうです。
最大速度333km/h、武装：7.7mm機銃×3(固定×2、後席旋回×1)。

☆ヴァルティV1-A輸送機
(アメリカ) 共和国軍/フランコ軍
　共和国軍では1機のV1と7機のV1-Aを偵察・爆撃機に改造し就役させ、またフランコ軍でもビスケー湾で鹵獲した4機のV1-Aも同様な改造を施し使用しました。
最大速度362.1km/h。

☆ノースロップ1Dデルタ輸送機
(アメリカ)共和国軍/フランコ軍
　共和国軍の使用したデルタ機は、アメリカで買いつけた1Dモデル1機とスウェーデンから購入した1Cモデル1機の計2機です。一方、フランコ軍が使用した2機の1Dは、ビスケー湾で1937年3月にヴァルティV1-Aらと共に鹵獲した機体でした。最大速度354km/h。

☆ノースロップ5Bガンマ
(アメリカ)共和国軍
　本機はガンマの軍用モデル2E偵察爆撃機の発達型で、ノースロップ17やダグラスSBDドントレス急降下爆撃機のルーツとなる機体です。1機が共和国軍で使われました。

☆フエアチャイルド91
水陸両用飛行艇(アメリカ)フランコ軍
　元は共和国軍が1機購入した機で、輸入途中のビスケー湾で1Dデルタらと共にフランコ軍によって鹵獲され、同湾沿岸の哨戒任務に就けられました。最大速度266.6km/h。

☆アブロ626練習機(イギリス)共和国軍
アブロ621複座練習機に3番目の座席を銃座として新設したデモンストレーター、いわゆるサンプル機です。1936年12月スペインに密輸され、共和国軍の偵察員・爆撃手訓練学校で銃手の養成に使われました。最大速度209.2km/h。

☆ダグラスDC-1輸送機(アメリカ)共和国軍
本機は名機の誉れの高いDC-3のルーツとなる記念すべき『お宝』機ですが、流れ流れて1938年11月から共和国のエアラインに就航していました。最大速度337.9km/h。

☆フォッカーF.XX輸送機(オランダ)共和国軍
一世を風靡したフォッカー・トライモーターの最終モデルです。KLMのヨーロッパ線用に1機だけ製作されたF.XXは1936年8月24日、フランスの登録番号を付けてスペインに送られました。最大速度306km/h。

☆フォッカーC.X戦闘機(オランダ)共和国軍
1936年8月24日にオランダ政府が「不干渉」協定に調印したため、共和国軍が先に注文していたフォッカーG.I戦闘・爆撃機25機の購入が不可能となり、その代案として浮上したのが、D.21戦闘機と本機のライセンス生産でした。しかし、内戦の終結までに1機の完成機も戦線に送り出すことは適いませんでした。D.21は50組の翼と25の胴体が、C.Xは25組の翼と25の胴体が完成していたのですが…。

☆フォッカーD.21(XX1)戦闘機

○1939年3月28日、フランコ軍がマドリードに入城。同年4月1日、アメリカがフランコ政権を承認。ここにスペイン内戦は終結したのであります。

スペイン内戦の軍用機❺　　351

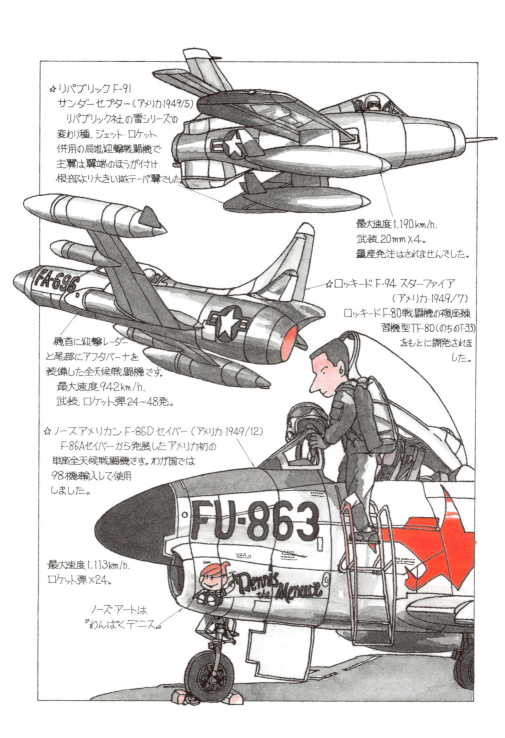

あと描き 353

主な参考文献

「日本航空機総集」〔全8巻〕野沢正編著、出版協同社
「写真集・日本の航空史」〔上下〕、朝日新聞社
「世界の軍用名機100」朝日新聞社
「写真集・零戦」光人社
「闘う零戦」渡辺洋二編著、文藝春秋社
「年表世界航空史」〔全3巻〕横森周信著、エアワールド
「陸軍航空隊の記録」〔第2集〕、文林堂
「世界のジェット戦闘機」〔アメリカ・日本および諸国編〕酣燈社
「世界のジェット戦闘機」〔仏・英・独・ソ編〕酣燈社
「太平洋戦争日本陸軍機」酣燈社
「太平洋戦争日本海軍機」酣燈社
「仏・伊・ソ軍用機の全貌」酣燈社
「第2次大戦・世界の戦闘機隊」酣燈社
「アメリカ空／海軍ジェット戦闘機」航空ジャーナル社
「アメリカ海軍の翼」航空ジャーナル社
「グラマン戦闘機」航空ジャーナル社
「日本航空機辞典」モデルアート社
「世界の傑作機」各号、文林堂
月刊「航空ファン」各号、文林堂
月刊「エアワールド」各号、エアワールド

"U. S. NAVY AIRCRAFT 1921-1941/U. S. MARINE CORPS AIRCRAFT 1914-1959" William T. Larkins,
ORION BOOKS
"Aircraft of the Spanish Civil War" Cerald Howson, PUTNAM
"SOVIET X-PLANES" Yefim Gordon and Bill Gunston, MIDLAND
"CLASSIC AMERICAN AIRLINERS" Bill Yenne, MBI
"The Illustrated History of McDonell Douglas Aircraft" Mike Badrocke & Bill Gunston, OSPREY
"Lockheed Aircraft Cutaways" Mike Badrocke & Bill Gunston, OSPREY
"LIGHTNING" Warren M. Bodie, WIDEWING PUBLICATIONS
"United States Navy Aircraft since 1911" Gordon Swanborough/Peter M. Bowers, PUTNAM
"The History of Aircraft Nose Art" Jefferey L. Ethell, Motorbooks
"THE OFFICIAL MONOGRAM US&NAVY&MARINE CORPS AIRCRAFT COLOR GUIDE" (Vol. 1-2) John M.
Elliot Maj. USMC, MONOGRAM
"Soviet Aircraft and Aviation 1917-1941" Lennart Andersson, PUTNAM

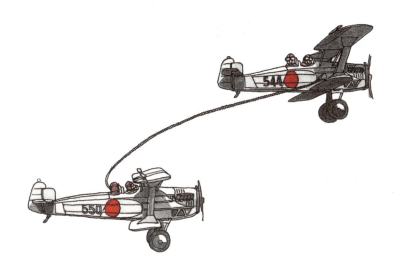

Nobさんの飛行機グラフィティ〈1〉
月刊雑誌「丸」2000年10月号〜2002年11月号連載
単行本：2006年7月刊

Nobさんの飛行機グラフィティ〈2〉
月刊雑誌「丸」2002年12月号〜2004年12月号連載
単行本：2006年8月刊

Nobさんの飛行機グラフィティ〈3〉
月刊雑誌「丸」2005年1月号〜2006年12月号連載
単行本：2006年12月刊

Nobさんの飛行機グラフィティ〈全〉
単行本：2015年2月刊

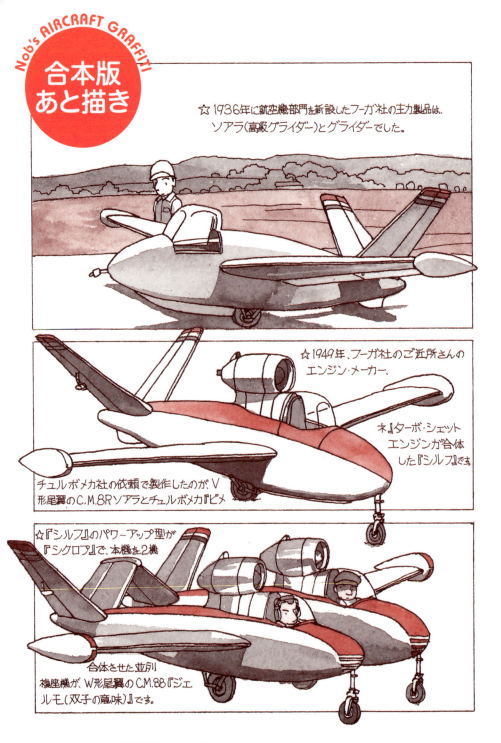

☆『ジェルモ』ⅣとⅤは、『ジェルモ』のエンジンをより強力なターボファン1基に換装した、世界初のターボファンと合体した航空機です。

☆フーガ初の動力付き全金属製航空機が、1952年7月23日に初飛行したⅤ形尾翼のC.M.170R『マジステール』です。『マジステール』は、1969年から1980年まで、フランスのアクロバット・チーム『ラ・パトルーユ・ド・フランス』使用機を務めました。

☆『マジステール』の後継機を目指したのが、フーガ社の血の入ったアエロスパシアル社の『フーガ90』です。1978年8月20日に進空したものの、生産には入れませんでした。

合本版あと描き 357

下田信夫 しもだのぶお

1949年、東京生まれ。1970年代から航空機イラストを各種航空専門誌や模型雑誌、図鑑、単行本、新聞紙上で発表、航空博物館のミュージアムグッズや航空自衛隊のパッチのデザインも多い。模型のボックスアートなども手がけた。2004年、関西国際空港開港10周年展にイラスト提供。航空ジャーナリスト協会理事、日本漫画家協会会員。著書に『図上の敵機』(ソニー・マガジンズ)、『Nobさんの航空縮尺イラストグラフィティ レシプロ編／ジェット編』(大日本絵画)、『球形の音速機 下田信夫作品集』(廣済堂出版)、『Nobさんの飛行機グラフィティ』〈全3巻、および合本版〉、『Nobさんの飛行機画帖 イカロス飛行隊』〈全4巻〉(以上、潮書房光人新社) ほか。2018年5月22日に死去。享年69

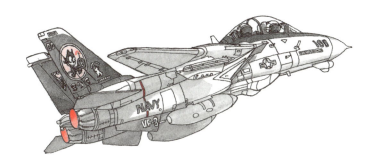

Nobさんの飛行機グラフィティ〈全〉新装版

2019年 9 月 9 日　第 1 刷発行

著者　　　下田信夫

発行者　　皆川豪志

発行所　　株式会社　潮書房光人新社
　　　　　〒100－8077
　　　　　東京都千代田区大手町1-7-2
　　　　　電話番号／03(6281)9891 (代)
　　　　　http://www.kojinsha.co.jp

印刷製本　図書印刷株式会社

定価はカバーに表示してあります。
乱丁、落丁のものはお取り替え致します。本文は中性紙を使用
©2019　Printed in Japan.
ISBN978-4-7698-1673-7 C0095

潮書房光人新社の既刊

不滅の零戦
生き続ける名戦闘機　「丸」編集部編
フライアブル・ゼロ写真集、空戦再現CG、名場面写真、製造現場写真、技術者・搭乗員座談会、真説各型変遷、発動機の全貌、機銃と弾薬、米軍が見たゼロ、坂井三郎の操縦法、五三型丙折込超精密解剖図、二一型青図／他

局地戦闘機 雷電
海軍インターセプターの実力　「丸」編集部編
本土決戦の切り札"RAIDEN"のすべて——二一型精密解剖図〔渡部利久〕、塗装とマーキング、一一型の計器板、開発と各型変遷、火星エンジン、装備部隊と戦歴、搭乗員インタビュー、連合軍の評価・TAIC JACKリポート、海軍局地戦闘機データブック／他

最強戦闘機 紫電改
甦る海鷲　「丸」編集部編
海軍戦闘機の最後を飾った局戦——現存「紫電改」と「強風」写真集、カラー解剖図・塗装図、初公開・増加試作機写真、海底から引き揚げられた紫電改、設計者菊原静男の回想、テストパイロットの手記、搭乗員対談、折込五面図／他

決戦戦闘機 疾風
陸軍四式戦キ84のすべて　「丸」編集部編
大戦末期の航空戦を支えた日本の最優秀戦闘機——還ってきた疾風(1973年)、現存機各部クローズアップ、塗装とマーキング、精密解剖図、フォトアルバム、設計者の回想、ハ45、諸元・性能表、装備部隊オールガイド、審査員の開発メモ、木製疾風誕生／他